Das Gebiss des Menschen und der Anthropomorphen.

Vergleichend-anatomische Untersuchungen.

Zugleich ein Beitrag
zur menschlichen Stammesgeschichte.

Von

Dr. P. Adloff.

Mit 9 Textfiguren und 27 Tafeln.

Berlin.
Verlag von Julius Springer.
1908.

ISBN-13: 978-3-642-89497-8 e-ISBN-13: 978-3-642-91353-2
DOI: 10.1007/978-3-642-91353-2

Softcover reprint of the hardcover 1st edition 1908

Inhaltsverzeichnis.

Einleitung.

Die befruchtende Wirkung der Lehre Darwins, die der vergleichenden Anatomie und der Entwicklungsgeschichte ein so ungeheures Arbeitsfeld eröffnete, hat auch dem Gebiß, einem Organsystem, das vorher wohl nur in der zoologischen Systematik, wenn auch hier in ausgiebigster Weise, Beachtung gefunden hatte, eine neue wichtige Rolle zugeteilt; nicht als ob seine Bedeutung für dieselbe damit zu Ende wäre: im Gegenteil! Sein hervorragender Wert in dieser Beziehung ist unantastbar und wird immer von neuem bestätigt. Trotzdem kann füglich behauptet werden, daß auch speziell für vergleichend-anatomische Betrachtungen kaum ein anderes Organsystem von ähnlicher Wichtigkeit geworden ist.

Der Gründe hierfür sind mehrere! Vor allem nämlich sind die Zähne als die härtesten Gebilde des tierischen Organismus, dank ihrer Widerstandsfähigkeit gegen äußere Einflüsse, diejenigen Teile des Skelettes, die, im Schoße umhüllender Erdschichten verborgen, am leichtesten konserviert werden können; und so sind denn auch Zähne und der gleichfalls sehr feste Unterkiefer die häufigsten, ja aus den ältesten Erdschichten die einzigen Reste, die uns von den Tieren früherer Zeitepochen erhalten sind. Noch bedeutungsvoller wird dieser Umstand durch eine Tatsache, auf die besonders neuerdings Leche (1895 und 1902) hingewiesen hat.[1]) Das Gebiß erscheint nämlich normalerweise zweimal, als sogenanntes Milch- und als Ersatzgebiß. Das erste, schwächere funktioniert nur in der ersten Lebenszeit und wird beim herangewachsenen Tiere von den festeren bleibenden Zähnen abgelöst, die dann für den Rest der Lebenszeit vorhalten müssen. Das Milchgebiß als die ontogenetisch frühere Reihe repräsentiert nun auch eine stammesgeschichtlich frühere Entwicklungsstufe. Es ist demgemäß auch primitiver, ursprünglicher, als

[1]) Auch in seiner neuesten Arbeit (siehe Literaturverzeichnis, Nachtrag) bringt Leche weitere wertvolle Belege für diese Anschauung.

das abgeänderte, modernisierte Ersatzgebiß. Dank diesem Zahnwechsel, der übrigens ein uraltes Erbteil amphibien- resp. reptilienartiger Vorfahren ist, sind wir also in der Lage, die individuelle, frühere Entwicklungsstufe, das Milchgebiß mit der historisch früheren, den Zähnen ausgestorbener Formen, zu vergleichen. Auf dem Gebiete der vergleichenden Zahnforschung feierten dann auch zunächst besonders die Paläontologen — ich erinnere nur an Cope, Osborn, Rytimeyer, Schlosser u. a. m. — die größten Triumphe. Die Tatsache, daß eine progressive Komplikation der Zähne durch die allmähliche Entwicklung neuer Zahnteile stammesgeschichtlich nachgewiesen werden konnte, führte dazu, diesen einen Entwicklungsmodus zu verallgemeinern und die Entstehung des Säugetiergebisses überhaupt nur durch fortschreitende Differenzierung infolge mechanischer Ursachen zu erklären.

Doch auch die Entwicklungsgeschichte war nicht müßig geblieben.

Durch den von Hertwig (1874) in seinen bahnbrechenden Untersuchungen geführten Nachweis, daß die Zähne der Säugetiere und die Placoidschuppen der Selachier homologe Bildungen seien, wurde schon a priori der Schluß nahegelegt, daß der Diphyodontismus der ersteren auf einen häufigeren Zahnwechsel zurückgeführt werden müsse. Gedachte man ferner der Tatsache, daß das Gebiß aus mehreren Komponenten besteht und daß die geologisch älteren ausnahmslos mehr Zähne besessen hatten als die rezenten Formen, daß also im Laufe der Stammesgeschichte Zähne verloren gegangen sein mußten, so erschien die Aufgabe dankbar, mit Hilfe der Entwicklungsgeschichte die Lösung auch dieser schwebenden Fragen zu versuchen. Auch diese Arbeiten waren von ungeahntem Erfolge begleitet. So ungemein leicht zugänglich das Gebiß auch äußeren Einflüssen gegenüber zu sein scheint, so äußerst konservativ ist es andrerseits in der Bewahrung primitiver Merkmale. Den mustergültigen Arbeiten Leches, Kükenthals, Röses u. a. gelang es daher, unsere Kenntnisse über die Entstehung des Zahnwechsels und der komplizierten Zahnformen in hohem Grade zu erweitern und die Resultate der paläontologischen Forschungen teils zu korrigieren, teils zu bestätigen resp. zu ergänzen. Konnten doch bei vielen Tierformen, die im Laufe der Stammesentwicklung eines Zahnes oder mehrerer verlustig gegangen waren, dieselben entwicklungsgeschichtlich als rudimentäre Zahnanlagen noch nachgewiesen werden!

Die besondere Anpassungsfähigkeit des Gebisses zusammen mit einer ausgesprochenen konservativen Neigung gibt ferner einen besonders günstigen Boden ab für die Entstehung individueller

Variationen. Auch auf diese Tatsache und die Brauchbarkeit derselben für die phylogenetische Forschung hat Leche zuerst hingewiesen. Er hat aber auch gleichzeitig auf die Gefahren aufmerksam gemacht, die sich aus ihrer Benutzung ergeben können. Die einseitige Anwendung nur einer Disziplin muß auch zu einseitigen Ergebnissen führen. Nur bei gleichzeitiger Berücksichtigung der Paläontologie, vergleichenden Anatomie und Entwicklungsgeschichte wird es möglich sein, zu einwandsfreien Resultaten zu gelangen.

Es mußte besonders reizvoll erscheinen, die oben kurz skizzierten Forschungsmethoden auch für das Gebiß des Menschen und der Menschenaffen in Anwendung zu bringen. Wir standen jedoch der traurigen Erkenntnis gegenüber, daß dieselben gerade hier zum größten Teile versagten. Entwicklungsgeschichtliche Befunde, die auf die Stammesgeschichte des menschlichen Zahnsystems Licht hätten werfen können, liegen bisher kaum vor, und auch die Paläontologie ließ lange Zeit fast ganz im Stich. Bestritt doch noch Cuvier die Existenz fossiler Affen überhaupt; gar nicht zu reden von dem Menschen, der auch trotz mancher gegenteiliger Behauptungen seine Ausnahmestellung bis zuletzt aufrecht erhielt. Erst in den letzten Jahrzehnten wurden einige Funde gemacht, die für die Phylogenie des Menschen und der Anthropomorphen nicht ohne Bedeutung zu sein schienen.

In tertiären Schichten Europas und Asiens wurden mehrfach Reste, hauptsächlich Kiefer und Zähne ausgestorbener Menschenaffen aufgedeckt.

Aus dem Miocän des westlich-zentralen Europas stammt Pliopithecus antiquus, der dem rezenten Hylobates nahe steht.

In den mittelmiocänen Süßwassermergeln am Fuße der Pyrenäen wurden schon vor 50 Jahren zwei Hälften eines Unterkiefers eines Anthropomorphen gefunden, der Dryopithecus Fontani genannt wurde. Später kam dann an derselben Fundstelle ein zweiter, weit besser erhaltener Unterkiefer zum Vorschein, der von Gaudry (1890) bearbeitet worden ist. Zu diesem genus Dryopithecus rechnet Schlosser (1901, 1902) auch mehrere Molaren aus dem Unterpliocän Mittel- und Süddeutschlands und gründete auf sie die Art Dryopithecus rhenanus. Ihr gehört nach demselben Forscher auch ein Femur an, das von Pohlig Paidopithex rhenanus, von Dubois (1897) Pliohylobates eppelsheimensis benannt worden war.

Einen unteren M_3 aus dem Miocän des Wiener Beckens schrieb dann neuerdings Abel (1903) einer dritten Art Dryopithecus Darwini zu.

Von demselben Fundort stammt ein oberer Molar, auf welchem Abel das genus Gryphopithecus mit der Art Gr. Suessi gründete.

Eine neue Gattung Anthropodus mit der einzigen Art A. Brancoi errichtete dann noch Schlosser (1902) auf einen unteren dritten Molaren aus den schwäbischen Bohnerzen, der von Branco als Dryopithecus bestimmt worden war.

Asien lieferte aus seinen pliocänen Sivalikschichten zwei verschiedene Anthropoidenreste, von denen allerdings der eine nur durch einen schließlich dazu noch verloren gegangenen Eckzahn repräsentiert wurde, der Simia satyrus zugeschrieben worden war. Ebenda entstammt Paläopithecus sivalensis, der von Lyddeker später dem rezenten genus Anthropopithecus untergeordnet, dann aber von Dubois (1897) unter dem alten Namen als besondere Gattung wiederhergestellt wurde.

Im Jahre 1890—1891 entdeckte aber Eugen Dubois (1894) auf Java, in der Nähe des Ortes Trinil, in andesitischen Tuffen, die wahrscheinlich dem Jungpliocän oder Pleistocän angehörten, ein Femur, zwei Molaren, und ein Schädeldach eines affen- resp. menschenähnlichen Wesens, das Dubois Pithecanthropus erectus nannte, und das in vieler Hinsicht ganz besonderes Interesse erregen mußte. Während nämlich die Form seines Schädels zunächst an die höchststehenden Affen erinnerte, steht es, was die Kapazität des Schädelraumes anbelangt, zwischen diesen und dem Menschen. Andrerseits bewies die Untersuchung des Oberschenkelbeines, daß Pithecanthropus eine aufrechte Stellung besessen haben mußte. Unter diesen Umständen war der Sturm der Begeisterung, den der Fund erweckte, zu begreifen. Glaubte man doch endlich, das so lang gesuchte und schmerzlich vermißte Bindeglied zwischen Mensch und Affe gefunden zu haben, denn es muß unbedingt zugegeben werden, daß das nach den vorhandenen Skeletteilen rekonstruierte Bild des Pithecanthropus dem hypothetischen Affenmenschen durchaus nahe kam. War es doch schon nach Schwalbe (1904) aus statischen Gründen erforderlich, daß die bedeutendere Entwicklung des Schädels und Gehirnes, wie sie den Menschen vor allen anderen Tieren auszeichnet, erst nach Erwerb der aufrechten Haltung eintreten konnte. Trotzdem ist man heute zu dem Schlusse gekommen, daß Pithecanthropus nur der Repräsentant einer ausgestorbenen Anthropomorphenart sein dürfte, die in gewissen Beziehungen menschenähnlicher war als die heute existierenden menschenähnlichen Affen, daß er aber keinesfalls zur Vorfahrenreihe des Menschen zu zählen ist. Es spricht für diese Auffassung vor allen Dingen der Umstand, daß derselbe frühestens im jüngsten Tertiär gelebt hat, mithin also zu einer Zeit, in der nach den neuesten Forschungen auch bereits der Mensch und zwar im Besitze einer verhältnismäßig hohen Kultur vorhanden war. Es ist also undenkbar, daß letzterer ein direkter Abkömmling des Affen von Trinil gewesen sein kann.[1])

Was nun den Menschen selbst anbetrifft, so stammen die ältesten körperlichen Reste desselben aus dem älteren Diluvium. Zweifellos gehören hierher die Fundstücke von Neandertal, Spy, Krapina, La Naulette, Ochos, Schipka und Taubach. Von ihnen interessiert besonders die von Gorjanović-Kramberger (1906) in den letzten Jahren entdeckte und ausgebeutete Fundstelle von Krapina in Kroatien. Hier wurden nämlich die Reste von mindestens zehn Individuen des verschiedensten Alters und Geschlechts gefunden mit zahlreichen Skelettstücken aus sämtlichen Körpergegenden, einschließlich einer großen Anzahl von einzelnen Zähnen. Das Knochengerüst des altdiluvialen Vertreters der Gattung Homo besitzt nun allgemein verschiedene primitive Charaktere, wie die sogenannte fliehende Stirn, mächtig verdickte Überaugenbögen, das fehlende Kinn, stark entwickelte prognathe Kiefer, die ihn von dem heutigen im jüngeren Diluvium bereits existierenden Menschen, dem Homo sapiens, so scharf unterscheiden, daß ihm der Name Homo primigenius zuteil wurde. Dennoch ist seine systematische Stellung zweifelhaft. Während Schwalbe (1904, 1906) auf Grund eingehendster Untersuchungen zunächst die Ansicht aussprach, daß der Homo primigenius einen Seitenzweig darstelle, der, ohne Nachkommen zu hinterlassen, ausgestorben sei, später aber die Möglichkeit zugab, daß der rezente Mensch sich direkt aus ihm entwickelt haben könne, tritt Gorjanović-Kramberger, der verdienstvolle Entdecker und Untersucher des Krapina-Menschen, durchaus für letztere Annahme ein. Noch einen anderen Standpunkt vertritt Kollmann (1906). Nach ihm sind die vorspringenden Orbitalränder und die fliehenden Stirnen der Neandertal-Spy-Gruppe extreme Formen der Variabilität der weißen Rasse des Homo sapiens und keine Zeichen einer besonderen Spezies: Der Homo primigenius ist kein Vorläufer des heutigen Menschen, vielmehr sind dieses Pygmäen, kleine Menschen, die ihrerseits von kleinen, dem Schimpanse nahe verwandten Anthropoiden abstammen sollen.

Dunkel sind somit die Beziehungen des Homo primigenius zu dem rezenten Menschen. Dunkel ist das Verhältnis des Menschen zu den Anthropomorphen, und dunkel ist auch vor allem der Weg seiner Herkunft aus niederen Formen. Was nämlich diesen letzteren

[1]) Neuerdings hat Lehmann-Nitsche in La Plata einen schon vor Jahren im pliocänen Pampaslehm gefundenen obersten Halswirbel, der weder menschliche, noch äffische Gestalt besitzt, beschrieben und denselben einem Vormenschen (Homo neogaeus; Wilser schlägt den Namen Proanthropus vor) zugesprochen. (Vergl. Literaturverzeichnis, Nachtrag.)

noch anbetrifft, so soll nach der einen Ansicht der Mensch, die Anthropomorphen und die Cynopitheciden aus einer gemeinsamen Wurzel stammen, die ihrerseits wieder fossile Halbaffen zu Vorfahren hat.

Von diesen drei Stämmen schlagen zunächst die Cynopitheciden eine ganz abweichende Entwicklung ein und scheiden aus dem Stammbaume des Menschen ganz aus. Dasselbe geschieht später mit den Anthropomorphen, rezenten sowohl wie ausgestorbenen. Hiernach ist eine direkte Verwandtschaft zwischen dem Menschen und den jetzt lebenden und wohl auch den fossilen Menschenaffen zwar ausgeschlossen. Trotzdem bestehen verwandtschaftliche Beziehungen durch die Abstammung von einem gemeinsamen Vorfahren aus früheren Erdperioden.

Nach Cope (1886, 1889, 1893) geht der Stammbaum der Menschen jedoch direkt auf ausgestorbene Lemuriden zurück, während Klaatsch (1899, 1900, 1901, 1902, 1903) neuerdings die Hypothese vertritt, daß primitive eocäne Säugetiere die Ahnen des Menschen gewesen sind.

So birgt dieses Kapitel noch eine Reihe von Problemen, die ihrer Lösung harren. Die nachstehenden Untersuchungen wollen einen bescheidenen Beitrag hierzu bringen. Warum ich es wage, auf Grund der Heranziehung nur eines Organsystems mich an der Beantwortung so vieler wichtiger Fragen zu beteiligen, habe ich kurz zu motivieren versucht. Auch ist dieses nicht etwa der erste Versuch, auf diesem Wege zum Ziele zu gelangen. Der Vorzug des Gebisses ist eben zu einleuchtend! Wenn ich aber trotzdem noch einmal denselben Pfad beschreite, so leiten mich dabei noch besondere Gründe. Bei allen Arbeiten, die das Zahnsystem des Menschen und der Anthropomorphen als Ausgangspunkt für allgemeinere vergleichend-anatomische Betrachtungen genommen haben, fehlt fast stets die ausreichende Kenntnis einer der zu vergleichenden Größen. Läßt dieselbe für das menschliche Zahnsystem nichts zu wünschen übrig, so fehlen die unumgänglich nötigen Details der Anthropomorphenanatomie, oder es mangelt an genügenden Kenntnissen der paläontologischen Tatsachen; umgekehrt lassen z. B. auch so hervorragende Arbeiten wie die von Branco (1897, 1898) und Schlosser (1900, 1901, 1902) ein nicht genügendes Vertrautsein mit der Anatomie des menschlichen Gebisses unzweideutig erkennen. Das Gebiß des Menschen ist eben nicht so einfach zu beurteilen wie das Zahnsystem eines Anthropoiden. Zeichnet sich schon das letztere durch eine Fülle individueller Variationen aus, so finden wir solche in noch weit höherem Grade beim Menschen. Rassenmischung und die Einwirkungen der Kultur sind noch dazu gekommen und haben in gleicher Weise dazu beigetragen, den Grundtypus des Gebisses — vor allem des Kulturmenschen — zu verwischen und eine kritische Beurteilung seiner individuellen Variationen zu erschweren.

Verhältnismäßig einfachere Verhältnisse werden ja bei primitiven Völkern herrschen. Solange aber Rassenschädel in genügender Anzahl nur unter bedeutenden Schwierigkeiten zu erreichen sind — abgesehen davon, daß der Erhaltungszustand der Zähne immer nur bei wenigen Schädeln zu vergleichenden Untersuchungen brauchbar ist — wird man doch immer das in unseren Anatomien in beliebiger Menge vorhandene Material des Kulturmenschen zu diesem Zwecke heranziehen müssen.

Eine erneute Untersuchung des menschlichen Gebisses schien vor allen Dingen notwendig. Es ist das Verdienst Gorjanović-Krambergers, die Aufmerksamkeit von neuem auf die feinere Morphologie desselben gelenkt und gezeigt zu haben, wie auch den scheinbar unbedeutendsten Bildungen in vergleichend-anatomischer Beziehung ungeheurer Wert zukommen kann.

Ein besonderer Grund zur Abfassung dieser Arbeit war aber auch der offenbare Mangel guter vergleichbarer Abbildungen. Einmal sind dieselben in verschiedenen, zum Teil schwer zugänglichen Werken zerstreut, dann aber sind sie, abgesehen von ihren sonstigen Mängeln, in so verschiedenen Maßstäben angefertigt, daß ein direkter Vergleich unmöglich ist. Selbst die Arbeit Selenkas (1898, 1899) über das Gebiß der Anthropomorphen läßt in dieser Beziehung zu wünschen übrig. Die Zusammenstellung sogenannter Idealgebisse scheint mir gleichbedeutend mit Schematisierung und aus diesem Grunde verwerflich, außerdem ist es sicherlich unzweckmäßig, die Gebisse des Menschen und vor allem der großen Anthropomorphen noch in $^5/_4$-Vergrößerung darzustellen. Gerade bei letzterem Material, das doch für die direkte Beobachtung immerhin schwer erreichbar ist, scheint es mir richtiger, dem Leser von vornherein die richtige Größe zu geben, denn trotz der Angabe der Vergrößerung bleibt das geschaute Bild haften und gibt zu falschen Vorstellungen Veranlassung.

So sind auch die Zähne des Krapina-Menschen zum größten Teil in vergrößertem Maßstabe reproduziert worden, und sicherlich hat dieser Umstand dazu beigetragen, den Ruf ihrer Größe zu vermehren und ins Enorme zu steigern. Ich habe daher sämtliche Zeichnungen in natürlicher Größe anfertigen lassen; die wenigen Ausnahmen betreffen nur aus anderen Werken übernommene Abbildungen, deren Originale mir nicht erreichbar waren. Die Auswahl der zu reproduzierenden Gebisse wurde daraufhin vorgenommen, daß das Charakteristische jeder Form möglichst prägnant zum Ausdruck kam, ohne Rücksicht darauf, ob sie sonst als ideal zu bezeichnen waren oder nicht. Eine Zusammenstellung aus mehreren Gebissen hat nicht stattgefunden.

Was nun die Art der Reproduktion anbetrifft, so wählte ich die Zeichnung, weil die Photographie nach meinen Erfahrungen für die Wiedergabe von Zähnen mit ihrer zum Teil höchst komplizierten Skulptur nicht geeignet erscheint.

Für die Herstellung der Zeichnungen, die zum Teil recht schwierig waren, bin ich Fräulein G. Burdach und Herrn akad. Maler E. Anderson in Königsberg, ferner Fräulein M. Ranisch in Berlin zu großem Danke verpflichtet.

Das Material für meine Untersuchungen lieferten mir folgende Sammlungen:

Das Königl. Anatomische Institut in Königsberg,
das Königl. Zoologische Museum in Königsberg,
das Königl. Zoologische Museum in Berlin,
die Königl. Anatomische Anstalt in Berlin,
die Berliner Gesellschaft für Anthropologie, Ethnologie und Urgeschichte,

deren Direktoren Herren Prof. Dr. Brauer, Prof. Dr. Braun, Prof. Dr. Lissauer. Prof. Dr. v. Luschan, Geh. Medizinalrat Prof. Dr. Stieda und Geh. Medizinalrat Prof. Dr. Waldeyer ich für die mir freundlichst gewährte Unterstützung meinen verbindlichsten Dank abstatte.

Für die Überlassung zum Teil sehr kostbaren und unersetzlichen Materials habe ich auch Herrn Prof. Dr. Gorjanović-Kramberger in Agram, Herrn Prof. Dr. Maška in Teltsch und Herrn Prof. Dr. Jul. Scheff in Wien ganz besonders zu danken. Aufrichtigen Dank schulde ich auch Herrn Prof. P. Matschie, der mich so oft durch seinen bewährten Rat unterstützt hat.

Bevor ich zu meinem Thema übergehe, sei bezüglich der Anordnung des Stoffes folgendes bemerkt: nach einer kurzen allgemeinen Übersicht über das Gebiß der Primaten wird zunächst eine ausführlichere Darstellung des Zahnsystems des Kulturmenschen und seiner Variationen, der niedrigen Rassen und des Diluvialmenschen gegeben werden. Hieran wird sich eine Beschreibung des Gebisses der rezenten und fossilen Anthropomorphen schließen, und zum Schlusse sollen dann die Beziehungen aller dieser Formen untereinander und gegebenenfalls zu anderen niederen Säugetieren erörtert werden.

Das Gebiß der Primaten.

Weber (1904) hat den Vorschlag gemacht, den Terminus Primates als Ordnungsnamen fallen zu lassen und ihn nur in begrifflich weiter Fassung auf Tierstämme anzuwenden, die trotz aller Verschiedenheit ein verwandtschaftliches Band vereinigt. Er rechnet daher zu den Primaten die Halbaffen, die Affen der neuen und die der alten Welt. Indem ich noch den Menschen angliedere, bediene ich mich des Namens in dem von Weber vorgeschlagenen weitesten Sinne.

Das Gebiß der rezenten Prosimiae besitzt die Formel $J\frac{2}{2}\,C\frac{1}{1}\,P\frac{3}{3}\,M\frac{3}{3}$. Die drei Prämolaren gelten als die drei hintersten, während der vorderste verloren gegangen ist und der zweite, hier noch funktionierende bei den Affen der alten Welt verlustig geht. Doch auch innerhalb der Ordnung ist die normale Zahl nicht immer vollständig vorhanden; sie sinkt bei Indrisinae auf $J\frac{2}{2}\,C\frac{1}{0}\,P\frac{2}{2}\,M\frac{3}{3}$, während das Ersatzgebiß von Chiromys sogar nur $J\frac{1}{1}\,C\frac{1}{0}\,P\frac{1}{0}\,M\frac{3}{3}$ aufweist. Dagegen haben im Eocän in Europa und Nordamerika Vorläufer der Halbaffen gelebt, die noch ein zahlreicheres Gebiß besessen haben. Hyopsodus besaß noch die volle Zahnzahl $J\frac{3}{3}\,C\frac{1}{1}\,P\frac{4}{4}\,M\frac{3}{3}$, dann tritt allmählich eine Reduktion der J und P ein bis zu der Formel der rezenten Formen.

Eine allgemeine Beschreibung der Bezahnung zu geben, würde zu weit führen. Für die meisten Arten typisch sind die unteren Schneide- und Eckzähne. die seitlich zusammengedrückt, horizontal nach vorn geneigt sind und wahrscheinlich zum Reinigen des Felles dienen. Die oberen Incisivi sind gewöhnlich klein und rudimentär. Die oberen Molaren sind bei Tarsius sämtlich trituberculär, die unteren tuberculo-sectorial, bei anderen Formen werden sie durch Zwischenhöcker und durch Höckerbildung vom Cingulum resp. vom Talon aus vier- oder auch fünfhöckerig, bei fossilen Pseudoleumeriden sogar sexituberculär. Es herrscht in der Beschaffenheit der Bezahnung eine so beispiellose Variabilität, wie sie bei kaum einer anderen Säugetierordnung in ähnlicher Weise vorhanden ist.

Bei den Affen finden wir schon weit stabilere Verhältnisse. Die Zahl der Zähne ist bei den amerikanischen Affen, den Platyrrhina, dieselbe wie bei den Prosimiae, nur die Familie der Hapalidae hat nur 2 Mahlzähne; alle Affen der alten Welt, die Catarrhina, besitzen dagegen die Formel, die auch der Mensch aufweist, also $J\frac{2}{2}\,C\frac{1}{1}\,P\frac{2}{2}\,M\frac{3}{3}$.

Die Molaren der Platyrrhina sind fast sämtlich quadrituberculär, die Prämolaren haben eine Außen- und Innenspitze, nur der letzte untere sieht fast wie ein Mahlzahn aus. Schon bei den amerikanischen Affen finden wir zwei verschiedene Arrangements der Molarenhöcker, ähnlich wie es auch bei den Affen der alten Welt der Fall ist. Entweder sind nämlich die Höcker opponiert oder sie sind alternierend gestellt. Von den Catarrhinen besitzen die Cercopitheciden opponierte Stellung der Molarenhöcker. Ihre Mahlzähne haben 4 Höcker, 2 vordere und 2 hintere, die durch Querkämme verbunden sind. Der untere M_3 besitzt mit Ausnahme von Cercopithecus einen Talon, der einen fünften Höcker bildet. Die Hylobatiden, die Anthropomorphen und der Mensch besitzen dann im allgemeinen denselben Bauplan ihres Zahnsystems; meißelförmige Schneidezähne, 2 spitzige Prämolaren, vierhöckerige obere und fünfhöckerige untere Molaren. Stets findet ein vollständiger Zahnwechsel statt.

Die feineren Differenzen sollen dann nachstehend erörtert werden.

Das Gebiß des rezenten Europäers.

Die Formel lautet für das bleibende Gebiß $J\frac{2}{2}\,C\frac{1}{1}\,P\frac{2}{2}\,M\frac{3}{3}$, für die Milchbezahnung $Id\frac{2}{2}\,Cd\frac{1}{1}\,Pd\frac{2}{2}$. Die Molaren haben also keine Vorgänger. Es ist daher auch noch streitig, zu welcher Dentition sie zu rechnen sind; die einen halten sie für Milch-, die anderen für Ersatzzähne. Das Wahrscheinlichste ist wohl, daß sie beiden Dentitionen angehören, daß aus irgendwelchen Gründen, vielleicht durch Raumverhältnisse bedingt, die auch hier ursprünglich getrennt gewesenen Zahnserien sich vereinigt haben. Das Milchgebiß funktioniert bis zum 7. Lebensjahre allein, vom 7.—12. gemeinschaftlich mit den durchgebrochenen Ersatzzähnen, die dann von diesem Zeitpunkt an das Kaugeschäft allein übernehmen.

Die Zähne des Oberkiefers.

(Tafel I, Fig. 1a.)

Die mittleren bleibenden Schneidezähne besitzen eine schaufelförmige Krone. Die Seitenflächen divergieren vom Zahnhalse bald mehr, bald weniger nach der Schneide zu; sie können fast parallel werden. Die labiale Fläche ist gewölbt; sie zeigt zwei seichte Längsvertiefungen, die bei eben durchgebrochenen Zähnen in zwei Einkerbungen der Schneide einmünden. Letztere bildet dann 3 Zacken, die aber beim Gebrauche bald schwinden. Nur in den Fällen von anormaler Zahnstellung, in denen die Schneidezähne einander nicht berühren, können dieselben während der ganzen Lebenszeit erhalten bleiben (Tafel II, Fig. 3a u. b). Da die Seitenflächen des Zahnes auch lingualwärts convergieren, ist die linguale Zahnfläche schmäler als die Lippenfläche. Sie ist konkav, da die Seitenwände erhöht sind. Am Zahnhalse bildet das Cingulum ein sogenanntes Tuberculum dentale, das verschieden stark entwickelt sein kann. Das Cingulum oder die Basalleiste ist eine Erhöhung, die ursprünglich leistenförmig jeden Zahn am Zahnhalse umgeben hat, gewissermaßen einen Sockel bildend, von dem aus der Zahn sich aufbaut. Es ist ein durchaus primitiver Bestandteil, der bei der phylogenetischen Entwicklung des Gebisses vielleicht eine nicht unbedeutende Rolle gespielt hat. Ich hebe dieses schon hier besonders hervor, weil erst kürzlich Arkövy (1903) in vollkommener Verkennung der Natur des Cingulums dasselbe als Reduktionserscheinung des Kulturmenschen gedeutet hat. Als Cingulum betrachtet nämlich Arkövy eine Schmelzfalte, welche sich an der lingualen Fläche speziell des Incisivus lat. sup. von beiden Seiten gegen die Achsenlinie hinzieht und einen scharfen Winkel bildet, in dessen Tiefe sodann eine Foveola zur Entstehung gelangt. An Stelle dieser von ihm Cingulum genannten Bildung fand nun Arkövy bei Schädeln von Volksstämmen, die eine rohe Lebensweise führen, nicht nur keine Faltenbildung des Schmelzes, sondern im Gegenteil eine glatte Konvexität. Arkövy übersieht, daß gerade diese letztere Form das normal gebildete Cingulum vorstellt, während alle anderen Gestaltungen durch seine mehr oder weniger weit gediehene Rückbildung bedingt sind. Ich komme noch später hierauf zurück.

Am Tuberculum beginnend, ziehen gewöhnlich drei leichte Längsfurchen zur Schneide des Zahnes. In seltenen Fällen finden wir jedoch eine besonders starke Entwicklung des Tuberculums. Das Cingulum bildet dann einen Lingualhöcker, der sich kegelförmig nach der Schneide zu verjüngt und durch eine Längsfurche in zwei Hälften geteilt sein kann. Von beiden Seiten gehen die etwas erhöhten Seitenränder in den Höcker über. Bildungen, wie die in Tafel II, Fig. 4a u. b wiedergegebene, gehören immerhin zu den Seltenheiten, schwächer ausgeprägt, manchmal nur andeutungsweise, werden sie jedoch öfter beobchtet. — Die Wurzel ist einfach und konisch, ein wenig seitlich zusammengedrückt.

Die seitlichen Schneidezähne haben eine ähnliche Gestalt wie die mittleren Incisivi, nur sind sie bedeutend kleiner und schmäler. Die Schneidefläche bildet keine gerade Linie, sondern ist mehr abgerundet. Die linguale, konkave Fläche zeigt ebenso wie beim J_1 ein verschieden stark entwickeltes Tuberculum. Hier finden wir die mannigfachsten Variationen in der Aus- und Rückbildung desselben, die, wie soeben erwähnt, Arkövy Anlaß zu seiner irrtümlichen Auffassung des Cingulums gegeben haben. Vom kräftigen Tuberculum bis zur Konkavität, an deren Grunde sich ein Foramen befindet, finden wir alle möglichen Übergänge. Diese Innenhöcker bei den drei Frontzähnen — die Eckzähne besitzen sie auch — sind selbstverständlich homologe, aus dem Cingulum entstandene Bildungen; einen Unterschied zu machen zwischen Incisivenhöcker bei den Schneidezähnen und Basalhöcker bei den Caninen, wie es neuerdings de Terra versucht hat, ist gänzlich ungerechtfertigt und überflüssig. Die Variabilität des zweiten Schneidezahnes, die ja praktisch von Bedeutung ist — ist doch das im Grunde der Konkavität häufig vorhandene Foramen eine Hauptprädispositionsstelle für Caries — ist schon lange bekannt und wohl mit Recht dem Umstande zugeschrieben, daß derselbe anscheinend bestimmt ist, aus dem Gebisse der Menschen eliminiert zu werden und sich daher in offenbarer Rückbildung befindet. Eine Folge der im Gange befindlichen Reduktion sind eben die mannigfachen Abweichungen vom normalen Typus, ja, wie wir noch später sehen werden, sind die Fälle nicht allzu selten, in denen er überhaupt nicht mehr zur Entwicklung gelangt. Die Wurzel ist einfach, seitlich zusammengedrückt. Bisweilen besitzt sie eine Furche, die das Tuberculum in zwei Hälften teilend auch noch auf die Wurzel hinabzieht.

Die Eckzähne sind kegelförmig, sehr massiv und ragen etwas über die Schneidezähne hervor. Sie besitzen keine Schneide, wie die Incisiven, sondern eine Spitze. Bald sind die Seitenflächen mehr parallel, so daß die Krone eine länglich ovale Figur hat, bald divergieren sie vom Zahnhalse aus stärker, so eine mehr rundlich-ovale Form bildend. Die labiale Fläche ist gewölbt. Vom Zahnhalse zur Spitze verläuft deutlich eine etwas erhöhte Leiste; ihr entlang zu beiden Seiten verlaufen zwei flache längliche Vertiefungen. Ebenso zeigt die linguale Fläche keine Konkavität wie bei den Schneidezähnen, sondern eine Wölbung. Auch hier zieht von dem mehr minder entwickelten Tuberculum eine kräftig hervortretende Leiste zur Spitze. Zu beiden Seiten derselben ist je eine ihr parallele seichte Vertiefung bemerkbar. Das Tuberculum ist öfter auch in zwei kleine Höckerchen geteilt. Die Wurzel ist seitlich zusammengedrückt, jederseits mit einer flachen Längsfurche versehen. Selten sind zwei Wurzeln vorhanden.

Die oberen Prämolaren besitzen zwei Höcker, einen labialen und einen lingualen. Der labiale ist der höhere und breitere. Vom Zahnhalse verläuft auf der labialen Fläche eine breite Leiste zur Höckerspitze, zu ihren beiden Seiten zwei flache Furchen, so daß der Wangenhöcker deutlich dreigeteilt ist. Diese Dreiteilung der labialen Fläche ist beim ersten Backzahn fast immer deutlich erkennbar, beim zweiten ist sie meistens gänzlich geschwunden. Der linguale Höcker ist immer einheitlich. Der Querschnitt der Krone ist trapezförmig. Auf der Kaufläche des ersten Prämolaren verläuft zwischen den beiden Höckern eine Längsfurche, von deren Endpunkte vorn und hinten labialwärts eine kleine Querfurche abgeht, die am labialen Rande als Furche aufhört, als ganz flache Einsenkung sich aber in die oben erwähnten Vertiefungen fortsetzt, welche die Dreiteilung der labialen Kronenfläche hervorrufen. Die Kaufläche des zweiten Prämolaren zeigt ein klein wenig anderes Bild. Von ihrer Mitte aus verlaufen nach den vorderen und hinteren Ecken divergierend je zwei Furchen, die ihrerseits am vorderen und hinteren Zahnrande sich wieder vereinigen, so die Form einer Acht bildend. Dabei können aber die beiden flachen Vertiefungen, die sich auf die labiale Fläche fortsetzen, gleichfalls vorhanden sein. Bisweilen verläuft aber nur zwischen den Höckern eine kleine Längsfurche, während Querfurchen vollständig fehlen; im allgemeinen gehören aber die oberen Prämolaren zusammen mit den unteren Schneidezähnen und Caninen zu den formbeständigsten Komponenten des menschlichen Gebisses. Öfters ist der erste Backzahn der größere, doch kommt auch ein umgekehrtes Verhältnis vor.

Die Wurzeln sind seitlich komprimiert. Gewöhnlich besitzt der erste Prämolar zwei getrennte, den beiden Höckern entsprechende Wurzeln, die bisweilen allerdings durch eine Zementbrücke verbunden sein können. Der zweite Backzahn hat dagegen meistens nur eine Wurzel; doch sind auch hier Ausnahmen nicht selten. Auch drei Wurzeln sind besonders am ersten Bicuspis beobachtet worden. In einem von de Terra (1905) beobachteten Falle (Timorese) hatten sämtliche oberen Prämolaren drei Wurzeln.

Die Molaren besitzen normalerweise im Oberkiefer vier, im Unterkiefer fünf Höcker. Ihre Stellung ist alternierend, doch mit einer gewissen Einschränkung. Deutlich vorhanden und ausgeprägt ist sie es nur bei den oberen Mahlzähnen. Im Unterkiefer stehen der vordere Außen- und der vordere Innenhöcker einander gegenüber, und nur die hinteren Höcker alternieren naturgemäß, falls im ganzen fünf vorhanden sind.

Besitzen die unteren Molaren, wie es beim Menschen öfter der Fall ist, jedoch nur 4 Höcker, dann sind auch die beiden hinteren opponiert gestellt.

Der erste obere Molar zeigt das Alternieren der Höcker besonders deutlich (Tafel II, Fig. 5). Mit der Grund hierfür ist wohl seine Gestalt, die nicht quadratisch ist, sondern einen Rhombus darstellt, dessen spitze Winkel von dem Paraconus[1]) und Hypoconus gebildet werden.

Der Protoconus und Metaconus ist durch eine starke Schmelzleiste verbunden. Zwischen Paraconus und Metaconus verläuft eine Furche ungefähr bis zur Mitte des Zahnes. Dann biegt sie beinahe rechtwinkelig nach dem vorderen Rande um. Labial von ihr befindet sich gewöhnlich noch eine kurze Furche. Vom vorderen Zahnrande ziehen ein paar ganz feine Furchen bis zu der Stelle, wo die Hauptfurche endigt, so am Rande ein paar ganz winzige Höckerchen bildend. Der Hypoconus wird durch eine tiefe Furche abgetrennt, die bereits durch eine Furche der palatinalen Wurzel eingeleitet wird. Am Zahnhalse verschwindet sie dann gewöhnlich; ungefähr auf der Hälfte der lingualen Zahnfläche setzt sie dann aber scharf ein — bisweilen findet sich hier ein Grübchen — und verläuft bogenförmig längs der den Protoconus und Metaconus verbindenden Schmelzleiste zum hinteren Rande des Zahnes, wo sie in einiger Entfernung desselben gewöhnlich unter Gabelung endigt. Auch hier können noch kleine Nebenästchen vorhanden sein, und auch vom hinteren Rande sieht man bisweilen seichte Vertiefungen abgehen, die Veranlassung zur Entstehung von ganz kleinen accessorischen Zwischenhöckerchen geben können. Sehr oft findet man am ersten Molaren noch einen fünften Höcker und zwar lingual des Protoconus. Derselbe kann in der verschiedensten Ausbildung beobachtet werden. Häufig ist er nur durch eine bogenförmige leichte Furche angedeutet, die vom vorderen lingualen Rande des Zahnes in halber Höhe über den Protoconus hinweg verläuft. Dieselbe kann so gering sein, daß sie nur mehr ein Grübchen ist. Andrerseits aber kann er sogar entgegen der Aussage Zuckerkandls (1902) das Niveau der Kaufläche erreichen und sich an dem Kauakte beteiligen. In diesem Falle erreicht er unter Um-

[1]) Der Einfachheit halber bediene ich mich der von Osborn (1888, 1897) eingeführten Nomenclatur:

Oberkiefer		Unterkiefer	
Protoconus	erster Innenhöcker	Protoconid	erster Außenhöcker
Paraconus	erster Außenhöcker	Metaconid	erster Innenhöcker
Metaconus	zweiter Außenhöcker	Entoconid	zweiter Innenhöcker
Hypoconus	zweiter Innenhöcker	Hypoconid	zweiter Außenhöcker
		Hypoconulid	Hinterhöcker

ständen die Größe des Hypoconus; er geht dann direkt in diesen über. Die Innenseite des Zahnes wird in diesem Falle durch den fünften Höcker und den Hypoconus gebildet; zwischen ihnen verläuft eine Furche, die sich auch auf die Lingualwurzel fortsetzt. Die Außenseite wird vom Paraconus und Metaconus eingenommen, während in der Mitte, alternierend mit diesen und den beiden Innenhöckern, der Protoconus liegt (Tafel II, Fig. 6a—e). Dieser fünfte Höcker ist bereits von Carabelli als „Tuberculum anomalus" beschrieben worden und hat sehr verschiedenartige Deutung erfahren.

Von den vier Höckern des ersten Molaren ist der Hypoconus, der auch der stammesgeschichtlich jüngste ist, der kleinste.

Diese typische Mahlzahnform besitzen der zweite und der dritte selten. Zwar kann besonders ersterer noch ebenso gestaltet sein, doch ist er gewöhnlich etwas kleiner (Tafel II, Fig. 5).

Öfters jedoch ist seine Form auch gänzlich verändert. Er ist dann gewissermaßen zusammengedrückt, so daß sein längster Durchmesser in der Richtung des Paraconus und Hypoconus, der kürzeste zwischen Protoconus und Metaconus liegt. Dieses kann in so hohem Grade der Fall sein, daß ersterer beinahe doppelt so groß ist wie letzterer (Tafel II, Fig. 7).

Sehr oft finden wir beim zweiten Molaren eine verschieden weit vorgeschrittene Rückbildung einzelner Höcker, und zwar ist es auch hier der Hypoconus, der am stärksten betroffen zu sein pflegt. Nächst ihm ist der Metaconus derjenige, der Zeichen von Reduktion aufweisen kann. Die anderen beiden Höcker sind seltener davon befallen. Auch beim zweiten Molaren findet sich, wenngleich bei weitem seltener, ein fünfter Höcker lingual am Protoconus, häufiger wird dagegen labial am Paraconus ein accessorischer Höcker beobachtet, dessen Bedeutung fraglich ist. Außerdem ist bisweilen noch zwischen Metaconus und Hypoconus ein Höckerchen vorhanden, und an derselben Stelle befinden sich beim Weisheitszahn oft zwei solcher kleiner Tubercula. Diese letzte Varietät ist beinahe typisch für den dritten Molaren (Tafel II, Fig. 8b). Ich hebe dieses besonders hervor, weil Röse in der Arbeit Selenkas (1899) über den Schädel des Gorilla und Schimpanse in dem sogenannten menschlichen Idealgebiß einen derartig geformten Zahn als zweiten Molaren abbildet. Ohne leugnen zu wollen, daß gelegentlich vielleicht auch zweite Molaren diese Form aufweisen, scheint es mir überhaupt nicht zulässig zu sein, individuelle Variationen als ideal zu bezeichnen.

Auch sonst trifft man bei dem dritten Molaren, dem sogenannten Weisheitszahne, die mannigfachsten Abweichungen an. Gewöhnlich ist er der kleinste der 3 Mahlzähne, doch kann er, wenn auch seltener, noch 4 Höcker besitzen. Bisweilen ist der Hypoconus in mehrere kleine Höckerchen zerfallen (Tafel II, Fig. 8c), öfter fehlt derselbe aber ganz. In 71,4 % aller Fälle ist er nach Zuckerkandl dreihöckerig (Tafel II, Fig. 8a). Oft ist er so reduziert, daß überhaupt keine Höcker mehr zu unterscheiden sind; er ist stiftförmig oder knopfförmig, andrerseits weist er auch trotz verhältnismäßig guter Entwicklung die unregelmäßigsten Formen auf. In vielen Fällen fehlt er ganz.

Die oberen Molaren haben normalerweise 3 Wurzeln, 2 buccale und eine palatinale, welch letztere gewöhnlich eine Längsfurche aufweist. Während beim ersten Mahlzahn eine Verschmelzung der Wurzeln selten ist, kommt eine solche beim zweiten Molaren schon häufiger zustande; es können dann nur zwei, gewöhnlich die palatinale mit einer buccalen, oder aber auch alle 3 Wurzeln miteinander verwachsen sein. Der Weisheitszahn zeigt auch hierin das unregelmäßigste Verhalten. Bald sind sämtliche Wurzeln zu einer verschmolzen, bald hat er drei, bald vier, auch mehr Wurzeln.

Die Zähne des Unterkiefers.

(Tafel I, Fig. 1b.)

Die Schneidezähne des Unterkiefers sind meißelförmig. Abgesehen davon, daß die mittleren etwas kleiner und schmäler sind, sind sie sämtlich von gleicher Gestalt. Die Lippenfläche ist beinahe plan. Der frisch durchgebrochene Zahn besitzt 3 Zacken; den Einkerbungen entsprechen 2 seichte Längsfurchen. Die labiale Fläche ist konkav, das Tuberculum deutlich hervortretend. Die Wurzel ist einfach, seitlich flach zusammengedrückt; beidseitig verläuft der Länge nach eine Furche, die auf der distalen Seite schärfer ausgeprägt ist als auf der mesialen.

Die unteren Eckzähne sind den oberen äußerst ähnlich, nur sind die Seitenflächen paralleler, der ganze Zahn dadurch schmäler. Die Lippenfläche ist etwas gewölbter, die Zungenseite dagegen konkav. Vom Tuberculum verlaufen nach der Spitze zu divergierend 2 leichte Längsfurchen. Die Wurzel ist ebenfalls seitlich komprimiert und mit 2 Längsfurchen versehen. Auch bei den unteren Eckzähnen werden bisweilen 2 Wurzeln beobachtet.

Die ersten unteren Prämolaren unterscheiden sich wesentlich sowohl von den oberen wie von dem zweiten unteren Backzahn. Das auffallendste Merkmal, wodurch sie fast mit Sicherheit zu bestimmen sind, ist die geringe Größe und Höhe des lingualen Höckers. Derselbe kann so niedrig sein, daß der Zahn direkt eckzahnähnliche Form erhält. Der linguale ist mit dem labialen Höcker durch eine Leiste verbunden. Zu beiden Seiten derselben verläuft dem vorderen und hinteren Zahnrande parallel je eine Furche; mehr oder weniger deutlich zieht eine solche auch über die die beiden Höcker verbindende Leiste hinweg, so den Zahn in einen größeren labialen und einen kleineren lingualen Teil trennend. Gewöhnlich setzt sich die medial von der Verbindungsleiste gelegene Furche noch auf die linguale Zahnfläche fort, indem sie vom lingualen Höcker ein kleines mediales Stück abtrennt. Auch dieses ist ein ganz charakteristisches Erkennungszeichen für den ersten unteren Prämolaren; ich konnte es beim zweiten Backzahn niemals konstatieren.

Der zweite Prämolar ähnelt bisweilen dem ersten, nur ist der linguale Höcker stets höher. Die die beiden Höcker trennende Furche ist deutlich ausgeprägt, von ihren Endpunkten verlaufen ähnlich wie beim ersten oberen Bicuspis 2 Querfurchen labialwärts, die sich auf die labiale Fläche als ganz seichte Vertiefungen fortsetzen. Doch ist die Dreiteilung hier nicht mehr ganz so deutlich wie an den oberen Backzähnen. Eine lingualwärts verlaufende Querfurche teilt bisweilen den lingualen Höcker, so daß der zweite Prämolar dann 3 Höcker besitzt, einen größeren labialen und zwei kleinere linguale. In diesem Falle ist der Querschnitt der Krone mehr quadratisch, molarenähnlich, während er sonst rundlich ist (Tafel II, Fig. 9).

Die Wurzeln der unteren Prämolaren sind seitlich weniger zusammengedrückt als die des Eckzahns und der Schneidezähne, zeigen aber seitlich auch eine leichte Längsfurche. In seltenen Fällen besitzen sie 2 Wurzeln.

Die unteren Molaren sind mehr länglich viereckig oder trapezförmig; letzteres wenn sie die normale Anzahl von 5 Höckern besitzen. Es finden sich dann nämlich zwei, das Metaconid und das Entoconid auf der Zungen-, drei, das Protoconid, Hypoconid und Hypoconulid auf der Wangenseite des Zahnes, und zwar ist der letztere gewöhnlich etwas an die Hinterseite gerückt. Die Höcker sind derartig angeordnet, daß, wie schon oben erwähnt, das Protoconid und das Hypoconid einander gegenüberstehen, während sich das Entoconid gegenüber dem Zwischenraume zwischen Hypoconid und Hypoconulid befindet. Zwischenhöcker können vorhanden sein zwischen den beiden Innenhöckern, indem sie entweder vom Metaconid oder vom Entoconid stammen. Am hinteren Rande beginnt zwischen dem Hypoconulid und dem Entoconid eine Längsfurche, die mehr oder weniger gerade nach vorne verläuft, Sie entsendet Querfurchen nach außen zwischen Protoconid, Hypoconid und Hypoconulid, lingualwärts zwischen Metaconid und Entoconid.

Seitlich von der letzteren können noch Parallelfurchen den Grund zur Entstehung von Zwischenhöckern geben. Auch labialwärts ziehen noch kleinere Furchen, ohne daß es hier zur Bildung von accessorischen Höckern kommt. Die buccalwärts verlaufenden Haupt-Querfurchen ziehen auch auf die buccale Zahnfläche herab und endigen hier öfter in kleine Foramina. Protoconid und Metaconid werden gewöhnlich durch eine starke, nur durch die Längsfurche geteilte Schmelzleiste verbunden. Zwischen ihr und dem Vorderrande des Zahnes, demselben parallel, liegt meistens eine Vertiefung. Hier endet gewöhnlich die Längsfurche, indem sie sich gabelt oder in eine Querfurche einmündet. Es ist dieses die sogenannte Fovea anterior, der am hinteren Zahnende, wenn auch viel seltener, eine Fovea posterior entsprechen kann. Sind nur 4 Höcker vorhanden, so ist die Kaufläche viereckig. Die Höcker sind in diesem Falle durch eine kreuzförmige Furche von einander getrennt.

Die typische Höckeranzahl der unteren Molaren ist, wie schon oben erwähnt, 5, doch findet sie sich an sämtlichen Mahlzähnen nicht allzuhäufig, nach Zuckerkandl in 11,5% der Fälle (Tafel II, Fig. 10). Am häufigsten, in 50% der Fälle, hat der erste Molar 5, die anderen beiden 4 Höcker, in 30,5% besitzt der erste und dritte 5, der zweite 4 Höcker. Die häufigsten Variationen weist auch im Unterkiefer der Weisheitszahn auf, doch ist er zweifellos nicht so reduziert wie der obere. Besitzt er 5 Höcker, so ist das Hypoconulid gewöhnlich in die Mitte der Hinterseite gerückt, so daß sich in diesem Falle auch Hypoconid und Entoconid gegenüberstehen. Oft ist das Hypoconulid noch geteilt, so daß dann 6 Höcker vorhanden sind; es sind jedoch sogar auch siebenhöckerige Weisheitszähne beobachtet worden. Die Form der Weisheitszähne ist oft rundlicher als die der beiden anderen Molaren.

Die unteren Mahlzähne besitzen zwei Wurzeln, eine größere mesiale und eine kleinere distale. Sie sind von vorne nach hinten abgeplattet; die vordere hat gewöhnlich eine Längsfurche. Am zweiten und dritten Molaren können sie bisweilen verschmolzen sein. An Variationen kommen Zwischenhöcker vor, hauptsächlich am ersten Molaren und fast stets zwischen den beiden Innenhöckern (Tafel II, Fig. 11), seltener gewöhnlich am dritten Molaren zwischen Hypoconulid und Entoconid.

Das Milchgebiß.

Der Oberkiefer.

(Tafel II, Fig. 2a.)

Die Milchschneidezähne sind ähnlich den bleibenden, nur sind sie bedeutend kleiner, wenngleich vor allem die mittleren im Verhältnis etwas breiter sind. Die Lingualseite ist fast gar nicht konkav, das Tuberculum ist kräftig entwickelt. Faltige Bildungen oder gar ein Foramen coecum wie bei den bleibenden seitlichen Incisiven kommen bei ihnen nicht vor. Die Wurzel der mittleren Milchincisiven ist nicht seitlich, sondern von vorne nach hinten abgeplattet und nicht selten mit einer Längsfurche versehen. Die Wurzeln der seitlichen Schneidezähne sind dagegen rund.

Die Milcheckzähne sind wesentlich anders gestaltet, als ihre Nachfolger. (Tafel II, Fig. 12a u. b.) Sie sind mehr lanzettförmig; sie verbreitern sich vom Zahnhalse an verhältnismäßig schnell und bedeutend, um dann ebenso schnell in eine Spitze auszulaufen. Auf der labialen Fläche bildet der Schmelz vom Zahnhalse aus in der Breite der Wurzel eine bandförmige Erhebung; zu beiden Seiten verläuft je eine seichte Vertiefung. Auch auf der Zungenseite, die wenig konkav ist, zieht vom Tuberculum eine derartige Leiste zur Spitze, nur ist dieselbe noch durch eine flache Längsrinne in zwei Hälften geteilt. Zu beiden Seiten findet sich auch hier je eine flache Einsenkung. Die Wurzel ist seitlich zusammengedrückt und mit einer Längsfurche versehen.

Besonders interessant sind die Milchbackzähne; sie sind nämlich durchaus anders gestaltet wie die bleibenden Prämolaren.

Der obere erste Milchbackzahn besitzt im Durchschnitt eine trapezförmige Krone, und zwar ist von den beiden parallelen Seiten die längere die Wangenseite. (Tafel II, Fig. 13a u. b.) Dieselbe wird durch 2 Höcker gebildet, einen Haupthöcker und einen hinteren, kleineren. Die Zungenseite wird durch einen Höcker repräsentiert. Vom äußeren Haupthöcker wird auch noch nach vorne durch eine kleine Furche ein kleines accessorisches Höckerchen abgetrennt, so daß der Zahn von der Wangenseite aus dreizackig erscheint. Zwischen der Wangen- und der Zungenseite verläuft eine Furche, die sich hinten gabelt. Der eine Ast zieht labialwärts, trennt hier den hinteren, kleinen Wangenhöcker ab und setzt sich als flache Vertiefung noch auf die labiale Fläche fort, der andere Ast zieht lingualwärts, auch auf der Zungenseite als seichte Einsenkung bemerkbar. Hinter den beiden Querfurchen verbindet eine schmale Schmelzleiste den hinteren Außenhöcker mit dem Innenhöcker. Zwischen ihr und dem hinteren Rande des Zahnes ist eine kurze, aber tiefe Querfurche bemerkbar.

Der Zahn besitzt 3 Wurzeln, zwei auf der Wangen- und eine auf der Zungenseite. An der Übergangsstelle der Krone in die vordere Wangenwurzel befindet sich ein kleiner Schmelzhöcker, der von Zuckerkandl „Tuberculum molare" genannt worden ist, der aber auch gleichzeitig darauf hinweist, daß derselbe zuerst von Carabelli beschrieben worden ist.

Die Deutung des ersten Milchbackzahnes hat besondere Schwierigkeiten hervorgerufen, weil er sowohl von dem bleibenden ersten Prämolaren, wie von dem zweiten Milchmolar so durchaus abweichend erscheint. Bei genauerem Studium kommt man aber zu dem Schlusse, daß derselbe nur einen reduzierten Molaren vorstellt. Meiner Meinung nach entspricht der Haupthöcker der Wangenseite dem Paraconus,[1]) der hintere kleinere Höcker dem Metaconus eines Molaren, der vordere kleinere ist ein accessorischer Höcker, der aus dem Vorderrande des Zahnes seine Entstehung findet. Der Hypoconus fehlt. Ob er nur rückgebildet ist oder ob er überhaupt nie vorhanden war, so daß dann der erste Milchmolar den ursprünglichen reinen trituberculären Typus repräsentieren würde, diese Frage möchte ich nicht so ohne weiteres entscheidend beantworten. Die Möglichkeit liegt jedenfalls vor.

Der zweite obere Milchbackzahn gleicht, abgesehen von seiner Größe, ganz dem ersten bleibenden Molaren, doch finden wir auch hier noch am Vorderrande vor dem Paraconus die Andeutung eines accessorischen Höckerchens, ebenso wie auch auf der Zungenseite vor dem Protoconus, ja sogar noch deutlicher, ein ähnliches Höckerchen vorhanden ist. Auch darin stimmt der zweite Milchmolar mit dem ersten Mahlzahn überein, daß er nicht selten noch einen fünften Höcker, das Tuberculum anomalus Carabellis besitzt (Tafel II, Fig. 14a, b und Tafel V, Fig. 24a), ja Zuckerkandl hat nachgewiesen, daß derselbe im Milchgebiß sogar viel häufiger vorkommt, hier nämlich in mehr als 90% der Fälle, gegen 26% beim ersten Mahlzahn. Auch der zweite Milchmolar hat 3 Wurzeln, zwei auf der Wangen-, eine auf der Zungenseite, die aber zum Unterschiede von den Wurzeln der bleibenden Mahlzähne weit stärker divergieren, weil eben zwischen ihnen die sich entwickelnden bleibenden Prämolaren Platz finden müssen.

---

[1]) Ich weiß sehr wohl, daß Scott (1892) für die Prämolaren eine andere Entstehungsweise annimmt und demgemäß für die Höcker derselben auch eine andere Nomenclatur vorgeschlagen hat. Meines Erachtens ist die Durchführung dieses Vorschlages nur geeignet, Verwirrung zu stiften, ganz abgesehen davon, daß mir die Hypothese sehr zweifelhaft erscheint. Ich werde daher auch für die Milchmolaren die Osbornsche Bezeichnung beibehalten.

Der Unterkiefer.

(Tafel II, Fig. 2b.)

Die unteren Milchschneidezähne gleichen vollständig ihren Nachfolgern, nur sind die Wurzeln nicht seitlich komprimiert, sondern rund.

Die Milcheckzähne des Unterkiefers sind ähnlich den oberen gebaut, nur sind sie schlanker und höher. Auch ist die Zungenseite etwas konkav. Die Wurzeln sind rund.

Der erste untere Milchbackzahn besitzt eine schmale längliche Gestalt. Da jedoch der vordere Innenhöcker dem vorderen Außenhöcker nicht genau gegenüber, sondern weiter zurück liegt, als letzterer, so verlaufen der Vorder- und Hinterrand des Zahnes nicht senkrecht zur Längsaxe, sondern schräg, so daß die Kronenfläche mehr die Form eines Parallelogramms besitzt. Im übrigen zeigt er deutlich 3 in einer geraden Linie liegende äußere und 2 innere Höcker, welch letztere die größeren und höheren sind. (Tafel II, Fig. 15.) Der vordere Innen- und der vordere Außenhöcker sind entsprechend dem Protoconid und Metaconid durch eine Schmelzleiste verbunden. Zwischen dieser und dem Vorderrande liegt eine besonders gut ausgeprägte, sich nach vorne ausdehnende Fovea mit einer Querfurche. Ebenso ist der zweite Innenhöcker, das Entoconid mit dem Hypoconid durch eine weniger starke Schmelzleiste verbunden. Die Längsfurche verläuft parallel und näher dem inneren Zahnrande. Sie entspringt am hinteren Rande zwischen Entoconid und Hypoconulid, gibt zwischen die einzelnen Höcker Querfurchen ab und mündet in die vordere Querfurche ein. Oberhalb der vorderen Wurzel befindet sich auch hier auf der Wangenfläche des Zahnes eine Hervorragung entsprechend dem Tuberculum molare des ersten oberen Milchbackzahnes.

Der zweite untere Milchmolar ähnelt auch im Unterkiefer ganz dem ersten bleibenden Mahlzahn. Er besitzt 5 Höcker, 3 äußere und 2 innere. Die äußeren liegen wie bei dem ersten Milchbackzahn vollständig auf der Außenseite, so daß der zweite Außenhöcker, das Hypoconid, sich gegenüber dem Zwischenraum zwischen dem Metaconid und Entoconid befindet. (Tafel II, Fig. 16.)

Die 3 Außenhöcker stehen auch beim zweiten Milchmolar öfter in einer geraden Linie und unterscheiden sich dann etwas von dem bleibenden Molaren, bei dem sie mehr bogenförmig angeordnet sind. Daher sind die Kronen der Milchmolaren auch mehr viereckig, während die bleibenden Mahlzähne, falls sie 5 Höcker besitzen, doch eine etwas abgerundete Form aufweisen. Zwischen den Innenhöckern können wie bei letzterem accessorische Höckerchen vorkommen.

Die Kaufläche ist sehr oft kraterförmig vertieft, so daß die Höcker verhältnismäßig hoch erscheinen. Die Furchen sind in vielen Fällen scheinbar regellos, entsprechen aber der für die bleibenden Molaren beschriebenen Anordnung. Die unteren Milchbackzähne besitzen 2 Wurzeln; auch diese divergieren aus dem oben erwähnten Grunde mehr als die der bleibenden Mahlzähne.

Die Milchzähne variieren bedeutend weniger als die permanente Reihe. Anomalien, wie sie bei den bleibenden Zähnen beschrieben wurden, kommen bei ihnen entweder gar nicht vor, oder sie gehören zu den größten Seltenheiten.

Es bleibt nun noch übrig, einige Worte über die Anordnung der einzelnen Zähne zu einem Ganzen und über die Art der Artikulation, des Zusammenbisses, hinzuzufügen.

Da ist zunächst hervorzuheben, daß die Zähne des menschlichen Gebisses lückenlos aneinanderschließen; ein Diastema, wie es den Anthropoiden zukommt, fehlt dem Menschen. Der Zahnbogen bildet im Oberkiefer gewöhnlich eine Ellipse, während er im Unterkiefer die Form einer Parabel hat; doch ist es auch nicht selten, daß die Zahnreihen nach hinten divergieren oder auch annähernd parallel werden. Die normale Artikulation gestaltet sich entweder in der Weise, daß die oberen Zähne etwas über die unteren greifen, so daß die unteren Schneidezähne auf die linguale Fläche der oberen Incisivi beißen: es ist dies der Scherenbiß; oder die Schneidezähne der beiden Kiefer treffen aufeinander: diese Form nennt man Aufbiß oder Zangenbiß. Die beiden Zahnreihen der rezenten Europäer, sowie übrigens auch der anderen Rassen stehen annähernd senkrecht zu einander und zwar ganz gleichgültig, ob die betreffenden Kiefer orthognath oder prognath sind. Unter Prognathie versteht man bekanntlich eine schnauzenartige Verlängerung der Kiefer, während diese bei Orthognathie eine ziemlich gerade Linie bilden. Allerdings kommt eine reine Orthognathie wohl nie vor; stets handelt es sich, wie schon Topinard sehr richtig bemerkt, zum mindesten um den geringsten Grad von Prognathie. Da nun die Zähne in zur Kieferoberfläche parallelen Alveolen eingepflanzt sind, mithin bei auch nur wenig vorspringendem Kiefer die Wurzel stets etwas schräg steht, so kann die vertikale Richtung außerhalb des Kiefers nur dadurch erreicht werden, daß die Längsachse des Zahnes keine gerade Linie bildet, daß sein Kronenteil vielmehr eine andere Richtung hat wie seine Wurzel. Es wird daher an dem Punkte, an welchem der Zahn aus dem Kiefer tritt, also am Zahnhalse, ein Winkel gebildet, dessen Größe durch den Grad der Prognathie bestimmt wird. Je stumpfer der Winkel ist, je mehr er sich der geraden Linie nähert, um so orthognather ist der betreffende

Kiefer, und andrerseits wird der Winkel kleiner, eine je größere Prognathie vorhanden ist. Es kann also sehr gut sogar aus einzelnen Zähnen geschlossen werden, ob der dazu gehörige Kiefer orthognath oder prognath gewesen ist. (Textfigur 5 u. 6 S. 110.)

Man hat bekanntlich zwei Formen der Prognathie unterschieden, die Kieferprognathie und die Alveolarprognathie, je nachdem der gesamte Kiefer samt dem Alveolarteil oder nur der letztere vorstehend ist. Da beide Arten aber ineinander übergehen und auch dem Wesen nach dasselbe sind, so ist eine scharfe Scheidung unmöglich.

Eine Zahnprognathie, die selbstverständlich zum mindesten mit einer Alveolarprognathie verbunden sein müßte, kommt aber meines Erachtens normalerweise beim Menschen nicht vor. Ich komme auf diese wichtige Frage noch später ausführlich zurück.

Das Gebiß niederer Rassen.

(Tafel III bis Tafel VI.)

Die niederen Rassen haben von jeher besonderes Interesse erregt; glaubte man doch im Beginne der Darwinschen Ära, in ihnen sogar eine niedrigere Entwicklungsstufe der Menschheit, eine Art Mittelglied zwischen Mensch und Affe, erblicken zu dürfen. Und wenn auch diese Idee sehr rasch ad acta gelegt wurde und man bald zu der auch heute noch allgemeingültigen Erkenntnis gelangte, daß sämtliche Menschenarten eines gemeinschaftlichen Ursprungs sind, so haben doch gerade die neuesten Untersuchungen den Nachweis gebracht, daß die tiefststehenden Völker ebenso wie die fossilen Menschenreste in vieler Beziehung allerdings primitive Merkmale, die die höchststehenden Rassen garnicht oder nur sehr selten aufweisen, ausgeprägter und häufiger sich erhalten haben. Auch bezüglich des Gebisses sind nicht allzu selten Beobachtungen mitgeteilt worden, die in diesem Sinne gedeutet wurden. Da überzählige Zähne am auffallendsten und am leichtesten zu konstatieren waren, so kann es nicht überraschen, daß gerade derartige Befunde besonders oft erwähnt wurden. So hat noch neuerdings Klaatsch (1902) auf das häufige Vorkommen überzähliger Zähne bei Australiern aufmerksam gemacht und Gaudry (1901, 1903) glaubt in dem Zahnsystem derselben Rasse eine Annäherung an niedere Zustände, wie sie sich in gleicher Weise auch in dem Kauapparat des diluvialen Menschen offenbart, feststellen zu können. Auch eine Reihe systematischer Untersuchungen sind angestellt worden, ohne jedoch zu befriedigenden Resultaten zu führen. Es lag dies einesteils an der ungeeigneten Beschaffenheit des Materials, das naturgemäß zum größten Teil aus allen möglichen Rassen und Stämmen, die jedes nur durch wenige Exemplare vertreten waren, zusammengewürfelt war, anderenteils aber auch an der Untersuchungsmethode.

Ohne den Wert exakter Messungen, die zur Entscheidung vieler wichtiger Fragen (Feststellung der Maximal- und Minimalgröße, von großzähnigen und kleinzähnigen Rassen usw.) durchaus unentbehrlich sind, auch nur im geringsten leugnen zu wollen, so darf doch darüber der morphologische und vergleichend-anatomische Teil der Untersuchungen nicht zu kurz kommen. Und das ist leider bei den meisten Arbeiten nur allzusehr der Fall gewesen. Erst in neuester Zeit hat de Terra (1905) in einer fleißigen Publikation anerkennenswerterweise versucht, auch diese Seite gebührend zu berücksichtigen, wenn auch bei dem unzureichenden Untersuchungsmaterial die meisten Fragen unerledigt bleiben mußten.

Drei Fragen sind es, auf deren Beantwortung vor allen Dingen jede Untersuchung gerichtet sein muß:

1. Zeigt das Gebiß niederer Rassen primitivere Beschaffenheit, eine deutlichere Annäherung an die tierischen Vorfahren der Menschen als der Europäer?
2. Zeigt das Gebiß niederer Rassen eine größere Ähnlichkeit mit dem Zahnsystem des fossilen Menschen als die weiße Rasse?
3. Ist das Gebiß als diagnostisches Merkmal zur Rassenbestimmung verwendbar?

Was diese letzte Frage anbetrifft, so muß ich von vornherein erklären, daß ich nicht imstande bin, sie zu entscheiden; denn nur die Untersuchung einer möglichst großen Anzahl von Gebissen derselben Rasse wird ein einwandfreies Resultat liefern können. Solange aber Rasseschädel in genügender Anzahl und brauchbarer Beschaffenheit so schwer zu erreichen sind, werden wir zunächst nur eine Beantwortung der beiden ersten Fragen versuchen müssen, und hierauf habe ich auch bei meiner Untersuchung das Hauptaugenmerk gerichtet.

Leider liegt die kostbare und selten reichhaltige Schädelsammlung des Berliner Völkermuseums infolge der bekannten ungünstigen Raumverhältnisse noch immer wohlverpackt in Kisten und Kasten und harrt ihrer Auferstehung erst in 4—5 Jahren. Da die Königsberger Sammlungen Rassenschädel nur in sehr geringer Anzahl besitzen, so mußten sich meine Untersuchungen auf das Material beschränken, das mir die Anatomische Anstalt in Berlin und die Berliner Gesellschaft für Anthropologie in dankenswerter Weise zur Verfügung stellten. War dasselbe auch nicht allzu reichhaltig, so war es doch andererseits besonders günstig und für meine Zwecke geeignet. Vor allem besitzt die Berliner Anthropologische Sammlung eine Serie ca. 170 von Dr. Finsch gesammelter, vorzüglich erhaltener Schädel von Melanesiern (Neubritannien), deren Gebisse mir zum Vergleich mit den Zähnen des diluvialen Menschen von größtem Werte waren. Es wurden selbstverständlich jedoch auch alle anderen Rassen gleichmäßig berücksichtigt.

Die Durchmusterung ergab nun eine Reihe von Besonderheiten und Abweichungen, die mir in hohem Grade bemerkenswert zu sein scheinen. So zeigte die Lingualseite der oberen Schneidezähne nicht allzu selten Bildungen, die als Anomalie auch beim Europäer beschrieben wurden, die aber als regelmäßige Erscheinung und in exzessiver Ausbildung, wie wir noch später sehen werden, beim Krapina-Menschen auftreten. Es war dann beim ersten Incisivus der Seitenrand erhöht, während vom Tuberculum zwei bis drei zusammenliegende, nach oben sich kegelförmig verjüngende Höckerchen nach der Schneide zu hinaufzogen (Tafel V, Fig. 20). Der zweite Schneidezahn war ähnlich gebaut, nur entbehrte das Tuberculum der Dreiteilung (Tafel V, Fig. 21a u. b). Es konnte aber auch ein Tuberculum vollständig fehlen. Dann stellte die ganze linguale Fläche eine Konkavität vor, die jederseits von einem stark erhöhten Seitenrand umgeben war. Die beiden Seitenränder trafen dann oberhalb des Zahnhalses in einem spitzen Winkel zusammen. Zwischen diesen beiden Extremen waren alle möglichen Übergänge vorhanden; ich möchte aber hervorheben, daß im ersten Falle niemals, auch nicht annähernd die Gestaltung der Krapina-Zähne erreicht wurde. Immerhin muß die prinzipielle Ähnlichkeit zugegeben werden. Bemerkenswert ist auch der im allgemeinen verhältnismäßig geringe Größenunterschied zwischen erstem und zweitem Schneidezahn.

Die Eckzähne waren äußerst kräftig und mit starkem Tuberculum versehen. Waren dieselben stark abgekaut, so waren sie, hauptsächlich bei Melanesiern, von den Prämolaren kaum zu unterscheiden. Auch die Schneidezähne bekamen dadurch ein gleiches Aussehen, so daß hierdurch vielleicht M'Lead getäuscht worden ist, der nach Topinard (1872) bei den Stämmen von Gippsland (Victoria) prämolarenartige Incisiven gesehen haben wollte.

Die beiden Prämolaren des Oberkiefers waren sehr oft gleichgroß. Im Unterkiefer schien mir besonders der erste Prämolar mehr dem zweiten zu gleichen, als es bei der weißen Rasse zu sein pflegt. Bei einem Javanesen hatte P_2 zwei Außen- und zwei Innenhöcker.

Die Größe der Molaren nahm in beiden Kiefern in den meisten Fällen von vorn nach hinten ab. Allerdings war der dritte Molar unten, wenn er auch gewöhnlich kleiner war als die beiden vorhergehenden, doch lange nicht so reduziert wie im Oberkiefer, wo sich in mehreren Fällen an Stelle des Weisheitszahnes Zapfzähne befanden; ja, zweimal fehlte er ganz, trotzdem offenbar genügender Raum reichlich vorhanden war (Melanesier). Stets besaßen sämtliche untere Molaren zwei getrennte Wurzeln; nur in einem Falle bei einem Siamesen waren dieselben beim zweiten unteren Mahlzahn labial verschmolzen, lingual getrennt, während die des dritten wieder vollständig getrennt waren. Die Wurzeln der ersten Molaren zeichneten sich sogar sowohl oben wie unten durch ganz besondere Divergenz aus (Textfig. 1), wie wir sie bei Europäern nur bei den Milchmolaren beobachten, zwischen deren Wurzeln sich ja die Ersatzprämolaren entwickeln und Raum finden müssen.

Fig. 1. Der erste rechte obere Molar eines Australiers.

Als besonders wichtige Tatsache konnte ich konstatieren, daß die dritten unteren Molaren nicht allzu selten eine Rückwärtsverlängerung zeigten (Tafel V, Fig. 22 u. 23). Der dritte Außenhöcker, das Hypoconulid, war dann nicht in die Mitte der Hinterwand gerückt, sondern befand sich deutlich auf der Außenseite. Die Bedeutung dieses wichtigen Befundes soll später erörtert werden. Überzählige Höcker waren nicht selten. Sie fanden sich besonders zahlreich an den unteren Molaren und zwar hauptsächlich zwischen den beiden Innenhöckern. Gewöhnlich war es der erste Molar, der einen solchen Zwischenhöcker aufwies; ich konnte sie jedoch beim zweiten, ja auch beim dritten Mahlzahn beobachten. Bei einem Togoneger fanden sie sich bei sämtlichen sechs unteren Molaren, und in einem Falle besaß ein Weisheitszahn an dieser Stelle sogar 2 Zwischenhöcker außer den fünf normalen. Ein weiterer überzähliger Höcker findet sich außerdem nicht selten zwischen dem letzten Außen- und dem zweiten Innenhöcker, gewöhnlich des unteren dritten Molaren.

An oberen Mahlzähnen wurde ein überzähliges Höckerchen beobachtet auf der Lingualseite vor dem Protoconus. Dasselbe kommt übrigens auch beim rezenten Europäer vor und ist nicht identisch mit dem Carabellischen Höckerchen, das außerdem noch vorhanden sein kann. Tafel V, Fig. 24a und b zeigt den ersten oberen Molaren eines Fidschi-Insulaners, der beide besitzt und außerdem noch ein Zwischenhöckerchen zwischen dem Hypoconus und Metaconus. Das Gebiß war noch deswegen besonders interessant, weil der noch vorhandene zweite Milchmolar auch diese sämtlichen überzähligen Höcker aufwies.

Bekanntlich ist ja der erste bleibende Molar nicht der Nachfolger des zweiten Milchbackzahns, der durch den zweiten Prämolaren ersetzt wird. Die Ähnlichkeit zwischen dem zweiten Milchmolaren und dem ersten bleibenden Mahlzahn wird daher durch dieselben äußeren Bedingungen erklärt, unter denen beide Zähne funktionieren.

Daß diese Ähnlichkeit aber bis zur genauesten Übereinstimmung auch der geringsten Einzelheiten, bis zur Wiederholung derselben überzähligen Bildungen geht, ist zum mindesten sehr auffallend und hierdurch allein wohl kaum verständlich.

Außerdem wurden labiale accessorische Höckerchen festgestellt. Das Carabellische Höckerchen war sehr oft und zwar in vollkommenster Entwicklung vorhanden. In einem Falle war dasselbe sogar stärker entwickelt als die beiden normalen Innenhöcker. Auch kam es nicht allein am ersten Molaren vor, sondern auch am zweiten und dritten, ja es war bei einem zweiten Mahlzahn sogar stärker als bei dem ersten. Schließlich besaßen M_1 und M_3 das Carabellische Höckerchen, während es beim zweiten Molaren fehlte.

Beim ersten bleibenden und beim zweiten oberen Milchmolaren konnte sich die Figuration der Kaufläche dadurch noch komplizierter gestalten, daß vom Paraconus aus eine Schmelzleiste parallel dem vorderen Zahnrande bis zur Mitte des Zahnes hinabzieht. Zwischen ihr und dem Vorderrande ist dann eine Grube vorhanden. Ähnliche Verhältnisse finden wir bei den Molaren des Krapina-Menschen vor.

Was nun die Größe anbetrifft, so kann ich bestätigen, daß sich die Zähne der Melanesier in der Tat hierdurch besonders auszeichnen. Sämtliche Zähne waren als groß, zum Teil sogar als sehr groß zu bezeichnen. Ich habe folgende Dimensionen notiert:

	Breite	Dicke
P_1 sup.	8,25	11,50
P_1 sup.	9,00	11,00
P_2 sup.	8,50	11,00
M_1 sup.	13,00	14,00
M_1 sup.	13,00	12,50
P_1 inf.	9,00	9,00
P_2 inf.	9,00	10,50
M_1 inf.	12,50	11,25

Die Entfernung vom Hinterrande der dritten Molaren bis zum Berührungspunkte der mittleren Schneidezähne betrug

im Oberkiefer bei dem Schädel	1286	66,00 mm
„ „ „ „ „	1318	70,00 „

im Unterkiefer bei dem Schädel	1286	65,50 „
„ „ „ „ „	1381	70,00 „

Die Entfernung vom Außenrand der M_2 der einen bis zu dem der anderen Seite betrug

im Oberkiefer bei dem Schädel	1286	68,00 mm
„ „ „ „ „	1318	75,50 „
im Unterkiefer bei dem Schädel	1286	62,00 „
„ „ „ „ „	1318	68,00 „

Die Entfernung vom Außenrand des M_3 der einen bis zu dem der anderen Seite betrug

im Oberkiefer bei dem Schädel	1286	63,00 mm
„ „ „ „ „	1318	71,50 „
im Unterkiefer bei dem Schädel	1286	68,00 „
„ „ „ „ „	1318	71,00 „

Die Höcker der Molaren waren ja in den meisten Fällen stark abgenutzt; da, wo dies aber nicht der Fall war, waren sie ganz auffallend hoch und stark entwickelt, dagegen konnte ich eine Vermehrung der Schmelzrunzeln bei Melanesiern wenigstens nicht beobachten. Der Zahnbogen war der Größe der Zähne entsprechend vielfach recht groß; die oberen Zahnreihen konnten fast ganz parallel mit einer geringen Biegung nach außen verlaufen, während die Frontzähne beinahe eine gerade Linie bildeten. Die unteren Reihen divergieren nach außen. Die hier abgebildeten Gebisse von Neubritanniern zeigen Dimensionen und eine Form, wie sie wohl noch nie zur Beobachtung gelangt sind. Sehr kleine Zähne fand ich bei Buschmännern, deren Gebiß überhaupt — falls kein Zufall vorliegt — einen durchaus minderwertigen Eindruck macht. Unter den wenigen mir vorliegenden Schädeln besaß einer auffallend winzige Zähne; von den unteren Molaren waren die Wurzeln des zweiten und dritten verschmolzen. Ein zweiter zeigte äußerst starke Reduktion der dritten Mahlzähne und der oberen seitlichen Schneidezähne. Die oberen M_3 waren stiftförmig, die unteren waren ebenfalls, wenn auch nicht ganz so stark, rückgebildet. Ein drittes Gebiß endlich besaß einen typischen V-förmigen Kiefer mit einer sehr unregelmäßigen Stellung der oberen Frontzähne. Diese Beobachtungen scheinen dafür zu sprechen, daß die Hottentotten in der Tat eine sogenannte Kümmerform repräsentieren, deren geringe Körpergröße und schlechte Körperproportionen eine Folge der ungünstigen Lebensbedingungen sind, unter welchen diese Völker seit langen Zeiträumen gelebt haben müssen.

Zahlreiche Schmelzrunzeln oder vielmehr eine Vermehrung der Furchen wurden mehrfach beobachtet (Tafe IV, Fig. 25). Ein noch nicht durchgebrochener zweiter Molar eines Buschmannes zeigte besonders zahlreiche Furchen und glich durchaus den später zu beschreibenden Molaren des Krapina-Menschen.

Die wenigen Milchgebisse, die ich untersuchen konnte, boten nichts Bemerkenswertes. Nur in dem kindlichen Kiefer eines Alfuren zeigte der untere erste Milchmolar besonders deutlich die Anwesenheit der typischen 5 Molarenhöcker; es waren sogar die Querfurchen bis auf die labiale Zahnfläche hinab verlängert.

Von wichtigeren Anomalien fand ich einen überzähligen Zahn zwischen den beiden rechten oberen Prämolaren bei einem Abessinier. Bei einem anderen Abessinier fehlte unten rechts der Eckzahn. Bei einem Melanesier war ein überzähliger J hinter den beiden unteren Schneidezähnen vorhanden (Tafel V, Fig. 26), ein zweiter Melanesier besaß einen dritten linken Prämolaren lingual zwischen den beiden normalen. Rechts waren nur 2 Prämolaren zugegen, doch war der erste Prämolar von dem Eckzahn durch ein so weites Diastema getrennt, daß auch hier ein dritter Bicuspis vorhanden gewesen, aber früh ausgefallen sein muß, oder aber derselbe ist zwar angelegt, aber nicht durchgebrochen (Tafel VI, Fig. 27). In einem weiteren sehr interessanten Falle stand an Stelle des Caninus ein vollkommen einem Prämolaren ähnlicher Zahn; nur war der Innenhöcker in drei kleinere Höckerchen geteilt (Tafel VI, Fig. 28). Ich glaubte zunächst, daß es ein unterer P war, der von einem Unkundigen, wie es in den Sammlungen öfter geschieht, an die falsche Stelle gebracht war; ich mußte mich jedoch überzeugen, daß dieses nicht der Fall war. An seiner ursprünglichen Zugehörigkeit an dieser Stelle war nicht zu zweifeln. Bei einem weiblichen Australierschädel war labial des Eckzahns beiderseitig eine Alveole; der wohl dazugehörige Zapfzahn war aber herausgefallen. Bei einem Buschmann fand sich schließlich lingual des rechten Eckzahns im Kiefer verborgen ein überzähliges Zahngebilde mit 2 Spitzen.

Bisher festgestellte Maximal- und Minimalgröße der menschlichen Zähne aller Rassen nach Terra.

Bleibende Zähne.

	Oberkiefer				Unterkiefer		
	Breite	Dicke	Höhe		Breite	Dicke	Höhe
J_1	6,5—10,6	6,2— 8,3	7,5—14,0	J_1	3,5— 6,5	4,9— 7,7	7,0—10,8
J_2	5,0— 8,3	5,0— 7,8	6,0—12,1	J_2	4,2— 7,2	5,3— 7,6	7,0—12,0
C	5,8— 9,3	7,0—10,8	6,0—13,5	C	5,0— 9,0	5,8—10,0	7,0—14,0
P_1	5,5— 8,7	6,7—12,5	5,5—10,0	P_1	5,0— 8,7	6,5— 9,8	6,0—11,0
P_2	5,5— 8,2	8,0—11,7	5,0—10,2	P_2	5,5— 8,8	6,5— 9,7	5,0—10,0
M_1	7,8—12,8	9,2—14,5	—	M_1	8,9—12,8	8,3—12,2	—
M_2	7,0—11,8	9,0—14,7	—	M_2	8,0—12,5	8,0—12,0	—
M_3	4,8—11,7	5,9—14,8	—	M_3	8,0—15,0	7,8—13,0	—

Milchzähne.

	Oberkiefer.				Unterkiefer.		
	Breite	Dicke	Höhe		Breite	Dicke	Höhe
Jd_1	6,0— 6,8	4,8— 6,0	4,9—6,0	Jd_1	3,5— 4,8	3,6— 4,0	5,0—6,1
Jd_2	4,2— 5,8	4,0— 5,6	5,0—7,8	Jd_2	4,0— 5,0	3,4— 5,3	5,7—6,5
Cd	5,9— 7,6	5,6— 6,9	6,8—7,2	Cd	4,9— 7,0	5,0— 6,0	6,8—7,8
Pd_1	6,2— 8,0	7,0— 9,0	—	Pd_1	5,7— 9,3	5,5— 7,8	—
Pd_2	4,9—10,8	8,5—10,6	—	Pd_2	8,0—12,0	7,7—10,0	—

Die Variationen der Zahnzahl.

(Tafel V Fig. 26, Tafel VI, VII, VIII Fig. 32.)

Daß das Studium dieser Variationen unter gewissen Voraussetzungen durchaus geeignet sein kann, wertvolles Material für unsere vergleichenden Betrachtungen zu liefern, liegt auf der Hand. Doch ist äußerste Vorsicht erforderlich. Es geht nicht an, wie es früher geschehen ist, jede Abweichung von der Norm, jedes überzählige Zahngebilde als Rückschlagserscheinung, als Beweis dafür aufzufassen, daß der Mensch von einer Form abstammt, die ursprünglich mehr als 32 Zähne besessen haben wird. Mag diese Annahme auch unbestreitbar sein — auch ich bin der Überzeugung, daß es der Fall gewesen sein wird — das Vorkommen überzähliger Zähne ist kein einwandsfreier Beweis dafür. Variationen entstehen ja aus ganz verschiedenen, ja entgegengesetzten Ursachen, und nur ein gleichmäßiges Abwägen sämtlicher in Betracht kommender Umstände wird uns in den Stand setzen, ein annähernd richtiges Urteil zu fällen, ob wir unsere Blicke vorwärts oder rückwärts richten müssen, oder ob wir bedeutungslosen Zufälligkeiten gegenüberstehen. Gerade das Gebiß des Menschen zeigt besonders verwickelte, aber auch deswegen ungemein instruktive Verhältnisse. Sein Zahnsystem wie das vieler anderen Säugetiere, befindet sich offenbar auch heute noch im Fluß. Reduktion geht einher mit progressiven Bildungen. Rückschlagserscheinungen werden sicherlich auch angenommen werden müssen, die mannigfaltigste Rassenmischung, durch die Kultur bedingte Entartungserscheinungen neben zufälligen Abweichungen kommen noch dazu, um eine objektive Beurteilung dieser Variationen des menschlichen Zahnsystems in hohem Grade zu erschweren oder gar unmöglich zu machen.

Prüfen wir nun zunächst, an welchen Stellen überzählige Zähne atavistisch zu erwarten wären. Die Formel des typischen Placentaliergebisses lautet bekanntlich $\frac{3}{3}\frac{1}{1}\frac{4}{4}\frac{3}{3}$. Hiernach würde dem Menschen nur 1 Schneidezahn und 2 Prämolaren im Laufe der Stammesgeschichte verloren gegangen sein. Es muß aber von vornherein zugegeben werden, daß die Möglichkeit vorhanden ist, daß bei der ältesten Säugetierurform eine noch höhere Zahnzahl vorhanden gewesen ist. Besitzen doch sogar die rezenten Marsupialier noch 5 Schneidezähne und 4 Molaren jederseits, so daß, falls, wie es auch vielfach angenommen wird, ein verwandtschaftlicher Zusammenhang zwischen Placentaliern und Marsupialiern vorhanden ist, das atavistische Wiederauftauchen noch mehrerer Zähne durchaus nicht unmöglich wäre. Diese theoretischen Erwägungen werden unterstützt durch entwicklungsgeschichtliche Befunde. Nicht beim Menschen, aber bei anderen Säugetieren, und zwar sowohl bei verschiedenen Formen, als auch bei verschiedenen Individuen, so daß eine zufällige Überzahl ausgeschlossen ist, wurde die Anlage eines vierten Schneidezahns entwicklungsgeschichtlich festgestellt. Klever (1889) und Taeker (1892) beobachteten eine solche beim Pferde, ich (1901) konstatierte sie beim Schweine, so daß an dem ursprünglichen Vorhandensein einer noch höheren Anzahl der Schneidezähne als drei auch bei Placentaliern wohl nicht gezweifelt werden darf. Nehmen wir daher die Zahnzahl der Marsupialier als Ausgangsformel an, so würden dem Menschen heute jederseits 3 Schneidezähne, 2 Prämolaren und 1 Molar fehlen. Merkwürdigerweise wird diese Annahme durch die Tatsache unterstützt, daß sowohl vierte Molaren vorkommen, als auch dadurch, daß überzählige Schneidezähne nicht allein zwischen dem zweiten Incisivus und dem Eckzahn beobachtet werden — wie es ja eigentlich der Fall sein müßte, wenn nur ein J_3 fehlen würde — sondern sowohl medial der ersten Schneidezähne, als auch lateral derselben, im letzteren Falle also zwischen erstem und zweitem Incisivus. Es herrschte daher auch keineswegs Übereinstimmung darüber, welcher J geschwunden sein sollte — immer allerdings unter der Voraussetzung, daß nur einer fehlte — ob ein J_1 oder ein J_3 oder ein mittlerer Schneidezahn. Ganz folgerichtig hatte daher auch bereits Rosenberg (1895) angenommen, daß der Mensch eben nicht einen, sondern 3 Schneidezähne an sämtlichen 3 Stellen im Laufe der Stammesgeschichte verloren, daß sein Vorfahr also jederseits 5 Incisiven besessen habe. Rosenberg kommt auch zu dem durchaus konsequenten Schlusse, daß man in keiner Weise berechtigt sei, wenn man überhaupt Atavismus als Ursache dieser Anomalien zulasse, Zapfen- und Höckerzähne von der Erklärung durch Rückschlag auszuschließen.

Bekanntlich erscheinen nämlich überzählige Zähne nicht immer in deutlich erkennbarer Form. Busch (1886, 1887) unterscheidet folgende Arten:

Zapfenzähne (Emboli) mit konischer Krone und ebensolcher Wurzel,

Höckerzähne mit höckeriger Krone und tütenförmiger Einsenkung ihrer Oberfläche,

Zähne von so weit ausgebildetem typischen Bau, daß man sie ohne Bedenken einer der normalen Zahngruppen einreihen darf.

Nur diese letzte Kategorie sollte atavistischen Ursprungs sein, während die anderen beiden als zufällige Variationen gelten.

Wenn aber Busch bereits feststellte, daß die von ihm gegebene Einteilung keine scharfe ist, da Fälle vorkommen, in denen es zweifelhaft ist, welcher Gruppe man den betreffenden Zahn zuweisen soll, so ist dieses schon ein Beweis dafür, daß auch in ihrer Entstehungsweise kein scharfer Unterschied gemacht werden kann. Sämtliche Arten können prinzipiell wenigstens durch Atavismus erklärt werden, denn da ein in Reduktion befindlicher Zahn sämtliche Stadien des Rudimentärwerdens bis zum schließlichen Schwunde durchlaufen haben muß — der zweite kleine Schneidezahn und der Weisheitszahn sind Beispiele hierfür — so ist nicht einzusehen, warum er gelegentlich nicht auch in mehr oder weniger reduzierter Form wieder auftauchen sollte. Vielleicht spricht die Zugehörigkeit zu einer bestimmten Zahngattung sogar gegen die Annahme von Rückschlag. Denn, wie Leche (1895) hervorhebt, müßte man eigentlich erwarten, daß ein atavistisch wiedererscheinender Zahn auch die ursprüngliche, primitive Form besitzen würde, ein Fall, der meines Wissens aber noch nie beobachtet worden ist.[1]) Immerhin ist auch dieses kein sicheres Kriterium.

---

[1]) Dependorf (1907) hat in einer erst kürzlich publizierten Arbeit die Frage der überzähligen Zähne von neuem ausführlich erörtert und kommt hauptsächlich auf Grund dieses Einwandes zu folgenden Schlüssen: Da der wahre Atavismus alte Zustände in ihrer damaligen normalen Form zeigt, die überzähligen Zähne aber eine Form wiedergeben, von der wir wissen, daß sie sich erst in den letzten Jahrtausenden entwickelt hat, so ist Atavismus als Erklärung für dieselben auszuschließen.

Ich halte diese Auffassung, die auch ich früher vertreten habe, jetzt für irrtümlich; sie wäre berechtigt, falls jeder Zahn selbständig entstehen würde. Das ist aber bekanntlich nicht der Fall. Gerade der formgebende Teil der Zahnanlage, das Schmelzorgan, entnimmt seinen Ursprung aus einer sämtlichen Zähnen gemeinsamen Matrix. Es ist daher auch schwer vorstellbar und kaum zu erwarten, daß ein kleiner, gar nicht abgrenzbarer Teil der Schmelzleiste, aus welchem ein überzähliger Zahn hervorgeht, die ursprüngliche Form desselben wiederholen wird. Rückschlagserscheinungen können sich im Gebisse daher nur durch die Zahl manifestieren, niemals durch die Form. Außerdem, was wissen wir denn überhaupt von der Form der Bezahnung unserer Vorfahren? Hat sich dieselbe wirklich erst in den letzten Jahrtausenden entwickelt? Es ist nachgewiesen, daß das Gebiß des Menschen in vieler Beziehung uralte Zustände bewahrt hat. Ich erinnere auch daran, daß es bereits unter den Platyrrhinen Formen gibt, deren Zähne ungemein menschenähnlich sind. Ateles paniscus (Tafel XXVII, Fig. 102 a u. b) besitzt z. B. Prämolaren, die außerordentlich den Backzähnen des Menschen gleichen, nur daß statt zwei drei vorhanden

Sämtliche Arten können aber auch irgendwelchen Zufälligkeiten ihre Entstehung verdanken, sei es, daß es sich um Spaltung oder Verdoppelung eines Zahnkeimes handelt, sei es, daß sogenannte Luxusbildung vorliegt, wie sie ja besonders bei Haustieren nicht selten ist. Es ist auch von keiner besonderen Bedeutung, ob die Überzahl nur auf einer oder beiden Seiten vorkommt, etwa, daß letzterer Fall mit größerem Rechte in atavistischem Sinne gedeutet werden könnte, denn der bilateral symmetrische Bau des Menschen gibt auch für die symmetrische Überzahl von Zähnen eine hinreichende Erklärung.

---

sind. Es ist also durchaus nicht unwahrscheinlich, daß auch der verloren gegangene dritte Prämolar des Menschen bereits eine den jetzigen P. ähnliche Form besessen haben wird. Mit den Schneidezähnen mag es ähnlich liegen.

Der zweite Einwand, den Dependorf macht, ist der, daß sich bei vielen Säugetieren regelmäßig an Stellen von heute in ihrem Gebiß nicht mehr erscheinenden Zähnen rudimentäre Anlagen vorfinden, aus denen gelegentlich auch mehr oder weniger gut entwickelte Zahngebilde hervorgehen können, während beim Menschen derartige rudimentäre Anlagen durchgängig nicht gefunden sind. Dependorf schließt: „Bei den Säugern bedeuten nun die öfter festzustellenden überzähligen Keime Überreste ausfallender Zähne aus den funktionierenden Zahnreihen, während sich beim Menschen die überzähligen Zähne aus besonders angelegten Keimen von vornherein nicht rudimentärer Anlagen entwickeln, da hier Anlagen rudimentärer, ausfallender Zähne fehlen. Die Weiterentwicklung der überzähligen rudimentären Anlagen aus den Keimen heraus in den Kiefern der Säugetiere gibt uns außerdem den sicheren Beweis dafür, daß sich diese rudimentären Glieder mit den ausgebildeten Formen der Überzähne im menschlichen Gebiß nicht direkt vergleichen lassen." Seiner Ansicht nach können daher die überzähligen Zähne des Menschen nicht aus verkümmerten Überresten einst normaler Zähne entstanden sein.

Dependorf geht von der Anschauung aus — ich verstehe wenigstens seine Ausführungen so —, daß Atavismus nur bei Organteilen, die niemals geschwunden sind, in Frage kommen kann. Einmal gänzlich geschwundene Gebilde sollen sich niemals zurückentwickeln können, daher auch atavistisch niemals wieder in Erscheinung treten können. Ich glaube kaum, daß diese Auffassung des Atavismus allgemeine Anerkennung finden wird. Es handelt sich hierbei ja gar nicht um die Zurückentwicklung von Organen oder Organteilen, sondern darum, daß bei einem einzelnen Individuum plötzlich Eigenschaften vollentwickelt auftreten, die seit unzähligen Generationen nicht mehr vorhanden waren, die aber früher ein gemeinsames Merkmal der Art, resp. der Gattung oder sogar der ganzen Klasse gewesen sind. Aber auch selbst wenn wir uns der Auffassung von Dependorf über das Wesen des Atavismus anschließen würden, auch dann wäre sein Einwand unberechtigt, denn die im Laufe der Stammesgeschichte verloren gegangenen Zähne können ja niemals vollständig rückgebildet werden, wenigstens nicht in dem radikalen Sinne, wie es bei anderen Organen der Fall ist, denn die Schmelzleiste ist ja stets vorhanden, ganz gleich, ob sie 44 oder nur 32 Anlagen hervorgehen läßt.

So berechtigt auch der Zweifel über die Natur der überzähligen Zähne im Gebisse des Menschen ist — ich selbst habe von jeher einen skeptischen Standpunkt vertreten — so wenig berechtigt scheint es mir zu sein, Atavismus von vornherein auszuschließen.

Was nun die Frage anbetrifft, ob nicht vielleicht das Vorhandensein eines überzähligen Zahnes in beiden Dentitionen ein sicheres Kriterium für seine Entstehungsursache abgeben könnte, so ist hierzu folgendes zu bemerken: Allerdings könnte der Umstand, daß das Milchgebiß nur höchst selten individuelle Variationen aufweist, den Schluß nahelegen, daß wir in den Fällen, in denen beide Zahnreihen denselben überzähligen Zahn aufweisen, zunächst vielleicht an Atavismus denken müßten, aber nur vielleicht! denn selbstverständlich liegt kein Grund vor, anzunehmen, daß nicht auch im Milchgebiß derartige Variationen zufällig entstehen könnten. Und ist ein überzähliger Zahn im Milchgebisse anwesend, dann ist mit Sicherheit zu erwarten, daß er auch in der permanenten Reihe zur Entwicklung gelangt. Andrerseits könnte man in der Tat wohl schließen, daß, wenn eine Überzahl nur im permanenten Gebiß vorhanden ist, Atavismus auszuschließen wäre, denn a priori muß angenommen werden, daß, falls wirklich Rückschlag vorliegt, auch die der betreffenden Form eigentümliche Anzahl von Dentitionen entwickelt werden müsse. Doch ist auch dieses kein einwandsfreier Schluß, denn es ist nicht unmöglich, daß der Milchzahn zwar angelegt sein kann, aber aus diesen oder jenen Gründen nicht zur vollen Entwicklung gelangt, während der entsprechende permanente Zahn seine normale Ausbildung erfährt.

Speziell für die bisweilen auftretenden vierten Mahlzähne kommt noch in Betracht, daß die Schmelzleiste von vorn nach hinten in den Kiefer hineinwächst und ursprünglich die Fähigkeit besessen hat, fortwährend neue Zahnanlagen zu produzieren. Sind nun die Raumverhältnisse günstig, so ist es nicht weiter wunderbar, wenn sie sich gelegentlich diese Fähigkeit bewahrt hat und noch einen weiteren Mahlzahn zur Entwicklung bringt. Hierfür spricht auch die Tatsache, daß vierte Molaren hauptsächlich im Oberkiefer und zwar gewöhnlich nicht hinter dem Weisheitszahn, sondern labial oder lingual desselben zur Beobachtung gelangen; im Unterkiefer, der stets ungünstigere Raumverhältnisse bietet, sind sie selten. Es kann daher auch nicht auffallen, daß die niedrigeren Rassen diese Anomalie häufiger aufweisen, als die Kulturvölker mit ihren entarteten Kieferknochen und dadurch bedingten engen Raumverhältnissen.

Dieselbe Neigung zur Vermehrung der Molaren kommt übrigens, wie wir noch später sehen werden, bei Anthropoiden, speziell beim Orang und Gorilla vor. Selenka (1898, 1899) deutet das häufige Vorkommen überzähliger Mahlzähne nicht als Rückschlagserscheinung, sondern, worin ich ihm nicht folgen kann, als progressive Bildung, als die Anlage eines Zukunftsgebisses.

Diese immerhin auf theoretischen Erwägungen beruhenden Schwierigkeiten werden aber noch durch folgende tatsächlichen Feststellungen vermehrt.

Diejenigen Zähne, die beim Menschen weitaus am häufigsten in der Überzahl erscheinen, sind Schneidezähne, sei es in der Form von J_1 oder J_2 oder als Zapfen resp. als Höckerzähne. Sie kommen bei weitem häufiger im Ober- als im Unterkiefer vor. Sie sind auch — und zwar bei demselben Individuum — sowohl im Milch- als im bleibenden Gebiß beobachtet worden. Nach den bisherigen Erfahrungen sollten sie im ersteren bedeutend seltener vorkommen; in einer neueren Arbeit will jedoch Röse (1906) statistisch nachgewiesen haben, daß das Umgekehrte der Fall ist, ein Nachweis, der, falls er nicht auf Zufall beruht, was mir nicht ausgeschlossen zu sein scheint, von der größten Bedeutung wäre. Denn da das Milchgebiß, wie schon früher erwähnt, weit stabilere und vor allen Dingen auch primitivere Verhältnisse aufweist, so würde eine solche Tatsache durchaus für Atavismus sprechen.

Überzählige Prämolaren sind an und für sich selten, jedenfalls viel seltener als Incisivi. Sie kommen nach de Terra etwa dreimal so häufig im Unter- als im Oberkiefer vor. Überzählige typische Milchprämolaren sind meines Wissens überhaupt noch nicht beobachtet worden. Über überzählige Zähnchen im Bereiche der Milchmolaren habe ich kürzlich berichten können (1907). Nehmen wir nun auch nur einen Teil der beobachteten Fälle als tatsächliche Rückschlagserscheinungen an, so kommen wir zu höchst merkwürdigen Ergebnissen. Aus dem weitaus häufigeren Vorkommen überzähliger Incisivi müßten wir schließen, daß als letzter Zahn ein Schneidezahn verloren gegangen ist, und daß der Verlust der Prämolaren noch viel weiter zurückliegt. Die letzte Etappe auf dem Entwicklungswege des menschlichen Gebisses hätte also die Formel aufgewiesen $\frac{3\,1\,2\,3}{3\,1\,2\,3}$, eine Zahnzahl, die wir sonst bei keinem Affen oder sogar Halbaffen vorfinden. Schon die rezenten Halbaffen besitzen wohl 3 Prämolaren, aber nur 2 Schneidezähne, und auch bei fossilen Lemuren scheinen zuerst die Incisiven zur Reduktion zu gelangen. Ebensoviel Zähne haben auch die Affen der neuen Welt, während die Catarrhinen bereits mit dem Menschen übereinstimmen. Wir stehen also vor der Alternative, Atavismus als Erklärung für die überzähligen Zähne auszuschließen resp. nur in sehr beschränktem Maße zuzulassen oder für das Zahnsystem des Menschen einen anderen Entwicklungsgang zu postulieren, als er bisher für das Gebiß sämtlicher Primaten angenommen worden ist. Für Atavismus spricht ja eigentlich nur die allerdings wohl unbezweifelbare Voraussetzung, daß der Mensch von einer höher bezahnten Form abstammt und vielleicht, falls kein Zufall vorliegt, das häufigere Vorkommen überzähliger Zähne im Milchgebiß. Dagegen sind zu den vorher geäußerten, auf theoretischen Erwägungen beruhenden Bedenken neue Schwierigkeiten tatsächlicher Art hinzugekommen.

Während nämlich überzählige Incisivi und vierte Molaren weit häufiger im Oberkiefer vorkommen, ist bei Prämolaren gerade das Umgekehrte der Fall. Nach der wohl ziemlich erschöpfenden Zusammenstellung von de Terra (1905) sind nämlich überzählige Prämolaren etwa dreimal häufiger im Unterkiefer als im Oberkiefer. Dieser Umstand ist deswegen von besonderer Bedeutung, weil ebenso wie bei den meisten anderen Säugetieren auch beim Menschen die Bezahnung des Unterkiefers primitivere Verhältnisse bewahrt hat. Das häufigere Vorkommen überzähliger Vormahlzähne im Unterkiefer würde also sowohl mit den ontogenetischen wie mit den bisher angenommenen phylogenetischen Ergebnissen durchaus im Einklang sein, während das zahlreichere Erscheinen überzähliger Incisivi und Molaren im Oberkiefer in direktem Gegensatz zu beiden stehen würde. Andrerseits muß jedoch zugegeben werden, daß es auch genügend Beispiele gibt, die dartun, daß die Reduktion von Zähnen im Ober- und Unterkiefer ganz unabhängig verlaufen kann. Jedenfalls ist es schwer, eine plausible Erklärung zu finden: Nur allein den Zufall für diese Tatsachen in Anspruch zu nehmen, geht gleichfalls nicht gut an; es entstände dann die weitere Frage, warum denn derartige Zufälligkeiten bei sämtlichen andern Zahngattungen ausgeschlossen sind. Noch weit schwieriger ist jedoch die Annahme, daß der Mensch zu seiner heutigen Zahnzahl erst durch Verlust eines Prämolaren und dann zuletzt auch Reduktion eines Schneidezahnes gelangt ist, denn dann müssen wir zu dem schwerwiegenden Schlusse kommen, daß zum mindesten der Mensch — für die Anthropoiden liegen hinreichende Beobachtungen überzähliger Zähne, die zu irgend welchen ähnlichen Schlüssen führen könnten, nicht vor — einen von den anderen Affen ganz divergenten Entwicklungsgang eingeschlagen hat. Ob eine solche Annahme wahrscheinlich oder auch nur möglich ist, werden wir im letzten Teile zu prüfen versuchen.

Es erübrigt nun noch, die Frage der überzähligen Eckzähne zu erörtern. Bekanntlich wird ihr Vorkommen vielfach überhaupt geleugnet, weil sie durch Atavismus natürlich nicht erklärt werden dürfen. Aus dem Vorhergehenden geht schon hervor, daß nicht der geringste Grund vorliegt, ihr gelegentliches Auftreten zu bezweifeln. Ich bin daher auch fest davon überzeugt, daß die mitgeteilten Fälle zum Teil wenigstens sicherlich richtig beobachtet worden sind. Schließlich hat Selenka auch bei einem alten Gorillamännchen lingual des normalen einen typischen überzähligen Eckzahn nachgewiesen, so daß ihr Vorkommen endgültig bewiesen sein dürfte.

Wie man sich aber auch zur Frage der überzähligen Zähne stellen mag, sicher ist wohl, daß der Mensch im Laufe der Stammesgeschichte eine beträchtliche Anzahl von Zähnen eingebüßt hat, und auch heute ist dieser Reduktionsprozeß nicht abgeschlossen. Die Umwandlung des menschlichen Kauapparates wird noch fortgesetzt und scheint einer weiteren Verringerung der Zahnzahl zuzustreben. Offenbar ist zunächst der zweite obere Schneidezahn und der dritte Molar, der sogenannte Weisheitszahn, auf dem Wege, aus dem Gebisse des Menschen zu schwinden. Beide Zähne zeigen nämlich ungemein zahlreiche Formvariationen und werden in allen Graden der Rückbildung bis zum völligen Schwunde angetroffen. Statistische Angaben über die Häufigkeit dieser Anomalie fehlten bisher. Neuerdings hat Röse (1906) eine wichtige Arbeit über dieses Thema veröffentlicht. Danach hatten von 12250 Heerespflichtigen und Soldaten aus Nord- und Mitteleuropa 3,2⁰/₀ der Untersuchten verkümmerte oder fehlende J_2 sup., von 10238 10—14jährigen Knaben wiesen 2,4⁰/₀, von 8618 10—14jährigen Mädchen 3,8⁰/₀, von 2811 Schädeln von Nichteuropäern 1,1⁰/₀ diese Anomalie auf. Von den 12250 Soldaten hatten 3771, also 30,78⁰/₀ keine Weisheitszähne, bei 3894 waren 1—2, und bei 4585 3—4 dritte Mahlzähne vorhanden. Es scheint also die Reduktion der Weisheitszähne viel weiter vorgeschritten zu sein als die der Schneidezähne; es ist aber zu berücksichtigen, daß das Untersuchungsmaterial Heerespflichtige oder Soldaten waren, die im Alter von 19—23 Jahren standen, während der Weisheitszahn etwa zwischen dem 17.—40. Lebensjahre durchzubrechen pflegt. Die Resultate sind also überhaupt nicht zu vergleichen. Um sichere Verhältniszahlen zu gewinnen, müßte, wie schon Röse hervorhebt, eine Musterung aller 40jährigen Menschen vorgenommen werden; aber auch dann würden sich neue Schwierigkeiten herausstellen, da in diesem Alter beim Kulturmenschen die Mahlzähne schon recht häufig vollständig verloren gegangen sind, zum mindesten aber wohl nicht mehr alle vorhanden sein werden, so daß es dann unter Umständen unmöglich sein wird, festzustellen, ob ein M_2 oder M_3 vorliegt. Immerhin bin jedoch auch ich der Ansicht, daß am häufigsten doch der dritte Molar fehlen dürfte. Dies geht auch schon daraus hervor, daß die Rückbildung der dritten Molaren in beiden Kiefern vorkommt, während rückgebildete oder fehlende zweite Schneidezähne hauptsächlich im Oberkiefer beobachtet worden sind. Es ist dieser Befund nicht weiter auffallend, da der Unterkiefer bekanntlich stets ursprünglichere Verhältnisse aufweist. Er ist aber ein Beweis für die weiter vorgeschrittene Rückbildung der dritten Mahlzähne. Röse hat dann noch weiter auf die Beziehungen aufmerksam gemacht, die zwischen dem Vorhandensein, resp. dem Fehlen und der Reduktion der beiden Zahngattungen bestehen. Wenn nämlich einer der beiden Zähne fehlt, zeigt gewöhnlich auch der andere Spuren der Rückbildung. Der in Tafel VIII, Fig. 32 abgebildete Oberkiefer veranschaulicht diese Beziehungen aufs trefflichste. Rechts sehen wir anstelle von J_2 einen Zapfzahn, der Weisheitszahn ist stark rückgebildet, beinahe zweihöckerig; links fehlt J_2 vollständig, dafür ist aber M_3 weniger reduziert, er besitzt noch deutlich 3 Höcker. Erstens ist an diesem Kiefer die gleichzeitige Reduktion von J_2 und M_3 bemerkenswert. Dann aber ist auch höchst interessant, daß sich das vollständige Fehlen des linken J_2 durch eine kräftigere Entwicklung des linken M_3 äußert. Wir müssen annehmen, daß durch die vollständige Reduktion des linken lateralen Incisivus doch noch Schmelzleistenmaterial erübrigt wurde, das auffallenderweise aber nicht dem Nachbarzahn, sondern dem weit entfernten dritten Mahlzahn zugute kam. Mit Recht betrachtet Röse diese innigen Wechselbeziehungen in der Rückbildung des J_2 und M_3 auch als Beweis dafür, daß dieselbe auf stammesgeschichtlicher Ursache beruhe und nicht etwa als Zeichen von Degeneration aufzufassen sei, wie es noch vielfach geschieht. Röse gelangt somit zu ähnlichen Resultaten, wie ich sie schon früher an anderer Stelle ausgesprochen habe. Ich will hier jedoch nicht näher auf diesen interessanten Gegenstand eingehen, werde aber im Laufe meiner Arbeit noch eingehend darauf zurückkommen.

Auch als ein Zahn, der aus dem menschlichen Gebisse allmählich schwinden soll, wird dann bisweilen noch der untere J_1 und schließlich ein oberer Prämolar angeführt. Es liegen jedoch meines Erachtens nicht genügende Anhaltspunkte vor, um eine derartige Annahme zu rechtfertigen.

Die Zähne des altdiluvialen Menschen.

Wie schon in der Einleitung erwähnt wurde, gleicht der Mensch des jüngeren Diluviums bereits vollständig dem heutigen Vertreter der Gattung Homo; die aus dem älteren Diluvium stammenden Reste zeigen dagegen so hochgradige Abweichungen, daß der ältere Diluvialmensch als Homo primigenius dem rezenten Homo sapiens gegenübergestellt wird, ohne daß damit aber eine Einigung erzielt worden wäre über die Frage, ob der letztere direkt aus dem Homo primigenius hervorgegangen oder ob dieser, ohne Nachkommen zu hinterlassen, ausgestorben sei. Bei der Wichtigkeit des Gebisses zur Entscheidung systematischer Fragen erschien es mir daher lohnend, eine erneute Untersuchung des Zahnsystems des älteren Diluvialmenschen vorzunehmen, um so mehr, als mir dasselbe wenigstens in dieser Beziehung nicht die verdiente Beachtung gefunden zu haben schien. Eine besonders reiche Ausbeute von Zähnen jeder Art, gebrauchten und noch gar nicht in Gebrauch getretenen, hatte ja die Fundstelle von Krapina geliefert. Trotz der trefflichen Darstellung und Beschreibung derselben durch den verdienstvollen Entdecker des Krapina-Menschen, Gorjanović-Kramberger, war jedoch der Wunsch in mir rege geworden, die interessanten Objekte persönlich in Augenschein nehmen zu können, denn auch die exakteste Reproduktion kann niemals das reale Bild ersetzen. Herr Prof. Gorjanović-Kramberger war nun so überaus liebenswürdig, mir auf meine Bitte eine reiche Auswahl von Zähnen, insgesamt 85 Stück und ein Oberkieferfragment zu übersenden, für welche Liberalität ich ihm in Anbetracht des weiten Weges und der Kostbarkeit der Objekte nicht dankbar genug sein kann. Denselben Dank schulde ich auch Herrn Direktor Professor Maška in Teltsch, der mir einige Unterkiefer und Zähne aus der Lößstation Prédmost in Mähren für einige Zeit zum Studium überließ.

Von den anderen Fundstücken aus dem älteren und jüngeren Diluvium war ich leider nur auf die betreffenden Publikationen angewiesen, was ich um so mehr bedauerte, als insbesondere auch ein Vergleich der Zähne des altdiluvialen Menschen aus den verschiedenen Fundorten interessante Ergebnisse zu liefern verspricht.

Die Zähne des Homo primigenius von Krapina.

(Tafel VIII, Fig. 33 bis Tafel IX, Fig. 51.)

Oberkiefer.

Die mittleren Schneidezähne (Tafel VIII, Fig. 34a, b, c) sind groß und kräftig; in einzelnen Exemplaren übertreffen sie zweifellos die gleichen Zähne des rezenten Menschen; insbesondere ist der labio-linguale Durchmesser infolge der eigenartigen Figuration der lingualen Zahnfläche bemerkenswert groß. Vom Zahnhalse aus erhebt sich massig und stark das Tuberculum, gewöhnlich durch eine stärkere Mittelfurche in 2 Höcker geteilt, die ihrerseits wieder durch schwächere Furchen noch einmal getrennt sein können; doch können hier durch Fehlen der einen oder der anderen Furche

Abweichungen vorkommen, auch können die Furchen gleich stark sein, sodaß dann das Tuberculum in 4 gleich kleine, sich nach oben verschmälernde Höckerchen geteilt erscheint. Zu beiden Seiten des Tuberculum erhebt sich steil der Zahnrand. Die mittlere oberhalb desselben liegende linguale Fläche erscheint tief konkav. Es hat den Anschein, als ob der Zahn aus 2 Teilen besteht, dem Tuberculum und der vorderen Zahnfläche, welch letztere das erstere seitlich umfaßt. Bei stark abgekauten Zähnen sieht man daher das freiliegende Dentin an den Seitenwänden rechtwinklig umgebogen.

In der Mitte, von der labialen Zahnfläche gewissermaßen umfaßt, liegt dann das Tuberculum. Bei noch nicht durchgebrochenen Zähnen ziehen auf der konkaven Fläche schwache Leisten zur Schneide. Letztere weist außer zahlreichen Radialfältchen 3 tiefere Einschnitte auf. Auf der labialen Fläche sind bei beiden Incisiven ganz schwache Längsfurchen bemerkbar. Außer diesen zeigen sie keinerlei Besonderheiten.

Die Wurzeln sind rund. Die Längsachse der sämtlichen Frontzähne bildet einen stumpfen Winkel, dessen Spitze der Zahnhals bildet und dessen Größe auf einen beträchtlichen Prognathismus schließen läßt. Die Spitzen der Wurzeln sind nicht, wie gewöhnlich beim rezenten Europäer, nach vorne, sondern nach hinten gebogen.

Die seitlichen Schneidezähne (Tafel VIII, Fig. 35a, b, c) sind ähnlich gebaut wie die mittleren Incisivi, nur sind sie schmäler und kleiner. Das gleichfalls äußerst stark entwickelte Tuberculum ist nur einfach, höchstens durch eine Furche geteilt.

Dagegen hat es größere Selbständigkeit erlangt, so daß es sich in seinem oberen Teile von der Zahnfläche abtrennen und sich frei erheben kann. Der übrige Teil der Krone ist ähnlich gebaut wie bei den J_1. Bei nicht gebrauchten Zähnen weist die Schneidefläche einen Einschnitt auf. Die Wurzel ist seitlich zusammengedrückt und besitzt eine Längsfurche, die medial stärker ausgeprägt ist.

Der Eckzahn (Tafel VIII, Fig. 36a, b) ist äußerst kräftig, jedoch zeichnet er sich vor den anderen Zähnen nicht durch besondere Größe aus. Das Tuberculum ist einfach und stark entwickelt, die linguale Fläche wenig konkav, vom Tuberculum zieht eine bisweilen einmal gefurchte Schmelzleiste zur Spitze; der seitliche Zahnrand ist wenig erhaben, die Wurzel seitlich zusammengedrückt, beidseitig mit einer Längsfurche versehen.

Die oberen Prämolaren (Tafel VIII, Fig. 37) sind kräftig gebaute Zähne, die im großen und ganzen dieselbe Form haben wie die des rezenten Menschen. Sie besitzen 2 Höcker, einen größeren Außen- und einen kleineren Innenhöcker. Die beiden Höcker werden durch eine Schmelzleiste verbunden. Über letztere hinweg verläuft zwischen ihnen eine Längsfurche, die parallel der Verbindungsleiste nach labial und lingual je 2 kleine Querfurchen abgibt, die an ihrem Ende nach dem Zahnrande abbiegen. An dem ersten Prämolaren des Oberkieferfragmentes bemerkt man ungefähr in der Mitte der Außenwand einen kleinen accessorischen Schmelzhöcker, der wohl keine besondere Bedeutung besitzt. Die Buccalfläche der Zähne zeigt in der Mitte eine bis zur Spitze des Höckers sich verjüngende Erhabenheit, zu beiden Seiten zwei schwache Längsvertiefungen, die sich bis zum Rande fortsetzen und hier markieren, so daß der buccale Höcker dreigezackt erscheint.

Die oberen Prämolaren haben entweder 2 getrennte Wurzeln, eine labiale und eine linguale, oder dieselben sind mehr weniger verschmolzen, teils derart, daß sie nur durch eine Zementbrücke verbunden sind, in welchem Falle dann die Spitzen frei bleiben können, oder sie sind vollkommen vereinigt, und nur eine Längsfurche zeigt die stattgehabte Verschmelzung an. Bei zweiwurzeligen Zähnen findet man auf der Vorderfläche der buccalen Wurzel oft noch eine Längsfurche.

Die oberen Molaren (Tafel VIII, Fig. 33, 38 u. 39) besitzen die typischen 4 Höcker, außen Paraconus und Metaconus, innen Protoconus und Hypoconus. Metaconus und Protoconus sind durch eine Schmelzleiste verbunden, eine zweite schwächere Schmelzleiste zieht jedoch vom Paraconus hinab bis zum Fuße des Protoconus. Zwischen ihr und dem Vorderrande des Zahnes liegt eine Grube mit einer Querfurche. Zwischen den beiden Außenhöckern beginnt eine Furche, die zwischen ihnen bis zur Mitte des Zahnes zieht, dann nach vorn umbiegt und in die Querfurche einmündet, oder falls eine solche nicht vorhanden ist, was auch vorkommt, in mehrere divergierende Ästchen endigt. Der Hypoconus wird durch eine tiefe Furche von dem Protoconus geschieden. Dieselbe zieht scharf und tief über die linguale Zahnfläche hinab und setzt sich auch auf die linguale Wurzel fort.

Die oberen Mahlzähne variieren ebenso wie die unteren in hohem Grade. Das Carabellische Höckerchen war an allen mir vorliegenden Molaren, wenn auch in einzelnen Fällen nur andeutungsweise, vorhanden. Der Hypoconus ist in verschieden hohem Grade rückgebildet — von 12 oberen zweiten Molaren besitzen nach Gorjanović-Kramberger nur zwei sämtliche vier Höcker — je ein linker oberer Weisheitszahn ist beinahe zweihöckerig (Tafel VIII, Fig. 39). Öfters ist er auch in mehrere Höckerchen aufgelöst, oder zwischen ihm und dem Metaconus befindet sich ein accessorisches Zwischenhöckerchen.

Was die Anzahl der Wurzeln anbetrifft, so ist die Neigung zu Verschmelzungen in hohem Grade bemerkenswert.

Nach den letzten Angaben von Gorjanović-Kramberger (1907) können von 26 losen oberen Mahlzähnen 12 mit Sicherheit als M_1 bezeichnet werden. Die Wurzeln dieser Zähne sind in fünf Fällen dreiteilig, die übrigen 7 Zähne sind mehr oder weniger verschmolzen.

Von oberen M_2 liegen 8 Stück vor, deren einem die Wurzeln abgebrochen sind; die Wurzeln der übrigen sind mehr oder weniger verschmolzen.

Von oberen M_3 sind 6 Stück vorhanden. Nur einer von ihnen hat sicher 3 Wurzeln gehabt, bei einem ist es zweifelhaft; die übrigen haben sicher verschmolzene Wurzeln besessen.

Unterkiefer.

(Tafel IX, Fig. 40.)

Die unteren Schneidezähne (Tafel IX, Fig. 41) sind kräftig entwickelt, die linguale Fläche ist etwas ausgehöhlt, das Tuberculum gut entwickelt; von ihm verläuft eine sich allmählich nach oben verschmälernde Schmelzleiste und endigt ungefähr in der Mitte der Krone. Die Wurzeln sind, ebenso wie bei den oberen Frontzähnen und auch beim unteren Eckzahn, schräg nach hinten gerichtet; sie sind seitlich zusammengedrückt und mit starken Längsfurchen versehen, die eine Teilung hervorrufen; es scheint beinahe, als ob sie getrennte Wurzelkanäle besitzen, mithin aus 2 Wurzeln bestehen, die durch eine Zementbrücke vereinigt sind.

Die Eckzähne sind schmäler als die oberen, die linguale Fläche ist etwas konkav, der Seitenrand wenig erhöht, das Tuberculum schwach entwickelt. Die Wurzel ist seitlich zusammengedrückt und auf beiden Seiten mit einer schwachen Längsfurche versehen.

Die unteren Prämolaren ähneln durchaus denen des rezenten Menschen; besonders trifft dieses für den ersten Prämolaren (Tafel IX, Fig. 42a und b) zu, den man in derselben typischen Form findet. Der linguale Höcker ist reduziert, so daß der labiale ihn bei weitem überragt. Da derselbe auch sonst bei weitem kräftiger entwickelt ist, so bildet die Kronenfläche beinahe ein Dreieck, dessen Spitze durch den reduzierten lingualen Höcker gebildet wird. Die beiden Höcker sind durch eine Schmelzleiste verbunden. Seitlich von ihr liegen dem Zahnrande parallel zwei längliche Grübchen. Von dem vorderen Grübchen zieht dann noch eine Furche lingualwärts über den Zahnrand hinweg, hier einen Einschnitt bildend und ein kleines Stückchen die linguale Zahnfläche hinab verlaufend.

Doch kann der Innenhöcker auch beinahe ebenso gut entwickelt sein wie der Außenhöcker.

Der zweite untere Prämolar (Tafel IX, Fig. 43) besitzt außer dem gut entwickelten Innenhöcker distal noch einen zweiten. Zwischen beiden kann sogar noch ein kleines Zwischenhöckerchen vorhanden sein. Der Außenhöcker und der vordere Innenhöcker sind durch eine schmale Schmelzleiste verbunden. Über diese hinweg und zwischen dem Außen- und den beiden Innenhöckern zieht eine Längsfurche, die ihrerseits wieder Querfurchen abgibt, zunächst zwischen die beiden Innenhöcker und hinter dem Außenhöcker lingualwärts, dann eine vordere Querfurche vor der Verbindungsschmelzleiste zwischen dem Außenhöcker und den vorderen Innenhöckern und hinter dem vorderen Zahnrande. Die Wurzeln der unteren Prämolaren sind einfach, doch können sie auf der buccalen Fläche eine Längsfurche aufweisen.

Die mir vorliegenden unteren Molaren (Tafel IX, Fig. 44a, b, c, d, 45, 46, 47, 48a, b, c, d) zeigen vor allem eine auffällige Reduktion des dritten Außenhöckers, Hypoconulid, im ganzen niedrigere Höcker und eine erhöhte Schmelzfaltenbildung. Allerdings ist letztere hauptsächlich bei noch unfertigen Zähnen bemerkbar, und ich glaube, daß sie nach voller Entwicklung noch ein anderes Aussehen erlangt hätten. Noch nicht durchgebrochene Molaren des rezenten Menschen zeigen übrigens ein ähnliches Verhalten. Im Gegensatz zu den unteren Milchmolaren, die mehr lang als breit sind, sind die bleibenden Mahlzähne quadratisch bis rund. Der Hypoconulid ist stark nach einwärts verschoben. Das Protoconid und Metaconid sind durch eine Schmelzleiste verbunden. Zwischen ihr und dem Vorderrande des Zahnes liegt eine bisweilen sehr stark ausgeprägte Fovea anterior. Außerdem ziehen aber von den Spitzen der Höcker Schmelzleisten nach der Mitte des Zahnes. Zwischen ihnen verlaufen Furchen, die sich wieder mehr oder weniger gabeln können, oder es sind zu ihnen noch Parallelfurchen vorhanden, die dann Veranlassung zur Bildung von Zwischenhöckerchen geben können. Auch die unteren Molaren variieren äußerst stark, sowohl in Größe als Bildung. Die Krone kann unregelmäßig zerklüftet erscheinen, so daß die ursprüngliche Höckeranzahl und Furchenbildung kaum mehr zu erkennen ist. Die Furchen, die zwischen den Außenhöckern verlaufen, reichen auf die halbe Krone herab und endigen hier in kleinen Grübchen. Ein Zahn, anscheinend ein Weisheitszahn, weist am Rande rings herum verlaufende längliche Grübchen auf, die ich indessen nur als eine Entwicklungsstörung auffasse. Die Wurzeln zeigen gleichfalls eine ganz auffallende Neigung zu Verschmelzungen und zwar sogar bei kräftig entwickelten Kronen.

Sie stellen dann ein Prisma oder einen Zylinder dar, dessen Öffnung oft durch ein deckelartiges Gebilde verschlossen ist. Diese Wurzeldeckel stellen ein ovales, auf der einen Seite ausgehöhltes, auf der anderen zugespitztes Hütchen dar, dessen Spitze in das Innere der Wurzel gekehrt ist. Ihre Bedeutung ist durchaus zweifelhaft, da sonst nichts derartiges bekannt ist.

Gorjanović-Kramberger (1907) gibt an, daß von losen unteren Mahlzähnen 21 Stück vorliegen.

Von den 7 M_1 haben 4 Exemplare 2, die übrigen mehr oder weniger verschmolzene Wurzeln.

Unter den 6 M_2 besitzen 2 Stück zwei getrennte Wurzeln; die Wurzeln der übrigen M_2, wie auch die sämtlichen 7 M_3, sind mehr oder weniger verwachsen.

Gorjanović-Kramberger hat auch die ganzen Kiefer mittels Röntgenstrahlen durchleuchten lassen und hat folgendes festgestellt: Normale getrennte Wurzeln besitzen die Molaren nur von zwei Kiefern E und G, in welch ersterem allerdings nur zwei Molaren vorhanden sind; in den übrigen Kiefern dominieren gleichfalls Mahlzähne mit verschmolzenen Wurzeln.

Die Milchzähne.

Die oberen mittleren Milchschneidezähne (Tafel IX, Fig. 49a, b) sind besonders interessant. Die Krone ist verhältnismäßig breit, das Tuberculum breit aber vollständig glatt. Auch verläuft es so allmählich bis zur Schneide, daß hier eigentlich gar keine Konkavität entsteht. Die Seitenränder des Zahnes sind etwas erhöht und schließen sich seitlich an das Tuberculum an. Bemerkenswert ist die Wurzel. Die Längsachse bildet keinen solchen Winkel wie bei den bleibenden Schneidezähnen, so daß man eine geringere Prognathie annehmen muß; die Wurzel selbst ist von vorn nach hinten abgeplattet und besitzt labial eine stark ausgeprägte Längsfurche. Lingual ist sie dreieckig. Distal und medial verläuft je eine weitere schwache Längsfurche. Es sieht so aus, als ob zu dem Tuberculum noch eine besondere Wurzel gehörte, die mit den beiden vorderen verschmolzen sei.

Die seitlichen Schneidezähne zeigen nichts Bemerkenswertes. Die Wurzel besitzt eine seitliche Längsfurche.

Der zweite obere Milchmolar (Tafel IX, Fig. 50a u. b) ähnelt vollständig einem bleibenden. Er besitzt 2 Außen- und 2 Innenhöcker. Der Metaconus ist mit dem Protoconus durch eine Schmelzleiste verbunden. Von letzterem geht ein Schmelzkamm direkt in den vorderen Außenrand über. Dem Außenrande parallel zieht eine kleine Querfurche; sie umgibt ein hinter ihr zwischen dem Metaconus und Protoconus liegendes Höckerchen. Zwischen Paraconus und Metaconus beginnt eine Furche, die zunächst zwischen ihnen bis zur Mitte zieht, dann beinahe rechtwinkelig umbiegt und an dem kleinen Höckerchen, das sie mit 2 schwachen Ausläufern umfaßt, endigt. Der Hypoconus ist durch eine scharfe Furche, die die linguale Zahnfläche hinabzieht und sich auch auf der lingualen Wurzel fortsetzt, von dem Protoconus getrennt. Die Furche zieht parallel der Verbindungsschmelzleiste zwischen Protoconus und Metaconus bis ungefähr zur Mitte des Zahnes, biegt dann rechtwinkelig um und verläuft noch ein kleines Stückchen parallel der hinteren Zahnwand, hier eine kleine Grube bildend. Am vorderen Innenhöcker erhebt sich ein kräftig entwickeltes Tuberculum anomalus, das ich bei keinem der mir vorliegenden Milchmolaren vermißt habe. Zwischen den beiden Außenhöckern sind bisweilen noch ein oder zwei kleine Zwischenhöckerchen. Die Milchmolaren besitzen stets 3 getrennte Wurzeln, 2 buccale und 1 linguale, die, wie schon bemerkt, eine scharfe Längsfurche aufweist.

Der zweite untere Milchmolar (Fig. 51) besitzt die typische Molarenform mit fünf gut ausgeprägten Höckern, 3 auf der Außenseite, 2 auf der Innenseite. Der dritte Außenhöcker, der Hypoconulid, ist nur ganz wenig nach innen gerückt. Die Krone ist daher auch mehr lang als breit. Der Hypoconid steht gegenüber dem Zwischenraum zwischen dem Metaconid und Entoconid. Protoconid und Metaconid und ebenso Hypoconulid und Entoconid sind durch eine Schmelzleiste verbunden. Zwischen diesen und dem vorderen resp. dem hinteren Rande des Zahnes ist eine Grube mit einer vorderen und einer hinteren Querfurche. Diese beiden Querfurchen sind durch eine Längsfurche verbunden, die zwischen die Höcker weitere Querfurchen entsendet. Die zwischen den Außenhöckern verlaufenden erstrecken sich über die Außenseite des Zahnes hinab und endigen in 2 Grübchen. Die unteren zweiten Milchmolaren besitzen stets 2 getrennte Wurzeln. Weder der untere noch der obere Milchmolar haben Schmelzrunzeln.

Die Eckzähne und die ersten Molaren standen mir leider nicht zur Verfügung.

Maximal- und Minimalmaße der Krapina-Zähne

nach Gorjanović-Kramberger.

Milchzähne.

	Kronenbreite	Kronendicke	Kronenhöhe	Totallänge
oJ_1	8,30— 8,55	6,40—11,20	c. 6,20—6,50	19,40—19,55
oJ_2	6,55— 6,70	6,20	6,50—6,80	19,15—19,60
oC	7,60— 8,40	6,40— 7,20	6,60—8,00	19,90—21,50
oM_1	9,00—10,00	7,60— 9,00	6,00—6,00	—
oM_2	8,75—10,60	10,00—11,30	6,00—6,90	—
uJ_1	5,90	4,80	5,00	19,00
uJ_2	5,60	4,50	—	18,00
uM_1	9,60	8,00— 9,10	7,00	18,00
uM_2	10,00—11,20	8,70—10,10	5,40—6,60	14,00—16,55

Dauerzähne (nicht gebrauchte).

	Kronenbreite	Kronendicke	Kronenhöhe
oJ_1	9,90—10,40	8,00— 8,90	10,60—12,80
oJ_2	8,30	9,00	11,35
oJ_2	8,20	6,00	8,20
olC	9,00	9,55—10,55	12,60
oP	8,00— 8,50	10,50—11,50	10,00— 9,45
oM_1	10,00	11,60	7,20— 6,50
oM_2	11,50	12,30	6,35— 8,00
oM_3	12,20	12,00	6,00— 7,90
ulC	7,55— 8,20	8,20—10,00	12,30—14,00
ulP_1	8,10	8,50	10,20
ulP_2	8,35	9,55	7,70
uM_1	l 13,40 r 12,40	12,40 10,80	7,50— 9,00 6,50— 7,50
uM_2	10,70—12,10	10,30—11,00	6,20— 8,00

Dauerzähne (gebraucht).

	Kronenbreite	Kronendicke	Kronenhöhe
oJ_1	10,00—11,00	9,40	13,10
oJ_2	7,55— 8,90	8,60— 9,50	6,00—11,00
oC	9,20—10,50	10,00—11,30	10,10
oP	8,00— 8,25	11,35—11,40	8,00—10,10
oM_1	11,00—13,30	12,50—13,35	—
oM_2	10,00—12,00	11,20—14,00	—
oM_3	10,00—10,20	12,50	—
uJ_1	6,20	8,10	10,20
uJ_2	7,50	8,20	10,00
uC	8,00— 8,40	c 10,00	13,40
uP_1	7,80— 8,30	9,00—10,00	8,60— 9,00
uP_2	8,50	9,90	8,00
uM_1	11,20—13,80	10,50—12,40	6,50— 9,40
uM_2	11,40—12,50	10,60—11,40	6,80— 7,50
uM_3	11,10—13,60	10,00—11,00	

Außerdem entnehme ich der Monographie von Gorjanović-Kramberger noch folgende Maße:

Lineare Entfernung vom distalen Rande des M_3 bis zur Mitte des J_1:

beim Unterkiefer	H	65,5 mm
„ „	J	64,0 „

Entfernung der Außenränder der M_3:

beim Unterkiefer	H	70,9 mm
„ „	J	77,0 „

Entfernung der Außenränder der M_2:

beim Unterkiefer	H	66,5 mm
„ „	J	74,0 „

Diesen Betrachtungen über die Krapinazähne möchte ich noch einige Bemerkungen über das Gebiß einiger anderer Kiefer des älteren Diluviums hinzufügen.

Die Zähne des von Professor Maška 1880 in der Schipkahöhle bei Stramberg entdeckten Kieferfragments, welches 3 Incisivi und den noch nicht durchgebrochenen, aber auf natürliche Weise freigelegten Caninus und die beiden Prämolaren der rechten Seite enthält, zeigen nichts Außergewöhnliches. Schon Baume hat 1883 festgestellt, daß weder die Form noch die Größe derselben für denjenigen, der die Variabilität der Formen menschlicher Zähne aufmerksam verfolgt, etwas Abweichendes haben. Die Zähne sind zwar sehr groß, aber sie werden von den Maximalmaßen, welche wir noch heute beobachten, merklich übertroffen. Nur die von Baume mit 8 mm angegebene Dicke des lateralen Incisivus liegt etwas oberhalb derselben, was natürlich nicht ausschließt, daß sie trotzdem vorkommen kann. In dieser Hinsicht stimmen die Zähne des Schipkakiefers durchaus mit den Krapinazähnen überein, die sich, wenigstens die Frontzähne, gleichfalls durch dieselbe Dicke auszeichnen.

1886 entdeckten dann Lohest und de Puydt in der Grotte von Spy die Reste zweier Individuen, darunter die Kiefer mit nahezu sämtlichen Zähnen, die von ersterem und J. Fraipont untersucht und beschrieben worden sind (1887). Ihrer Arbeit entnehme ich die nachfolgenden Bemerkungen. Die beiden Individuen werden als Nr. I und II unterschieden. Ich beschränke mich auf das, was zum Vergleich wichtig und notwendig ist.

Nr. I. Die Molaren des Oberkiefers besitzen sämtlich 4 Höcker, die beiden ersten haben 3 getrennte Wurzeln, die 2 buccalen des Weisheitszahnes sind dagegen verschmolzen. Die unteren Molaren haben kubische Form, der erste und zweite sind annähernd gleich groß, der letzte ein wenig größer. Der erste besitzt 5 Höcker, der zweite und dritte nur vier; der erste und der Weisheitszahn haben 2 getrennte Wurzeln, der zweite nach Fraipont sogar 3; ich nehme jedoch an, daß hier ein Irrtum vorliegt und gleichfalls nur 2 vorhanden sein werden.

Nr. II. Die Prämolaren der Oberkiefer sind zweispaltig. Von den Molaren ist der zweite der größte, die beiden anderen sind ziemlich gleich groß. Sie besitzen sämtlich 4 Höcker, der erste und der Weisheitszahn weisen 3 Wurzeln auf, der zweite deren 4[?] Die Wurzel des unteren ersten Prämolaren ist an ihrem letzten Ende geteilt. Die unteren Molaren sind annähernd von gleicher Größe, der Weisheitszahn vielleicht etwas größer. Der erste besitzt 5, die beiden anderen 4 Höcker. Über ihre Wurzeln gibt Fraipont nichts an, doch ist wohl mit Sicherheit anzunehmen, daß sie gleichfalls sämtlich 2 getrennte Wurzeln besessen haben werden.

Walkhoff (1903) hat die Untersuchungen Fraiponts für die Zähne noch ergänzt; er weist die Rückwärtskrümmung der Schneidezahnwurzeln nach, die auf eine starke Prognathie des Oberkiefers schließen lassen; er hat auch den Zahnbogen des Oberkiefers Nr. II zusammengestellt, der nach ihm von gewaltiger Größe [?] war und sich mehr der Form eines Trapezes mit etwas nach innen gebogenen Schenkeln nähert.

Der Unterkieferbogen ist ebenso wie der von La Naulette hufeisenförmig. Walkhoff hat noch für den Unterkiefer Nr. I die gerade Entfernung des Berührungspunktes der mittleren Schneidezähne bis zur distalen Fläche des Weisheitszahns gemessen und 60 mm hierfür festgestellt.

Größe der Zähne nach Fraipont.

Nr. I.

	Kronenbreite	Kronendicke	Kronenhöhe
J_2 sup.	7,0	8,0	6,0
C sup.	7,5	9,0	8,0
P_1 sup.	7,0	9,5—10,0	5,5—6,5
P_2 sup.	6,0—6,5	9,5—10,0	6,0—6,5
M_1 sup.	9,5	11,0	5,0
M_2 sup.	9,5	11,0	6,0
M_3 sup.	9,5	11,0	6.0
J_1 inf.	4,0	7,0	1,5—2,0
J_2 inf.	5,0	7,0	2,5—3,0
C inf.	6,0	8,0	4,5—5,0
P_1 inf.	6,5	8,5	5,0
P_2 inf.	6,5	8,0	5,0
M_1 inf.	10,0	10,5	5,0
M_2 inf.	10,0	10,0	5,0
M_3 inf.	11,0	11,0	5,5

Nr. II.

	Kronenbreite	Kronendicke	Kronenhöhe
C sup.	8,0	10,0	7,5—8,0
P_1 sup.	7,5	10,5	7,0
P_2 sup.	7,0— 7,5	10,5—11,0	7,0—7,5
M_1 sup.	12,0—12,5	12,0—12,5	6,5
M_2 sup.	10,5 – 11,0	12,5—13,0	6,5—7,0
M_3 sup.	10,0	12,0	6,5
J_1 inf.	6,0	7,5	5,5
J_2 inf.	6,0	8,0	6,0
C inf.	7,5	9,0	7,0
P_1 inf.	7,5	9,0	6,0
P_2 inf.	7,0— 7,5	9,0	7,0
M_1 inf.	11,0—11,5	11,0—11,5	5,0
M_2 inf.	11,0	11,0	5,5—6,0
M_3 inf.	11,0—12,0	11,0—12,0	7,0—7,5

Die Entfernung der Molaren der einen bis zur andern Seite beträgt:

47 mm zwischen den dritten Mahlzähnen
45 „ „ „ zweiten „
40 „ „ „ ersten „

Die Zähne des Menschen in der jüngeren Diluvialzeit.

Herr Prof. Dr. Maška hatte mir aus der Lösstation von Prédmost folgende Stücke übersandt:

1. Einen vollständigen Unterkiefer eines erwachsenen Mannes mit vollständigem Gebiß (es fehlen nur J_1 und J_2 inf.).

2. Eine rechte Unterkieferhälfte von einer älteren Frau mit sämtlichen Prämolaren und Mahlzähnen.

3. Einen Unterkiefer eines im Zahnwechsel begriffen gewesenen Kindes (♁), jederseits mit beiden Milchmolaren und dem ersten bleibenden Mahlzahn.

4. Einen kindlichen Unterkiefer mit den beiden Milchmolaren der rechten und dem vorderen Milchmolaren der linken Seite.

5. Einen M_2 inf. sin.

6. Einen M_3 sup. dextr.

7. Einen M_3 sup. dextr.

8. Einen Pd_2 inf. dextr.

Der Unterkiefer Nr. 1 zeigt sehr kräftig entwickelte Zähne, die in ihrer Form mit denen des rezenten Menschen übereinstimmen. Der linke Weisheitszahn ist bereits durchgebrochen, der rechte liegt noch im Kiefer verborgen, die anderen beiden Molaren zeigen ebenso wie die anderen Zähne sehr starke Abnutzung. Der erste und dritte Mahlzahn ist fünfhöckerig, der zweite vierhöckerig; der erste ist der größte. Der dritte Außenhöcker ist beim Weisheitszahn ganz in die Mitte der Hinterseite gerückt, so daß derselbe mehr rundlich ist. Sämtliche 3 Molaren besitzen 2 getrennte Wurzeln. Die Wurzeln der Schneide- und Eckzähne sind nach vorn gekrümmt. Der Kiefer zeigt einen starken Kinnvorsprung und eine ausgezeichnet entwickelte spina mentalis interna. Die Zahnreihen sind nach hinten divergierend. Die Entfernung zwischen dem Hinterrande des M_3 und der Berührungsfläche zwischen den beiden mittleren Schneidezähnen beträgt 64 mm. Die Entfernung ist zwischen den beiden ersten 36 mm, zwischen den beiden zweiten Molaren 42 mm.

Die Zähne der rechten Unterkieferhälfte Nr. 2 sind stark abgekaut; besonders lassen die Molaren die ursprüngliche Höckerzahl kaum erkennen, aber auch sie besitzen sämtlich 2 getrennte Wurzeln.

Die Milchmolaren des kindlichen Unterkiefers Nr. 3 sind gleichfalls abgekaut, so daß ich über ihre Höcker und Furchenbildung nichts auszusagen vermag, nur fällt beim ersten Milchbackzahn die verhältnismäßig große Breite der Krone auf. Dagegen ist der erste bleibende Molar sehr gut erhalten. Er besitzt 5 kräftige Höcker, der dritte Außenhöcker ist etwas noch innen verschoben. Eine Vermehrung der Runzel- und Furchenbildung, die Walkhoff gesehen haben will, ist entschieden nicht vorhanden. Bezüglich der von Walkhoff gleichfalls hervorgehobenen enormen [!] Größe der Zähne gibt die nachfolgende Tabelle Aufschluß. Der Zahnbogen ist nach hinten divergierend. Der Kiefer besitzt nur einen geringen Kinnvorsprung und eine schwache spina mentalis interna.

An dem kindlichen Kiefer Nr. 4 sind die Milchmolaren sehr gut erhalten. (Tafel IX, Fig. 52.) Auch hier fällt die Breite und relative Kürze des ersten Molaren auf, der deutlich 5 Höcker besitzt, von denen der dritte Außenhöcker in die Mitte der Hinterwand gerückt ist. Der erste Außen- und besonders der erste Innenhöcker sind sehr kräftig entwickelt und durch eine Schmelzleiste verbunden, über die hinweg die Längsfurche zieht. Vor ihr liegt ein Grübchen mit einer Querfurche. Die Krone ist scharf gegen die Wurzel abgesetzt, da die labiale Fläche auffallend stark gewölbt ist. Ein Tuberculum molare ist nicht vorhanden.

Der zweite Milchmolar zeigt nichts Besonderes. Der dritte Außenhöcker steht auf der Außenseite des Zahnes.

Der Kiefer besitzt gleichfalls nur einen geringen Kinnvorsprung, im Gegensatz zum vorigen ist aber die spina mentalis kräftiger entwickelt.

Zu diesem Kiefer gehören noch die beiden oberen linken Milchmolaren. Der zweite besitzt eine Andeutung des Carabellischen Höckerchens, eine vordere Querfurche und ein kleines accessorisches Höckerchen am vorderen Zahnrande. Die linguale Wurzel hat keine Längsfurche. Der erste Milchmolar unterscheidet sich in nichts von dem des rezenten Menschen.

Interessant sind dagegen 2 Keimzähne desselben Kiefers, je ein oberer und unterer erster Mahlzahn. Beide zeigen sehr kräftig entwickelte Höcker. Der obere besitzt deren 4. Vor dem ersten Innenhöcker erhebt sich aus dem vorderen Rande noch ein kleines accessorisches Nebenhöckerchen, ebenso ein ähnliches zwischen den beiden Hinterhöckern Die Furche zwischen den beiden Innenhöckern zieht nicht auf die linguale Fläche herab.

Bei dem unteren Molaren ist der dritte Außenhöcker, das Hypoconulid, weniger nach innen gerückt; es befindet sich noch ganz auf der Außenseite. (Tafel IX, Fig. 53.)

Bemerkenswert ist noch ein zweiter unterer Mahlzahn mit 4 Höckern und einer tiefen vorderen Grube. Auch er besitzt 2 getrennte Wurzeln. (Tafel IX, Fig. 54.)

Außerdem liegen noch 2 obere Weisheitszähne vor, die beide dreihöckerig sind, und von denen der eine 2 getrennte, der andere 3 verschmolzene und nur an der Spitze getrennte Wurzeln hat.

Maße der Zähne von Prédmost.

Dauerzähne.

	Kronenbreite	Kronendicke	Kronenhöhe
J_1 inf.	5,00— 6,00 (ungebraucht)	6,25— 6,50 (ungebraucht)	6.25—10,00 (ungebraucht)
J_2 inf.	6,00— 6,50 (ungebraucht)	7,00— 6,75 (ungebraucht)	7,50—10,00 (ungebraucht)
C inf.	7,00	8,50	9,50
P_1 inf.	7,00— 8,00	7,50— 8,50	5,00— 7,50
P_2 inf.	7,00— 7,50	8,00— 8,50	4,50— 7,50
M_1 inf.	10,00—12,50	11,00—11,25	—
M_2 inf.	9,50—11,50	9,75—11,50	—
M_3 inf.	9,50—11,50	9,50—11,00	—
M_1 sup.	10,75	12,25	—
M_3 sup.	9,00—10,00	10,75—12,00	—

Milchzähne.

	Kronenbreite	Kronendicke	Kronenhöhe
Pd_1 sup.	7,50	8,50	6,00
Pd_2 sup.	10,00	10,50	6,50
Pd_1 inf.	8,00— 8,50	6,75—7,50	—
Pd_2 inf.	10,50—11,00	9,00	—

Vergleich des Zahnsystems der rezenten Europäer mit dem Gebiß rezenter niederer und der diluvialen Menschenrassen.

Die Hauptmerkmale, nach denen die Gliederung des Menschengeschlechts vorgenommen ist, betreffen den Schädel, die Haut-, Haar-, Augenfarbe und den Wuchs. Ein Versuch, auch das Gebiß zu diesem Zwecke heranzuziehen, ist bisher noch nicht unternommen worden. Auch mir stand, wie schon vorher erwähnt, nicht genügendes Material zur Verfügung, um den Wert des Gebisses für die Rassendiagnostik mit Sicherheit, sei es in positivem oder in negativem Sinne festzustellen. Es erscheint zunächst sehr zweifelhaft, ob wir beim Zahnsystem unterscheidende Charaktere, abgesehen selbstverständlich von künstlichen Deformationen, überhaupt werden voraussetzen können. Die Bedingungen sind für dasselbe vielleicht zu gleichartig gewesen. Es erscheint zu wenig abhängig vom Klima und den sonstigen äußeren Lebensbedingungen, die die Differenzierung des Menschen in verschiedene Rassen und ihre weitere Entwicklung hervorgerufen haben, so daß Rassenunterschiede im Gebisse ausgeschlossen erscheinen. Der einzige Faktor, der in Frage käme, und der auch, wie wir später sehen werden, für die Formveränderung der menschlichen Molaren in Anspruch genommen ist, wäre vielleicht die verschiedene Art der Ernährung. Ob mit Recht, steht dahin. Aufschluß hierüber könnte nur die Untersuchung eines großen Materials verschiedener Rassen geben unter besonderer Berücksichtigung der Art der Ernährung, ob vorwiegend durch Fleisch- oder Pflanzennahrung, eine Aufgabe, die ich für durchaus interessant und lohnend halte. Ich wenigstens bin der festen Überzeugung, daß die Unterschiede der Rassen sich auch im Gebisse mit Sicherheit werden nachweisen lassen. Wohl scheinen, wenn man Gebisse verschiedener Rassen durcheinander betrachtet, dieselben auf den ersten Blick übereinzustimmen; die Abweichungen erscheinen als individuelle Variationen, wie sie überall häufig genug vorkommen. Durchmustert man aber eine größere Anzahl derselben Rasse angehöriger Kiefer, dann imponiert die Reihe doch als ein geschlossenes Ganze, von dem jedes Stück den Stempel seiner Zusammengehörigkeit unverkennbar an sich trägt. Daß es groß- und kleinzähnige Rassen gibt, ist schon seit lange behauptet worden — ich habe noch vorher die Großzähnigkeit der Melanesier bestätigen können — ich glaube aber, daß auch die Form der einzelnen Zähne, die verschiedene Ausbildung resp. Rückbildung der

Molarenhöcker, die häufigere oder seltenere Anwesenheit des Carabellischen Höckerchens, vor allem aber auch die Form des Zahnbogens wichtige unterscheidende Merkmale abgeben können.

Abgesehen von diesen Rassenunterschieden und von zufälligen individuellen Variationen, die ohne Bedeutung sind, finden sich nun im Gebisse des Menschen nicht allzu selten auch noch Abweichungen, deren Ursprung viel weiter zurückreicht, weit zurück bis zu der Zeit, da die Sonderung des Menschengeschlechts in mehrere Zweige noch nicht eingetreten war, und die daher gelegentlich auch bei allen Rassen zur Beobachtung gelangen.

Während aber nach Herausbildung der verschiedenen Stämme, der eine Zweig, begünstigt durch besondere äußere Verhältnisse, sich weiter entwickelte und sich immer mehr von dem ursprünglichen Zustande entfernte, blieb der andere weniger begünstigte oder direkt in eine ungünstige Lage versetzte zurück; er kam gar nicht oder wenig vorwärts. Diese zurückgebliebenen Zweige der Menschheit sind nun die niederen Rassen, die auch durch mannigfache Besonderheiten ihres Skelettes ihre primitive Stellung dokumentieren. Es wäre also nicht weiter wunderbar, wenn sie auch in ihrem Gebiß Reminiszenzen an jene früheren Entwicklungsstufen öfter und deutlicher aufweisen würden als der rezente Europäer. Dieses scheint nun in der Tat der Fall zu sein. Zu solchen primitiven Merkmalen rechne ich zunächst die verhältnismäßig oft zu beobachtende Verlängerung des letzten unteren Molaren. Während beim Europäer, falls der untere Weisheitszahn nicht vierhöckerig ist, der dritte Außenhöcker desselben, das Hypoconulid, in die Mitte der Hinterseite des Zahnes gerückt ist, liegt er hier vielfach noch vollständig auf der Außenseite und ist so direkt die Ursache der Verlängerung. (Tafel V, Fig. 22 u. 23.) Ein ähnliches Verhalten finden wir, wie wir noch später sehen werden, sowohl bei den Anthropoiden wie bei vielen anderen niederen Säugetierformen. Für primitiv halte ich ferner die größere Divergenz der Wurzeln der ersten Molaren, die gleiche Größe und Form der unteren Prämolaren, die geringere Reduktion des lateralen Schneidezahns, wie überhaupt die ansehnliche Größe und kräftige Entwicklung der gesamten Zähne, die sich durch starke Höckerbildung und besonders auch durch eine Verstärkung des Cingulums der Incisiven und Eckzähne äußert. Primitiv ist vor allen Dingen ferner auch die Form des Zahnbogens, der nahezu viereckig werden kann. Alle diese Besonderheiten sollen später noch erörtert werden, hier soll nur noch das Zahnsystem des rezenten Menschen im Vergleich zum diluvialen etwas näher betrachtet werden. Was den Menschen des jüngeren Diluviums anbetrifft, so ist es zweifellos, daß sich sein Gebiß nur wenig von dem der Jetztzeit unterscheidet. Nehmen wir den modernen Europäer zum Vergleich, so imponieren seine Zähne wohl durch etwas bedeutendere Größe, wenngleich dieselbe keineswegs unerreicht ist; der einzige Unterschied, der sonst auffällt, ist die Form des ersten unteren Milchbackzahnes, der im Verhältnis zur Länge breiter ist als der des rezenten Menschen und daher noch mehr einen molarenähnlichen Eindruck macht. Dagegen muß nach den vorliegenden Stücken wenigstens unbedingt behauptet werden, daß das Gebiß niederer Rassen — ich denke dabei wieder an die Melanesier — die Zähne des jüngeren und, wie ich gleich hinzufügen will, auch des älteren Diluvialmenschen in vielen Beziehungen an Primitivität bei weitem übertrifft.

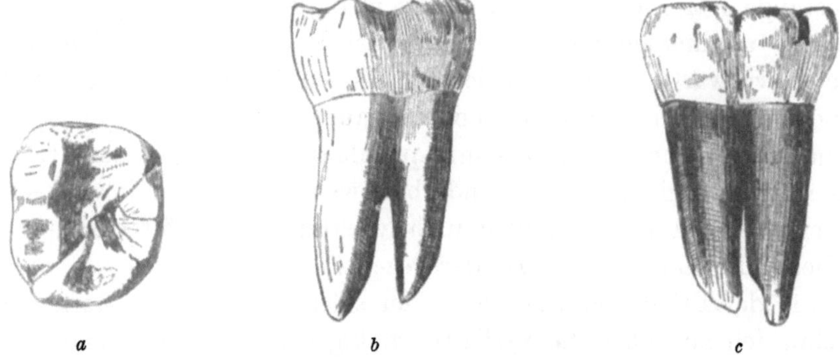

Fig. 2. Der erste Molar aus dem linken Unterkiefer eines Menschen. Gefunden im Diluvium bei Taubach, 2/1 natürl. Größe (nach Nehring); *a*) Ansicht von der Kaufläche, *b*) von der lingualen, *c*) von der labialen Seite.

Abgesehen von den Resten des Krapina-Menschen, auf den ich sofort noch zurückkomme, sind zum Vergleich von altdiluvialen Fundstücken vor allen Dingen die Zähne der Spykiefer heranzuziehen. Die Größe derselben ist mittel. Von den unteren Molaren besitzen nur die ersten 5, die anderen beiden 4 Höcker, während bei Melanesiern — die Angaben differieren etwas — mindestens aber in 50% bei sämtlichen 3 Mahlzähnen 5 Höcker vorhanden sind. Die Weisheitszähne zeigen die typisch rundliche Form, wie sie beim rezenten Europäer, aber auch bei dem jung diluvialen Kiefer von Prédmost vorhanden ist. Die von Gaudry (1903) neuerdings besprochenen Zähne des jungen Mannes aus der Kinderhöhle von Baoussé-Roussé zeigen zwar etwas längliche Gestalt, ohne jedoch die von mir bei primitiven Rassen festgestellte Form zu erreichen. (Tafel X, Fig. 55a u. b.) Dagegen nähert sich ihr der seinerzeit von Nehring (1895) beschriebene Molar von Taubach (Textfigur 2). Nehring hat ihn als den ersten Molaren bestimmt, weil er fünf Höcker und vorn nur eine kleine, hinten gar keine Reibungsfläche besitzt. Ich bin jedoch der Ansicht, das wir es hier mit einem dritten Molaren zu tun haben. Für einen ersten Mahlzahn liegt der dritte Außenhöcker doch zu sehr auf der Außenseite, die linguale Ecke des Zahnes erscheint hierdurch zu stark abgerundet. Dagegen spricht auch die geringe Divergenz der Wurzel, die beim ersten Molaren stets stärker ausgesprochen ist. Ebensowenig kann auch die geringe Reibungsfläche vorn und das Fehlen derselben am hintern Ende des Zahnes als Charakteristikum desselben angesprochen werden. Beides wird ebenso beim dritten Molaren zutreffen, da dieser hinten gar keinen Nachbarn mehr hat, und daher auch vorn die Pressung gegen den zweiten Mahlzahn fehlt. Ich glaube daher mit Sicherheit den Molaren von Taubach als einen dritten ansprechen zu müssen.

Der Zahnbogen ist bei sämtlichen diluvialen Kiefern nicht annähernd so geformt, wie bei den von mir abgebildeten Neu-Britanniern, die übrigens durchaus nicht allein dastehen. Die Größenverhältnisse sind bei dem Kiefer aus der Kinderhöhle, dem Unterkiefer von Prédmost und meinen Melanesiern, was die Länge (gemessen vom Hinterende des dritten Molaren bis zum Berührungspunkte der beiden mittleren Schneidezähne) anbetrifft, fast gleich, die letzteren übertreffen sie aber bedeutend in der Entfernung der beiden Zahnreihen voneinander (gemessen von einem Zahn der einen zu demselben der andern Seite). Sämtliche 3 Unterkiefer stimmen aber überein in den nach hinten divergierenden geraden Zahnreihen, während der Spykiefer Nr. I parabolische Form besitzt. Übereinstimmung zeigt auch der Oberkiefer aus der Kinderhöhle mit den Melanesiern durch die geringere Reduktion der seitlichen Schneidezähne, die wenigstens auf der Abbildung beinahe ebenso groß sind wie die mittleren Incisiven. Dagegen zeichnet sich bei letzteren, vor allem bei Tafel III, Fig. 17a, sowohl Ober- wie Unterkiefer durch die eine gerade Linie bildende Aneinanderreihung der Frontzähne ganz besonders aus; hierdurch erhalten dieselben die auffallende viereckige Form.

Der Nachweis besonders primitiver Merkmale im Gebisse niederer Rassen, besonders der Melanesier, bestätigt die von Klaatsch an anderen Skeletteilen, besonders den Extremitäten und der Wirbelsäule gewonnenen Resultate aufs trefflichste.

Was nun die Zähne des Homo primigenius von Krapina anbetrifft, so hat die vergleichende Betrachtung derselben, wie ich schon in einer vorläufigen Mitteilung ausgesprochen habe (1907) unzweifelhaft ergeben, daß der Krapina-Mensch mit dem Homo sapiens nicht in direkte verwandtschaftliche Beziehung gebracht werden darf; es ist ausgeschlossen, daß letzterer in gerader Linie aus ihm hervorgegangen sein kann.

Meine Gründe hierfür sind folgende: Schon bei der Beschreibung der Krapinazähne habe ich auf einige Besonderheiten aufmerksam gemacht, die dieselben von allen andern bekannten menschlichen Zähnen absondern. Hierzu gehören zunächst die besonders starke Entwicklung und komplizierte Figuration des Tuberculums auf der Lingualseite der Incisiven. Wir haben zwar gesehen, daß ähnlich geformte Schneidezähne auch beim rezenten Menschen vorkommen, dieselben sind hier aber so äußerst schwach entwickelt, daß sie nur einen gemeinsamen Bauplan wiederzugeben scheinen, nicht aber als die letzten Reste von Bildungen aufzufassen sind, die in früheren Zeitepochen ebenso gestaltet waren wie bei den Krapina-Zähnen. Es müßte dann auch auffallen, daß die Schneidezähne niederer Rassen, die, wie wir gesehen haben, in ihrem Gebiß doch so manches uralte Merkmal aus weit älteren Perioden sich erhielten, gerade hiervon so wenig bewahrt haben, trotz wohl ziemlich gleicher äußerer Umstände. Ich glaube daher auch, daß schon diese besondere Gestaltung der Incisiven des Homo primigenius Krapinensis als Zeichen einer höheren Spezialisierung aufgefaßt werden muß.

Gorjanović-Kramberger hat sich nun in einer neuesten Arbeit (1907), die noch einmal ausführlich die Kronen und Wurzeln der Mahlzähne des Homo primigenius von Krapina behandelt und sich wohl hauptsächlich gegen die in meiner obenerwähnten Mitteilung niedergelegte Auffassung über die systematische Stellung desselben richtet, auch hierüber geäußert. Er macht darauf aufmerksam, daß ähnlich gebildete linguale Höcker auch beim rezenten Menschen vorkommen. Er bildet solche ab und zum Vergleich auch einige Schneidezähne des Krapina-Menschen, merkwürdigerweise aber gerade diejenigen Exemplare, die den Höcker verhältnismäßig wenig entwickelt zeigen. Man vergleiche damit die von mir abgebildeten Incisivi! Immerhin muß, wie ich auch schon mehrfach erwähnte, zugegeben werden, daß auch beim rezenten Menschen ähnliche Bildungen in der Tat vorhanden sein können. Es kann dieses aber auch nicht weiter wundernehmen. Wie wir später sehen werden, finden wir solche Lingualhöcker nicht allein bei sämtlichen Anthropomorphen, sondern auch bei vielen anderen Säugetieren; es sind dieselben eben weiter nichts anderes, als das Cingulum, das ja einen uralten Bestandteil des Säugetierzahnes darstellt. Zum mindesten wäre also das gemeinsame Vorkommen desselben beim rezenten Menschen und beim Homo primigenius durchaus kein Grund, hieraus einen Beweis für den direkten genetischen Zusammenhang zwischen beiden Formen zu konstruieren. Andrerseits ist es aber auch keineswegs ausgeschlossen, daß trotz gewisser von vornherein zu erwartender Übereinstimmungen feinere

Unterschiede vorhanden sind, die als Ausdruck einer vorgeschrittteneren Differenzierung aufzufassen sind. Allerdings ist es auffallend, daß auch in dieser Beziehung eine beispiellose Variabilität herrscht. Neben ganz besonders stark entwickelten Tubercula finden wir solche, wie sie Gorjanović-Kramberger in seiner letzten Publikation abbildet, und wie sie ähnlich auch heute noch beobachtet werden. Aber vielleicht ist gerade auch dieses nur eine Bestätigung meiner Ansicht; vielleicht ist diese außerordentliche Variabilität, die sich auch in vielen anderen Beziehungen ausspricht, nur der Ausdruck einer fortschreitenden Umbildung, die den Homo primigenius von Krapina immer weiter von dem ursprünglichen Typus entfernt hätte.

Weit klarer liegen die Verhältnisse bei den Molaren. Wie wir vorher erörtet haben, beträgt die normale Höckerzahl der menschlichen Mahlzähne oben 4, unten 5. die aber beim rezenten Menschen nicht mehr regelmäßig vorhanden ist.

Zuckerkandl hat eine Zusammenstellung der verschiedenen Molarenformen von Europäern und Nichteuropäern gegeben, wobei aber zu beachten ist, daß von letzteren 83 % auf Asien und Afrika und nur 17 % auf Amerika und Australien fallen. Von ersteren entfallen dann wieder 60 % auf Malaien und Chinesen und 23 % auf Afrikaneger. Es sind diese Angaben sehr beachtenswert, weil aus ihnen hervorgeht, daß der größte Teil auch der Nichteuropäer zu jener großen Rasse gehört, welche heutzutage Europa, Asien, Amerika und Nordafrika bewohnt und die von Gorjanović-Kramberger als direkte Nachkommen des Homo primigenius angesprochen wird.

Es ist ferner hervorzuheben, daß der heutige Kultureuropäer, und auf diesen beziehen sich ja die meisten Untersuchungen über Höckerzahl und Wurzelbildung, nicht ohne weiteres mit dem Krapina-Menschen verglichen werden darf. Durch die schädigende Wirkung des Kulturlebens wird auch das Gebiß in hohem Grade beeinflußt, und es ist meines Erachtens durchaus unzulässig, das Zahnsystem irgend eines degenerierten Kulturträgers als Typus des rezenten Menschen aufzustellen. Dieses geht auch zur Evidenz aus den Tabellen Zuckerkandls (1902) hervor, der ja zwar Europäer und Nichteuropäer scheidet, andererseits aber hierdurch auch Völker trennt, die eng zusammengehören, so daß die Einteilung in Kultureuropäer und unkultivierte Völker im Grunde genommen wohl ebenso berechtigt wäre.

Nach Zuckerkandl ergeben sich nun folgende Kombinationen für die drei Mahlzähne des Ober- und Unterkiefers:

Oberkiefer

Kombination	für Europäer %	für Nichteuropäer %
M 4, 4, 4	9,6	31,4
,, 4, 4, 3	28,7	48,9
,, 4, 4, 2	0,3	0,4
,, 4, 4, 1	—	0,4
,, 4, 3, 4	1,3	0,4
,, 4, 3, 3	60,1	17,9
,, 4, 3, 2	—	0,4

Unterkiefer

Kombination	für Europäer %	für Nichteuropäer %
M 5, 5, 5	11,5	32,8
,, 5, 5, 4	1,1	9,3
,, 5, 4, 5	30,5	25,5
,, 5, 4, 4	50,0	30,4
,, 5, 4, 3	1,7	0,5
,, 4, 4, 5	1,1	—
,, 6, 5, 6	0,1	—
,, 4, 4, 4	1,7	0,5
,, 4, 4, 3	0,6	—
,, 4, 4, 2	—	0,5
,, 4, 4, 1	0,6	—
,, 4, 3, 3	0,1	—

Für den ersten und zweiten Mahlzahn allein sind die Zahlen folgende:

Oberkiefer

Kombination	für Europäer %	für Nichteuropäer %
M 4, 4	38,6	81,2
,, 4, 3	61,4	18,8

Unterkiefer

Kombination	für Europäer %	für Nichteuropäer %
M 5, 5	12,6	42,6
,, 5, 4	82,2	56,4

Röse (1892) macht folgende Angaben:

Oberkiefer

Kombination	für Europäer %	für Nichteuropäer %
M 4, 4, 4	19,9	27,1
,, 4, 4, 3	28,9	30,5
,, 4, 3, 3	37,9	31,8

für den ersten und zweiten Molaren allein:

Kombination	für Europäer %	für Nichteuropäer %
M 4, 4	52,3	66,1
„ 4, 3	47,7	33,9

Unterkiefer

Kombination	für Europäer %	für Nichteuropäer %
M 5, 5, 5	19,8	30,8
„ 5, 4, 5	30,4	30,0
„ 5, 4, 4	40,4	21,3

für die beiden Mahlzähne allein:

Kombination	für Europäer %	für Nichteuropäer %
M 5, 5	16,1	39,2
„ 5, 4	83,9	60,8

Nach Röse ist der zweite obere Mahlzahn bei Europäern vierhöckerig in 52,3 %, bei Nichteuropäern in 65,7 %; dreihöckerig ist er bei ersteren in 37,7 %, bei letzteren in 33,8 %.

Der dritte obere Molar besitzt vier Höcker bei Europäern in 25,9 %, bei Nichteuropäern in 29,4 %; er hat 3 Höcker bei Europäern in 67,6 %, bei Nichteuropäern in 62,3 %. Der dritte untere Molar ist fünfhöckerig bei Europäern in 42,1 %, bei Nichteuropäern in 61,9 %; vierhöckerig bei Europäern in 51,4 %, bei Nichteuropäern in 30,8 %. Noch anders gestaltet sich das Verhältnis nur bei primitiven Rassen, wie bei Australiern oder den von mir hauptsächlich untersuchten Neubritanniern. Hier ist die normale Höckerzahl noch regelmäßiger; so weist de Terra nach, daß bei den Australiern der zweite untere Molar in 73,3 % noch fünfhöckerig ist; aber auch sonst zeichnen sich die Mahlzähne durch äußerst kräftig entwickelte und scharf ausgeprägte Tuberkeln aus.

Man müßte daher eigentlich annehmen, daß der altdiluviale Vorfahr des heutigen Menschen diese Eigenschaften in noch höherem Grade besessen haben müßte.

Schon bei Besprechung des Spykiefers ergab es sich jedoch, daß dieses nicht der Fall ist; auch hier besitzt der erste Molar 5 Höcker, während die beiden anderen vierhöckerig sind. Es ist dieses die Kombination, die auch für den rezenten Menschen die häufigste ist.

Bei den Molaren des Krapina-Menschen sind die Höcker selbst zunächst bedeutend niedriger, der dritte Außenhöcker der unteren Mahlzähne ist überall, wo er vorhanden, klein und unbedeutend, so daß die unteren Molaren sämtlich mehr rund erscheinen. Längliche Formen, wie sie bisweilen sogar noch beim Europäer, häufiger und ausgeprägter aber bei niedrigeren Rassen vorkommen, fehlen hier vollständig. Die Höcker haben die Neigung, sich aufzulösen und in mehrere kleine zu zerfallen; in vielen Fällen, allerdings wohl nur bei Weisheitszähnen, ist dann die ursprüngliche Höckerzahl und Furchenbildung überhaupt nicht mehr zu erkennen. Auch die Größe der Zähne ist ungemein variabel. Neben außerordentlich großen gibt es auch äußerst kleine und reduzierte.

Gorjanović-Kramberger gibt nun die Höckerzahl sämtlicher vorhandener Mahlzähne nochmals genau an.

Danach haben von 15 oberen M_1 sämtliche 4 Höcker.

Von 11—12 oberen M_2 haben zwei 4 Höcker, einer $3^1/_2$ und neun 3 Höcker.

Die drei oberen M_3 besitzen 2 vordere Höcker und die in mehrere kleine Höckerchen aufgelösten distalen Höcker. Von den unteren Mahlzähnen sind von 12 M_1 neun mit 5, zwei mit $4^1/_2$, fünf mit 4 Höckern.

Unter 11 M_2 sind einer mit 5, fünf mit $4^1/_2$, fünf mit 4 Höckern.

Die 9 M_3 sind variabel, oder die Krone ist stark gefurcht.

Gorjanović-Kramberger behauptet nun, daß die Reduktionserscheinungen an den Molaren des Homo primigenius von Krapina in die Variationsbreite des rezenten Menschen fallen. Das ist durchaus nicht der Fall! Wenn von 12 oberen zweiten Molaren nur 2 vier Höcker besitzen, die übrigen drei, wenn die drei oberen M_3 zwei vordere Höcker aufweisen, während die distalen Höcker in mehrere kleine aufgelöst sind, wenn schließlich von 9 unteren M_3 nur angegeben wird, daß sie variabel sind oder daß die Krone stark gefurcht ist, daß mit anderen Worten sämtliche unteren M_3 keine typische Molarenform besitzen, so sind das Bildungen, die sicherlich nicht in die Variationsbreite des rezenten Menschen fallen, ja nicht einmal in die des Kultureuropäers, den Gorjanović-Kramberger unberechtigterweise ja immer zum Vergleiche heranzieht. Das lehrt schon ein Blick in die von Zuckerkandl, Röse und de Terra niedergelegten Zahlen!

Was nun die Vermehrung der Schmelzfalten anbetrifft, die auch als primitives Merkmal gedeutet werden, so möchte ich hervorheben, daß dieselbe hauptsächlich an noch nicht ausgebildeten Keimzähnen vorkommt; ich glaube daher, daß sie nach beendeter Entwicklung, zum Teil wenigstens, sicherlich noch schwinden würde. Es liegt hier kein ausreichendes Vergleichsmaterial vor, denn auch eben durchgebrochene Molaren des rezenten Menschen weisen noch mehr Schmelzfurchen auf, als bereits im Gebrauch gewesene, und es ist klar, daß bei noch nicht fertig entwickelten Keimzähnen dieses ebenfalls in noch höherem Grade der Fall sein wird. So zeigte ja auch der bereits vorher erwähnte noch nicht durchgebrochene zweite untere Molar eines Buschmanns, der immerhin bereits etwas weiter entwickelt war als die Keimzähne des Krapina-Menschen, trotzdem eine fast gleich stark gefurchte Kaufläche. Auffallend ist jedenfalls, daß die mir vorliegenden prächtig gebildeten oberen Molaren eines etwa 12jährigen Kindes eine vollständig glatte Oberfläche zeigen. Immerhin mag zugegeben werden, daß eine gewisse Vermehrung der Schmelzfalten in der Tat vorhanden ist. Dieselbe ist aber — und dies hat auch bereits Gorjanović-Kramberger hervorgehoben — in keiner Weise mit der Schmelzrunzelung des Schimpanse oder gar des Orang zu vergleichen. Es liegt hier meiner Ansicht nach auch weniger eine Vermehrung der Schmelzfalten als der Schmelzfurchen vor, als Folge der noch nicht beendeten oder gestörten Schmelzentwicklung; auf jeden Fall ist diese Eigenschaft aber ebensowenig primitiv wie die Runzelung der Schimpanse- und Orangzähne.

Gorjanović-Kramberger ist daher auch neuerdings bezüglich ihrer Bedeutung mit Recht weit zurückhaltender geworden. Bezüglich der Verschmelzungen der Molarenwurzeln muß Gorjanović-Kramberger selbst zugeben, daß der Homo primigenius ein durchaus eigenartiges Verhalten zeigt; hieran ändert auch nichts die Tatsache, daß ähnlich verschmolzene Wurzeln auch beim rezenten Menschen vorkommen. Gorjanović-Kramberger führt als Beweis mehrere derartige aus verschiedenen zahnärztlichen Sammlungen stammende Fälle an. Diese einzelnen Zähne, über deren Herkunft nichts bekannt ist, beweisen zunächst gar nichts. Es kommt ja gar nicht darauf an, festzustellen, daß die Molaren des rezenten Menschen gelegentlich ähnliche Verschmelzungen ihrer Wurzeln aufweisen können, sondern darauf, daß dieselben bei ihm zum mindesten in demselben Grade und in derselben Häufigkeit beobachtet werden, wie beim Homo primigenius, wenngleich man von vornherein anzunehmen berechtigt ist, daß der altdiluviale Vorfahr des heutigen Menschen sogar noch weit ursprünglichere Zustände bewahrt haben müßte als der rezente Europäer.

Dieser Nachweis kann aber allein durch die Untersuchung einer Reihe von Gebissen kräftig entwickelter, normaler rezenter Menschen geführt werden. Es ist die Anzahl der verschmolzenen und der nicht verschmolzenen Molarwurzeln festzustellen, und die Resultate sind dann mit den beim Krapina-Menschen gefundenen Zahlen zu vergleichen.

Ich mache nun zunächst auf eine Arbeit von Scheff (1905) aufmerksam, der, um die Beziehungen der Zahnwurzeln zu dem Canalis mandibularis zu zeigen, Sagittalschnitte durch verschiedene Unterkiefer angefertigt hat, die aber auch trefflich die Molarwurzeln zur Darstellung bringen. Wenngleich auch dieses Vergleichsmaterial nicht ganz einwandsfrei ist — es handelt sich immer um Kultureuropäer —, ist die Serie von Unterkieferschnitten für unsere Zwecke doch äußerst instruktiv.

Es waren in 25 Unterkiefern 102 Molaren vorhanden. Von diesen waren 35 M_1, die sämtlich getrennte Wurzeln besaßen; von 30 M_2 hatten vier verschmolzene Wurzeln, von 26 M_3 hatten 11 mehr oder weniger verschmolzene Wurzeln, doch liefen die meisten von ihnen in zwei getrennte Wurzelspitzen aus.

Ich selbst habe $10^1/_2$ ohne Auswahl entnommene Unterkiefer durchröntgen lassen und konnte folgendes feststellen (vgl. Tafel XI—XIII):

Es waren insgesamt 58 Molaren vorhanden und zwar 20 M_1 sämtlich mit 2 getrennten Wurzeln, von 21 M_2 besaßen 19 getrennte, 2 verschmolzene Wurzeln, von 17 M_3 besaßen 13 getrennte, 4 verschmolzene Wurzeln.

Ebenso hat nun im Oberkiefer der erste Mahlzahn in der Mehrzahl der Fälle 3 Wurzeln, nur bei den beiden andern kommen nicht allzu selten Verschmelzungen vor, niemals aber in der beim Krapina-Menschen konstatierten Häufigkeit.

Bei primitiven Rassen habe ich fast ohne Ausnahme bei sämtlichen unteren Molaren zwei getrennte Wurzeln gefunden, desgleichen bei den mir vorliegenden Kiefern von Prédmost. Auch der Molar von Taubach weist 2 Wurzeln auf. Besonders wichtig ist es aber, daß auch der Unterkiefer von Spy ganz dasselbe Verhalten zeigt. Bei Spy I haben sämtliche hinteren Molaren 2 getrennte Wurzeln; für Spy II hat Fraipont keine Angaben gemacht, nach den sonstigen Befunden wird aber sicherlich dasselbe der Fall gewesen sein. Beim Unterkiefer von La Naulette haben die drei Mahlzähne ebenfalls 2 Wurzeln besessen.

Man vergleiche nun hiermit die Verhältnisse beim Krapina-Menschen.

Von 26 oberen Mahlzähnen besitzen nur 6 die normalen 3 Wurzeln und von 21 unteren haben gleichfalls nur 6 nicht verschmolzene Wurzeln. Gorjanović-Kramberger gibt selbst die Anzahl der anormal gebildeten Wurzeln bei sämtlichen Zähnen auf nahezu 50 Proz. an. Ich glaube kaum, daß Gorjanović-Kramberger beim normal entwickelten rezenten Menschen auch nur annähernd gleiche Zahlen jemals wird nachweisen können.

Außerdem sind verschmolzene Wurzeln bei letzterem stets ein Zeichen von Reduktion, die sich gewöhnlich auch im Bau der Krone ausspricht. Beim Homo primigenius von Krapina besteht ein derartiger Zusammenhang nicht; auch überaus kräftig entwickelte Zähne besitzen nur eine Wurzel. Andrerseits scheinen auch die nicht verschmolzenen Wurzeln weniger divergent zu sein als beim rezenten Europäer, während ein Vergleich mit den stark gespreizten Wurzeln besonders der ersten Molaren niederer Rassen vollständig ausgeschlossen erscheint.

Gorjanović-Kramberger bemängelt es weiterhin als unzulässig, die Verschmelzungen und prismatischen Wurzelbildungen des Menschen von Krapina als höhere Spezialisierung zu bezeichnen. Er hält sie für individuelle Anomalien und spricht ihnen jeden phyletischen Wert ab.

Ich halte es für gänzlich unmöglich, in diesem Falle von individuellen Anomalien zu sprechen; es wäre jedenfalls ein ganz eigenartiges Verhalten, wenn diese individuellen Anomalien bei dem altdiluvialen Menschen in solcher Häufigkeit vorkommen sollten und zwar merkwürdigerweise nur gerade bei den bei Krapina gefundenen Überresten.

Aber Gorjanović-Kramberger widerspricht sich auch selbst. Er bemerkt sehr wohl, daß die Zähne der Spy-Kiefer durchaus verschieden sind von den Krapina-Zähnen. Beide gehören nach Gorjanović-Kramberger unzweifelhaft Menschen derselben Rasse an, doch lebten sie territorial weit voneinander getrennt. Er fährt dann wörtlich fort:

„Im Unterkiefer Spy I sehen wir den r. M_1 mit ziemlich kurzen, weit ausgespreizten Wurzeln: ebenso bemerken wir im Oberkiefer desselben Exemplars kurzwurzelige weitgespreizte Mahlzähne. Vergleichen wir diesen Befund mit den Verhältnissen, die wir am Krapina-Unterkiefer J sehen, so erblicken wir sogleich einen kolossalen Unterschied in der Wurzelbildung beider. Während an den beiden Spy I-Kiefern die Wurzeln gegen ihr Ende hin divergieren, bilden sie bei unserem J-Kiefer parallele Platten, oder die Wurzel ist ein Zylinder. Während also die Spy I-Kiefer diesbezüglich primitive oder pithecoide Merkmale aufweisen, zeigt uns der Krapina J-Kiefer, und mit ihm alle übrigen, einen bedeutenden Anschluß in der Richtung zum Europäer hin. Da aber, wie gesagt, beide erwähnten Kiefer einer einzigen Rasse angehören, so können wir aus ihren eben genannten Differenzen im Bau der Molarwurzel wohl den Schluß ziehen, daß der Spy I, was eben die Wurzel anbetrifft, noch primitivere Charaktere als der Krapina-Mensch aufweist, und daß es, was besonders wichtig ist, zu annähernd derselben Zeit an verschiedenen und entfernten Orten Europas Menschen mit ungleich gebauten resp. mit noch primitiv oder pithecoid veranlagten und dann wiederum mit modernen, der kaukasischen Rasse entsprechend gebauten Wurzeln gab.

Warum aber der Spy-Mensch noch primitivere Molarwurzeln hatte als der Krapiner, dies dürfte in denselben Umständen liegen, welche ähnliche Verhältnisse zwischen dem rezenten Kaukasier und den schwarzen Rassen (besonders Australier) bedingten. Höhere Intelligenz und die durch diese zum Teil modifizierte Lebens- resp. Ernährungsweise waren etwa die Ursachen jener physiologischen Einwirkungen, welche diese bei gleichzeitig lebenden Menschen vorkommenden Differenzen zustande brachten und noch immer bringen.“

Hiermit gibt Gorjanović-Kramberger zunächst zu, daß zwischen dem Homo primigenius von Krapina und dem Spy-Menschen kolossale Unterschiede bestehen. Und nun bedenke man, daß im Paläolithicum in Europa an schließlich doch nicht allzu weit entfernten Orten und sicherlich unter annähernd denselben äußeren Bedingungen — Gorjanović-Krambergers Vergleich mit dem rezenten Kaukasier und den schwarzen Rassen (besonders Australiern) erscheint mir gänzlich verfehlt — Menschen angeblich derselben Rasse gelebt haben sollen, deren Zahnsystem so kolossale Differenzen aufweist, wie ich es eben mit den Worten von Gorjanović-Kramberger ausgeführt habe. Ich halte dieses für ausgeschlossen! Das hieße doch die Bedeutung des Gebisses in systematischer Beziehung durchaus verkennen!

Wenn dann schließlich Gorjanović-Kramberger noch bemerkt, daß, um bezüglich der Verschmelzung der Molarwurzeln der Europäer eine einwandfreie Basis zur Vergleichung mit fossilen Molaren zu erhalten, eine entschieden größere diesbezügliche Statistik vorhanden sein müßte, als dies vorläufig der Fall ist, so halte ich das von mir untersuchte reichhaltige Material für völlig genügend, um diese Frage zu entscheiden, und ebenso dürfte die vom Homo primigenius zur Verfügung stehende Anzahl von Zähnen zum mindesten ausreichen, um darzutun, daß hier keinesfalls zufällige individuelle Variationen vorliegen können. Handelte es sich um irgend eine beliebige andere Tierform, so würde es sicherlich niemandem einfallen, derartige, bei einer Reihe von Individuen vorkommende Merkmale als Anomalien zu bezeichnen. Dann sind diese Unterschiede aber eben der Ausdruck einer weitergehenden Differenzierung. Das gibt ja auch Kramberger zu, indem er den primitiv veranlagten Molaren des Spy-Menschen die modernen, der kaukasischen Rasse entsprechend gebauten Mahlzähne des Krapina-Menschen gegenüberstellt.

Ich kann daher meine Behauptung, daß der Homo sapiens von letzterem direkt nicht abgeleitet werden darf, auch nach nochmaliger sorgfältiger Prüfung der vorliegenden Tatsachen, nur in vollem Umfange aufrecht erhalten.

Dagegen glaube ich, daß der Spy-Mensch sehr wohl der Vorfahr des heutigen Menschen gewesen sein kann. Denn während derselbe vom Homo primigenius von Krapina sich durch dieselben Abweichungen unterscheidet, die letzteren vom Homo sapiens trennen, stimmt er mit diesem durchaus überein. Die Punkte, in denen er von ihm abweicht, sind eben nur die, die wir bei dem altdiluvialen Vorfahren des rezenten Europäers erwarten müssen: größere Divergenz der Wurzeln und vielleicht etwas erheblichere Größe der Zähne und Kiefer. Daß die Skelettreste der altdiluvialen Menschenreste aus den verschiedensten Fundstellen neben zweifellosen Artunterschieden so viel Gemeinsames haben, kann uns nicht weiter wundernehmen. Der Entwicklungsweg ist für jede Form doch in verhältnismäßig engen Grenzen vorgezeichnet, so daß ein allzu weiter Spielraum nicht übrig bleibt. Diese Übereinstimmungen dürfen uns also sicherlich nicht veranlassen, sämtliche altdiluvialen menschlichen Reste einer Neandertal-Spy-Rasse zuzuschreiben, wenn andere fundamentale Unterschiede konstatiert werden können. Für den Homo primigenius von Krapina ist dieses geschehen, und da nicht nachgewiesen werden kann, daß die anderen Reste auch in dieser Beziehung mit ihm übereinstimmen, da dieses vielmehr nicht der Fall zu sein scheint, so müssen wir annehmen, daß bereits im älteren Diluvium mehrere Arten und Rassen des Menschen vorhanden gewesen sind.

Eine besondere Art würde der Homo primigenius von Krapina repräsentieren, für welchen damit eine neue Bezeichnung erforderlich wäre (Homo antiquus).

Bei dieser Auffassung würde dann auch vielleicht eine Streitfrage ihre Erledigung finden, die seit einiger Zeit zwischen Rutot (1903, 1904) und Gorjanović-Kramberger erörtert wird. Rutot hat nämlich darauf hingewiesen, daß die Industrie von Krapina mit seiner Fauna nicht im Einklang stehe. Während letztere derjenigen von Taubach entspricht, gehören die Artefacte nicht dieser, sondern einer jüngeren Periode an.

Ist nun der Mensch von Taubach nicht identisch mit dem

Bewohner von Krapina, dann können selbstverständlich auch ihre Industrien nicht direkt miteinander verglichen werden.

Ob nun aber der Mensch von Krapina, ohne Nachkommen zu hinterlassen, ausgestorben, oder ob er in andere Rassen aufgegangen ist, oder ob vielleicht nicht doch noch irgendwo im äußersten Winkel eines Kontinents Reste von ihm existieren (Buschmänner), ist zweifelhaft.

Dagegen haben die anderen altdiluvialen Reste wohl in der Tat dem Vorfahren des jüngeren Diluvialmenschen, welch letzterer ja mit dem heutigen Menschen bereits identisch ist, angehört. Für ihn wäre dann der Name Homo primigenius beizubehalten.

Zweifelhaft ist noch die Bedeutung der von Verneau (1902) und Gaudry (1903) beschriebenen Skeletteile aus der Höhle von Baoussé-Roussé, die eine weitere Rasse mit ausgesprochen negroidem Typus, eine Zwischenform zwischen Homo primigenius und Homo sapiens repräsentieren sollen. Nach Schwalbe (1904) u. a. ist dieses jedoch nicht der Fall. Hiernach gehören die Reste einer vielleicht negroiden Rasse des Homo sapiens an, von dem sie sich nur durch die starke Prognathie unterscheiden. Das von Gaudry abgebildete Gebiß des jungen Mannes aus der Kinderhöhle soll eine besondere Ähnlichkeit mit dem der Australneger besitzen. Ich finde aber, daß der geringe Abstand zwischen rechter und linker Zahnreihe sich weit öfter und regelmäßiger bei afrikanischen Negern findet. An Größe und primitiver Gestaltung des Zahnbogens wird dasselbe von den von mir untersuchten Melanesiern und Australiern bei weitem übertroffen. Es scheint daher, daß letztere einem ferneren Zweige angehören, über dessen Herkunft die paläontologischen Funde bisher noch keine Auskunft geben.

Das Gebiß der rezenten Anthropomorphen.

Das Gebiß der drei großen Menschenaffen, des Schimpanse, Orang und Gorilla, stimmt im allgemeinen Bauplan mit dem des Menschen überein; es unterscheidet sich aber fundamental durch die mächtige Ausbildung der Eckzähne. Durch dieselbe ist dann wieder das Diastema bedingt, eine Lücke, oben zwischen J_2 und C, unten zwischen C und P_1 und die Differenzierung des letzteren. Die Backzahnreihen laufen parallel, auch ein ihnen gemeinsames und vom Menschen abweichendes Merkmal. Dadurch erscheint der Gaumen schmal und lang. Zwischen den beiden Geschlechtern der Anthropomorphen bestehen starke Unterschiede des ganzen Schädels, die allein durch das Wachstum der Eckzähne bedingt werden. Da letzteres bei Männchen sich über 20 Jahre und noch länger erstreckt, so findet eine fortwährende Umgestaltung des Schädels statt, die bis ins hohe Alter andauert und sich besonders durch die Entstehung hoher Knochenkämme und -leisten äußert. Dieselben sind beim Gorilla am stärksten entwickelt, weniger beim Orang und fehlen fast ganz beim Schimpanse, der auch von allen dreien die kleinsten Eckzähne besitzt. Durch die mächtig entwickelten Knochenleisten, die Augenbrauenwülste, zusammen mit einem starken Prognathismus erhält der Gorilla das wilde Aussehen, das diesen größten und stärksten aller Menschenaffen besonders auszeichnet.

Außer diesen gemeinsamen Zügen weist dann das Zahnsystem jedes der drei Menschenaffen noch besondere Charaktere auf, die sie voneinander aufs schärfste unterscheiden.

In letzter Zeit haben Selenka (1898, 1899) und Branco (1898) Beschreibungen des Anthropomorphengebisses gegeben, die in vieler Hinsicht vortrefflich sind. Branco hat indessen nur den Molaren im Hinblick auf die Dryopithecuszähne, den eigentlichen Gegenstand seiner Abhandlung, Beachtung geschenkt, während Selenka mit Ausnahme des Orang, das Gebiß des Schimpanse und des Gorilla doch verhältnismäßig kurz behandelt hat. Auch ist die Absicht, Schädel und Zähne der Gibbon-Arten, sowie der fossilen Genera Dryopithecus, Pliopithecus, Pithecanthropus usw. mit den drei großen lebenden Formen zu vergleichen, durch den unerbittlichen Tod, der den hervorragenden Forscher zu frühzeitig dahinraffte, leider vereitelt worden. Es erscheint mir daher nicht überflüssig zu sein, nochmals eine eingehende Darstellung des Gebisses auch der rezenten Anthropomorphen zu geben.

Als Material diente mir die unvergleichliche Kollektion von Anthropoidenschädeln des Zoologischen Museums in Berlin, sowie die Sammlung des Königsberger Zoologischen Museums.

Das Gebiß des Schimpanse (Troglodytes niger).

Wenngleich Matschie (1904), der vorzügliche Kenner der Säugetiere, den Gattungsnamen Troglodytes für den Schimpanse ausmerzen und denselben dafür wieder mit dem ihm ursprünglich von Linné gegebenen Namen Simia bezeichnen möchte, so daß dann auch der Orang einen anderen Gattungsnamen erhalten müßte, werde ich der Einfachheit wegen die so lange gebrauchten Bezeichnungen beibehalten, obwohl der wohlbegründete Vorschlag sicherlich seine volle Berechtigung hat.

Matschie unterscheidet sieben Arten des Schimpanse. Ob

dieselben auch im Gebisse differieren, vermag ich nicht anzugeben. Eine hierauf gerichtete Untersuchung verspricht zweifellos interessante Ergebnisse, doch gehört mehr Zeit dazu, als sie mir leider zur Verfügung stand.

Das Dauergebiß.

Oberkiefer.

(Tafel XIV, Fig. 67 a).

Sämtliche Zähne des Schimpanse besitzen Runzeln, die Innenflächen der Schneide- und Eckzähne Längsrunzeln, während sie auf den Kronen der Molaren mehr von den Spitzen der Höcker nach der Tiefe zu verlaufen.

Die mittleren Incisivi sind kräftige, schaufelförmige Zähne. Das Cingulum ist mäßig entwickelt; von seiner Basis zieht eine sich nach oben verjüngende Schmelzleiste zur Schneide. Zu beiden Seiten derselben verlaufen zwei schwache Vertiefungen.

Die lateralen Schneidezähne sind kleiner als die mittleren, doch ist der Größenunterschied nicht so auffallend wie beim Orang und Gorilla. Vom Tuberculum verlaufen zwei schwache leistenförmige Erhebungen nach oben. Die ganze linguale Fläche erscheint konkav.

Die Eckzähne sind mäßig entwickelt. Sie bilden eine dreiseitige Pyramide, deren beide größere Seiten labial und lingual liegen, während die kleinere nach vorn sieht. Letztere zeigt eine, die linguale, etwas konkave Fläche zwei Längsfurchen. Die labiale Zahnfläche ist gewölbt.

Die oberen Prämolaren sind zweihöckerig; sie besitzen einen Außen- und einen Innenhöcker. Beim zweiten Bicuspis findet sich hinter dem Außenhöcker noch die Andeutung eines zweiten Höckers. Bei dem vorliegenden und abgebildeten Exemplar war auch lingual noch ein kräftig entwickelter zweiten Höcker vorhanden. Infolgedessen besaß auch die linguale Wurzel zum mindesten eine Längsfurche, wenn sie nicht, was nicht zu konstatieren war, sogar zweigeteilt war.

Die oberen Molaren besitzen 4 Höcker, 2 Außenhöcker — Paraconus und Metaconus — und 2 Innenhöcker — Protoconus und Hypoconus.

Die Höcker sind mäßig entwickelt. Der Hypoconus ist der kleinste. Um den Protoconus herum zieht sich eine Basalleiste. die an sämtlichen 3 Molaren bemerkbar ist. Der Metaconus ist mit dem Protoconus durch eine Schmelzbrücke verbunden. Eine weniger starke zieht parallel dem vorderen Zahnrande von letzterem bis zum Fuße des Paraconus. Vor ihr liegt eine Grube und eine Querfurche. Ebenso mündet auch die zwischen Protoconus und Hypoconus zur Mitte und dann rechtwinklig umbiegend zum Hinterrande ziehende Furche in eine Querfurche ein. Mit den Hauptfurchen vereinigen sich auch die durch die Runzeln geschaffenen feinen Furchen.

Der Weisheitszahn ist sehr oft am kleinsten, häufig ist der zweite Molar der größte. Andererseits wurde aber auch ein vierter Molar beobachtet. Die beiden Backzahnreihen verlaufen parallel mit einer kleinen Wölbung nach außen.

Unterkiefer.

(Tafel XIV, Fig. 67b).

Die unteren Schneidezähne sind meißelförmig, die beiden äußeren breiter als die mittleren. Vom Tuberculum verläuft eine Mittelleiste zur Schneide. Die linguale Fläche ist ein wenig konkav.

Auch die unteren Eckzähne bilden eine dreiseitige Pyramide, nur liegt hier die eine Seite nach hinten, während die beiden anderen lingual und labial sehen. Auf der lingualen und hinteren Fläche verlaufen ein Paar Furchen zur Spitze, die labiale, glatte Fläche ist gewölbt, die beiden hinteren etwas konkav. Hinten ist ein Talon vorhanden.

Der erste Prämolar hat die Form eines Dreiecks, dessen Spitze nach vorn gerichtet ist. Der Zahn besitzt noch deutlich 2 Höcker, einen sehr kräftig entwickelten Außenhöcker und einen bedeutend niedrigeren Innenhöcker. Beide liegen ziemlich dicht beieinander und sind durch eine Schmelzleiste verbunden. Der Außenhöcker fällt dann scharf nach außen ab, während der Innenhöcker, nur durch eine schwache Leiste markiert, allmählich in die linguale Zahnfläche übergeht. Nach hinten zieht auch vom Innenhöcker ein erhöhter Rand zum Hinterrand des Zahnes, hier einen Talon bildend. Dem Hinterrand parallel verläuft eine kleine Querfurche. Durch das scharfe Hervortreten des Außenhöckers erscheint der Zahn nahezu einspitzig.

Der zweite Prämolar hat viereckige Form; er besitzt einen gut ausgeprägten Außen- und Innenhöcker, die beide durch eine Schmelzleiste verbunden sind. Zwischen ihr und dem vorderen Zahnrande liegt eine kleine Grube mit einer kurzen Querfurche. Hinten besitzt der Zahn einen Talon, der noch deutlich gleichfalls je einen Außen- und Innenhöcker erkennen läßt, die sich beide auf dem labialen und lingualen Zahnrande durch eine geringe Erhebung markieren. Auch vor der Hinterwand liegt eine Grube mit einer Querfurche, in die dann die Runzeln einmünden.

Die Molaren besitzen allgemein 5 Höcker, drei auf der Außen-, zwei auf der Innenseite. Der dritte Außenhöcker, das Hypoconulid, ist nur wenig nach innen gerückt. Das Entoconid steht gegenüber dem Zwischenraum zwischen Hypoconid und Hypoconulid. Die Zähne sind dadurch mehr lang als breit. Protoconid und Metaconid, Hypoconulid und Entoconid sind durch eine Schmelzleiste verbunden. Die Längsfurche der Molaren endet vorn oft vor der Verbindungsleiste zwischen Protoconid und Metaconid, so daß dann die vor dieser liegende Querfurche ohne Zusammenhang mit derselben ist, hinten mündet sie aber gewöhnlich in eine kurze Querfurche ein, die parallel dem hinteren Zahnrande zwischen Hypoconulid und Entoconid vorhanden ist. Die Längsfurche entsendet noch Querfurchen zwischen die einzelnen Höcker, die auf der Außenseite der Zähne bis zur Hälfte der Zahnfläche hinabziehen. Die Labialfläche kann noch ein Basalband besitzen. Die Runzeln ziehen, wie schon oben bemerkt, von der Spitze der Höcker und der Verbindungsleisten zur Tiefe herab.

Der Weisheitszahn ist auch im Unterkiefer sehr oft der kleinste der Molaren, in einem Falle war er stiftförmig geworden. Dadurch, daß das Entoconid geteilt wird, kann er sechshöckerig werden. Die Backzahnreihen sind etwas nach hinten divergierend.

Das Milchgebiß.

Oberkiefer.

(Tafel XIV, Fig. 68a.)

Die mittleren Milchschneidezähne ähneln den bleibenden Incisivi, sind aber verhältnismäßig breiter. Die Lingualfläche zeigt meistens nur schwache Runzeln. Das Tuberculum ist kräftig entwickelt und geht allmählich in die Schneide über; die Innenfläche erscheint dadurch eher konvex. Sie besitzen zwei Wurzeln, die nur durch eine Zementbrücke verbunden sind, während die Spitzen aber vollständig getrennt sind. (Tafel XIV, Fig. 69.) Auch die labiale Kronenfläche zeigt eine deutliche mittlere, der Wurzelteilung entsprechende Längsfurche, zu ihren beiden Seiten verlaufen noch zwei schwächere Vertiefungen.

Die Labialfläche der kleinen Schneidezähne besitzt nur eine schwache Längsvertiefung. Die Wurzel ist einfach, von vorn nach hinten abgeplattet.

Die Eckzähne sind lanzettförmig, zweiseitig. Die Lingualseite ist etwas konkav und mit einer flachen Längsfurche versehen. Die Wurzel ist ebenfalls labial-lingual abgeplattet und besitzt labial eine deutliche Längsfurche, so daß es nicht ausgeschlossen erscheint, daß ihr Ende zweigeteilt ist.

Die vorderen Milchprämolaren besitzen einen größeren Außen- und einen kleineren Innenhöcker. Hinter dem ersten ist noch deutlich ein zweites Außenhöckerchen zu bemerken. Die Runzelung ist nur schwach ausgeprägt.

Beim zweiten Milchmolar ist sie deutlicher. Derselbe besitzt vier Höcker gleich den bleibenden Mahlzähnen. Am Protoconus befindet sich gleichfalls ein Basalband.

Unterkiefer.

(Tafel XIV, Fig. 68b).

Die Schneidezähne sind gleich den bleibenden geformt, nur sind sie schmäler.

Die Eckzähne bilden ebenso wie die permanenten unteren Canini eine dreiseitige Pyramide, mit einer Seite nach hinten, während die anderen beiden labial und lingual gerichtet sind. Hinten ist ein kleiner Talon angedeutet.

Auch die ersten Milchmolaren gleichen vollständig ihren Nachfolgern. Sie besitzen zwei dicht nebeneinander liegende Spitzen, eine niedrige Innen- und eine etwas höhere Außenspitze, hinten einen Talon, der vielleicht noch die Spur eines weiteren Außenhöckers erkennen läßt.

Der zweite Milchmolar besitzt 5 Höcker, allerdings ist der dritte Außenhöcker, das Hypoconulid, klein und mehr in die Mitte der Hinterwand des Zahnes gerückt. Wie bei den bleibenden Molaren sind auch hier die beiden vorderen Höcker ebenso wie die beiden hintersten durch eine Schmelzleiste verbunden. Der vor den vorderen Höckern liegende Teil des Zahnes ist aber viel größer als bei den bleibenden Mahlzähnen. Dadurch erscheinen dann die Milchmolaren viel länger und schmäler.

Das Gebiß des Orang-Utans (Simia satyrus).

Der Orang ist bekanntlich auf den Inseln Borneo und Sumatra heimisch. Eine Menge größerer Ströme strahlen in Borneo beinahe radienartig von den inneren und nördlichen Bergzügen gegen die Peripherie aus und geben dadurch, daß sie der Verbreitung der wanderlustigen Orang-Utans unüberwindliche Hindernisse entgegensetzen, den Grund ab zur Bildung scharf abgegrenzter Lokalvarietäten oder Unterarten, die sich deutlich voneinander unterscheiden und stets auf ein bestimmtes Terrain beschränkt sind. So hat Selenka (1898) für Borneo 8, für Sumatra 2 Rassen festgestellt, während Matschie (1904) für erstere Inseln sogar 12, für Sumatra mindestens 2 verschiedene Arten annimmt.

Das Gebiß des Orang ist von Selenka eingehend beschrieben und abgebildet worden. Selenka benutzt auch die Größe der Molaren zur Rassenbestimmung. Prof. Matschie teilte mir mündlich mit, daß er auch einen Unterschied in der Höhe der Höcker einhergehend mit vermehrter oder verminderter Runzelbildung gefunden, es war mir jedoch aus den schon früher erwähnten Gründen unmöglich, auch hierauf mein Augenmerk zu richten. Nach den später zu besprechenden Befunden beim Gorilla kann jedoch an der Richtigkeit dieser Beobachtung nicht gezweifelt werden.

Niedrigere Höcker auf den Molaren und zahlreiche Runzeln auf sämtlichen Zähnen sind das charakteristische Merkmal des Orang-Gebisses.

Das Dauergebiß.

Oberkiefer.

(Tafel XV, Fig. 70a.)

Die mittleren Schneidezähne sind meißelförmig. Die labiale Fläche ist vollkommen glatt und stark gewölbt. Die Innenfläche zeigt eine mittlere starke Schmelzleiste und Längsrunzeln, die von dem mäßig starken Cingulum aufwärts ziehen. Die distale Ecke des Zahnes ist stark abgerundet. Noch mehr ist dies der Fall beim seitlichen Schneidezahn, der keine Schneide, sondern eine Spitze hat. Die Innenfläche ist ähnlich mit Längsrunzeln versehen wie beim mittleren Incisivus.

Die Eckzähne sind sehr stark entwickelt mit einer gewölbten labialen und einer etwas konkaven Innenfläche. Auf letzterer ziehen 2—3 Längsfurchen zur Spitze.

Die Prämolaren sind zweihöckerig. Der zweite ist größer, weil sein Innenhöcker ebenso stark entwickelt ist wie der Außenhöcker, während beim ersten Bicuspis der erstere bedeutend kleiner ist. Dafür ist aber sein Außenhöcker viel höher und spitzer, so daß er, nur von der labialen Seite betrachtet, ein beinahe eckzahnähnliches Aussehen erhält. Der Querschnitt seiner Kronenfläche ist wegen der geringeren Entwicklung des Innenhöckers trapezförmig, während der zweite Prämolar viereckig ist. Vor dem Hinter- und Vorderende liegt eine Querfurche. In sie und eine zwischen die Höcker verlaufende Längsfurche münden dann die zahlreichen Runzeln ein.

Die Molaren besitzen die typischen 4 Höcker; sie haben eine mehr quadratische Form. Der Hypoconus nimmt von vorn nach hinten an Größe ab.

Daher ist auch beim Orang der Weisheitszahn oft der

kleinste, während der zweite Molar der größte ist. Die zahlreichen Runzeln strahlen von den Spitzen der Höcker aus und münden in die vordere und hintere Querfurche und in die zwischen die Höcker verlaufenden Furchen ein.

Unterkiefer.

(Tafel XV, Fig. 70b.)

Abweichend von den anderen Anthropomorphen und auch vom Menschen sind beim Orang die mittleren Schneidezähne des Unterkiefers breiter als die seitlichen, die ähnlich den oberen in ungebrauchtem Zustande keine Schneide, sondern eine Spitze mit zwei seitlichen Einkerbungen aufweisen. Vom Tuberculum zieht eine sich nach oben verschmälernde Schmelzleiste zur Schneide resp. Spitze. Ebenso wie im Oberkiefer ist auch hier die Innenfläche mit Längsrunzeln bedeckt.

Die kräftigen Eckzähne sind dreikantig, mit einer nach vorn gerichteten Kante. Auf der lingualen Fläche ziehen mehrere ziemlich tiefe Rinnen zur Spitze.

Der erste untere Prämolar ist einspitzig. Die Spitze wird durch den Außenhöcker repräsentiert. Der Innenhöcker ist reduziert; zu dem lingual distal liegenden Talon verläuft von dem Höcker eine gratförmige Schmelzbrücke. Während der Zahn labial gewölbt ist, ist die Innenseite zu beiden Seiten der erhöhten Verbindungsleiste konkav. Dieselbe umgibt auch ein breites Basalband. Eine Verlängerung des Zahnes nach hinten fehlt. Da die Außenspitze breit ist, während die Lingualseite nur durch den Talon gebildet wird, ist die Kronenfläche im Querschnitte dreieckig.

Der zweite untere Prämolar hat einen Außen- und einen Innenhöcker. Dieselben sind durch eine Schmelzleiste verbunden. Vor ihr liegt eine Grube. Der hintere Teil des Zahnes wird durch einen starken, entwickelten Talon gebildet, der noch deutlich je einen hinteren Außen- und Innenhöcker erkennen läßt.

Die unteren Molaren besitzen 5 Höcker. Das Hypoconulid ist nur wenig an die Hinterseite gerückt. Das Hypoconid steht gegenüber dem Zwischenraum zwischen den beiden Innenhöckern. Die Furchenbildung ist die typische. Von der Höhe der Höcker verlaufen die Runzeln herab und münden in die Furchen ein.

Der Weisheitszahn ist gewöhnlich kleiner als der vorhergehende Molar, auch ist er hinten etwas zugespitzt, da das Hypoconulid bei ihm ganz auf der Außenseite liegt. Doch ist nicht selten der erste Mahlzahn der kleinste, während der zweite der größte ist. Sie besitzen ebenso wie die Prämolaren 2 Wurzeln. Beim Orang sind häufig überzählige Molaren vorhanden. Selenka hat sie in $20^0/_0$ aller Fälle beobachtet. Sie waren häufiger bei Männchen und häufiger im Unter- als im Oberkiefer. Ferner hat Selenka noch dreimal überzählige Prämolaren und einmal einen überzähligen Schneidezahn angetroffen.

Besonders häufig sind aber im Gebisse des Orang bei den Molaren überzählige Höcker vorhanden. Auch hierüber hat Selenka genaueste Untersuchungen angestellt, die folgendes Resultat ergeben haben.

Die Nebenhöcker treten auf:

1. Als selbständige Erhebungen des Vorderrandes der vorderen Kronengrube (Fovea anterior) der oberen Molaren.

2. Als selbständige Hervorragungen des Hinterrandes der hinteren Kronengrube (Fovea posterior) und zwar an den oberen wie unteren Molaren.

3. Durch Spaltung des vorderen, selten des hinteren Innenhöckes der unteren Molaren.

Selenka hält diese Nebenhöcker ebenso wie die vierten Molaren für einen neuen Erwerb des Orang-Utans und für erbliche Gebilde. (Textfigur 3.)

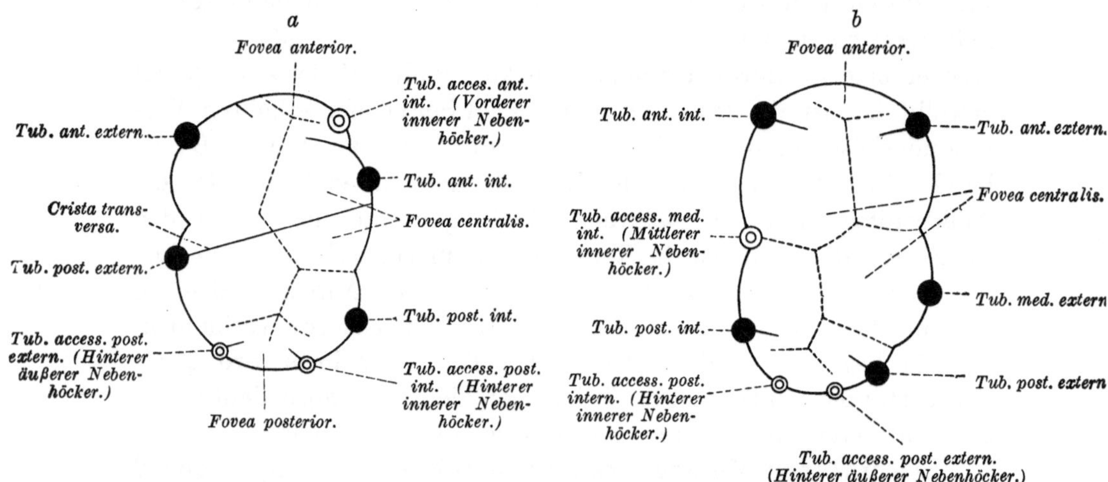

Fig. 3. Schema a) eines rechten oberen, b) eines rechten unteren Molaren des Orang Utang (nach Selenka). Die accessorischen oder Nebenhöcker sind mit Doppelkreisen bezeichnet, unter Berücksichtigung ihrer relativen Stärke. Die Lage der Haupthöcker ist durch schwarze Kreisflächen angedeutet.

Er kommt daher ferner zu folgenden Schlüssen:

1. Nebenhöcker treten etwas häufiger bei den Molaren der Männchen auf. Da überhaupt die männlichen Gebisse größere Zähne aufzuweisen pflegen als die weiblichen, so dürfte der Erwerb accessorischer Höcker von seiten der Männchen eingeleitet worden sein.

2. Fast konstant findet sich ein kleiner vorderster Nebenhöcker in den drei oberen Molaren ausgebildet und zwar an der Innen-

seite des Zahnes. Dies ist das Tuberculum accessorium superius anterius internum, welches aus dem Vorderrande der vorderen Kronengrube hervorsproßt.

3. Nächst diesem findet sich am häufigsten ein hinterer äußerer Nebenhöcker, Tuberculum accessorium superius posterius externum am dritten und seltener am zweiten oberen Molaren, während er am M_1 fast gänzlich fehlt. Dieser Nebenhöcker ist ebenfalls ein selbständiges Gebilde.

4. Sehr häufig erscheint ein innerer Zwischenhöcker an den unteren Molaren, ein Tuberculum accessorium inferius mediale internum. Dieser Zwischenhöcker erreicht sehr häufig die Größe eines Haupttuberkels. Er spaltet sich nachweislich meistens von dem vor ihm liegendeu Haupttuberkel ab, von dem er in der Regel nur durch eine seichte Rinne getrennt ist, bisweilen aber noch durch einen erhöhten Kamm verbunden bleibt. Selten erscheint er als Teilstück des hinter ihm liegenden Haupttuberkels, zeigt ausnahmsweise auch wohl gar keinen direkten Zusammenhang mehr mit den beiden benachbarten inneren Haupthöckern.

5. Hauptsächlich am dritten oberen Molaren erscheint öfters ein selbständiges Tuberculum accessorium superius posterium internum. Ausnahmsweise tritt es auch am M_1 und M_2 auf.

6. Einige Gebisse, deren Zähne überhaupt eine starke Neigung zur Bildung von Nebenhöckern an den Tag legen, erzeugen auf dem M_3, sehr selten auch auf dem M_2, noch ein selbständiges hinteres äußeres Nebenhöckerchen, ein Tuberculum accessorium inferius posterius internum.

Soweit Selenka! Ich kann der Ansicht über die Natur der überzähligen Nebenhöcker nicht beistimmen.

An ganz denselben Stellen kommen auch bei den anderen Anthropomorphen und auch beim Menschen sekundäre Nebenhöcker vor. Daß dieselben beim Orang besonders häufig sind, ergibt sich ungezwungen aus der Anwesenheit der zahlreichen Runzeln, deren Verlauf bis über den Zahnrand hinaus die Entstehung derartiger Gebilde naturgemäß begünstigen muß. Ich halte dieselben daher auch nur für individuelle Variationen und glaube nicht, daß dieselben erblich sind.

Auch die überzähligen vierten Molaren betrachte ich zunächst nur als eine Folge der durch eine sekundäre Verlängerung der Kiefer geschaffenen günstigen Raumverhältnisse. Ob dieselben in der Tat die ersten Anzeichen eines Zukunftsgebisses sind, erscheint mir sehr zweifelhaft.

Das Milchgebiß des Orang.

Oberkiefer.

(Tafel XVI, Fig. 71 a.)

Die mittleren Schneidezähne sind verhältnismäßig etwas breiter als ihre Nachfolger. Das Cingulum ist mäßig entwickelt. Es zeigt in der Mitte eine kleine Einkerbung. Zu beiden Seiten derselben ziehen von ihm zwei etwas erhabene Schmelzleisten zur Schneide. Der oberhalb des Cingulums gelegene Teil der Innenfläche ist konkav und mit Längsrunzeln besetzt. Die Wurzel ist vorn abgeplattet und vorn mit einer Längsrinne versehen. Ebenso besitzt die distale Wurzelseite, die breit ist, während die mesiale Seite scharfkantig ist, eine Furche. Es hat den Anschein, als ob der Zahn ursprünglich 3 Wurzeln besessen hat, die miteinander verschmolzen sind, 2 labiale und eine linguale, die mit der distalen labialen korrespondiert und mit ihr vereinigt ist.

Der kleine Schneidezahn besitzt keine Schneide, sondern eine Spitze wie der bleibende. Er ist verhältnismäßig winzig. Vom Cingulum ziehen feine Runzeln zur Spitze. Die Wurzel ist seitlich zusammengedrückt mit Andeutung einer Längsfurche.

Die Eckzähne sind spitz. Das Cingulum umgibt bandförmig die Basis des Zahnes. Es bildet vorn eine deutliche Spitze, hinten ist nur die Andeutung einer solchen bemerkbar, die Innenfläche des Zahnes ist konkav. Vom Cingulum ziehen zu beiden Seiten einer Einkerbung zwei schwache Leisten zur Spitze. Die Wurzel ist aber von vorn nach hinten abgeplattet.

Der erste Milchprämolar besitzt 2 Höcker. Der Außenhöcker ist vollkommen einheitlich ohne die Andeutung von Nebenhöckern.

Der zweite Milchprämolar gleicht den bleibenden Mahlzähnen. Alle beide besitzen zahlreiche Schmelzrunzeln und 3 Wurzeln. Die linguale des zweiten weist eine Längsfurche auf.

Unterkiefer.

(Tafel XVI, Fig. 71 b.)

Die Schneidezähne des Unterkiefers sind nahezu gleichgroß. Die mittleren haben eine Schneide, die seitlichen eine Spitze. Vom Cingulum zieht in der Mitte eine breite flache Schmelzleiste zur Höhe. Die Schmelzrunzelung ist nicht so zahlreich wie bei den oberen Incisivi.

Die Eckzähne sind spitz und schlanker als die Canini des Oberkiefers. Die labiale Zahnfläche ist gewölbt, die linguale konvex. Vom Cingulum, das die Basis umgibt und hinten ein Höckerchen bildet, zieht in der Mitte eine Leiste aufwärts. Zu beiden Seiten liegen zwei Vertiefungen.

Der erste untere Milchprämolar gleicht seinem Nachfolger, nur sind hier noch deutlich 2 Höcker vorhanden und ist die Außenspitze nicht so hoch wie im bleibenden Gebiß. Auch ist hinten ein Talon vorhanden, auf dem noch ein zweiter kleiner Außenhöcker bemerkbar ist. Bei dem mir vorliegenden etwas abgekauten Zahn ist der in den Höcker hineinragende Dentinzapfen sichtbar geworden.

Der zweite untere Milchmolar besitzt Mahlzahnform, nur ist der dritte Außenhöcker mehr an die Hinterwand des Zahnes gerückt und der vor den beiden vorderen Höckern liegende Zahnteil ist länger. Beide Milchmolaren besitzen 2 Wurzeln.

Das Gebiß des Gorilla.

Von diesem größten Menschenaffen unterscheidet Matschie (1903, 1905) 4 Arten, von welchen der erst im Jahre 1903 am Vulkan Kirunga ya Sabinyo südlich vom Albert Edward-See entdeckte und seinem Erleger Hauptmann von Beringe zu Ehren benannte Gorilla Beringei ganz besonders interessant ist, da sich sein Gebiß ganz wesentlich von den bisher bekannten und bisher unter dem Namen Gorilla gorilla zusammengefaßten Arten unterscheidet. Die beigegebene Zeichnung ist nach dem einzigen vorhandenen und im Königlichen Zoologischen Museum in Berlin befindlichen Schädel hergestellt und ist wohl die erste Abbildung, die von dem Gebiß dieser neuen Form bekannt gegeben wird.

Das Dauergebiß.

Oberkiefer.

(Tafel XVII, Fig. 74a.)

Die mittleren Schneidezähne sind äußerst kräftig und breit. Die labiale Fläche zeigt eine deutliche Längsfurche (Tafel XVI, Fig. 73). Lingual bildet das Cingulum ein kräftiges Tuberculum. Von ihm aus ziehen einige schwache Längsvertiefungen zur Schneide. Die Wurzel ist vorn abgeplattet; die Furche der labialen Kronenfläche läßt darauf schließen, daß auch die Wurzel eine solche aufweisen wird.

Die seitlichen Schneidezähne besitzen eine Spitze. Sie sind viel kleiner als die mittleren Incisivi. Vom Cingulum ziehen schwache Furchen aufwärts. Der Größenunterschied zwischen den beiden Schneidezähnen ist beim Gorilla am größten, was wohl mit der Größe der mächtigen Eckzähne zusammenhängt. Die Wurzel ist seitlich zusammengedrückt.

Die mächtigen Eckzähne sind sehr spitz. Die vordere Seite ist abgerundet, die hintere scharf. Die labiale Kronenfläche ist etwas gewölbt, die linguale konkav. Vom Cingulum aus ziehen mehrere tiefere Rinnen aufwärts.

Der erste Prämolar zeichnet sich auch beim Gorilla durch eine stärkere, eckzahnähnliche Bildung des Außenhöckers aus. Da der Außenhöcker der medialen Wurzel entsprechen dürfte, so ist dieselbe auch viel stärker entwickelt als die hintere Wurzel.

Der zweite Prämolar ist etwas kleiner, der Außenhöcker niedriger. Die beiden Höcker sind ebenso wie beim ersten Bicuspis durch ein tiefes Tal getrennt. Über dasselbe ziehen einige schmale Leisten herüber. Die Prämolaren haben labial-distal bisweilen noch die Andeutung eines zweiten Höckers. Lingual ist ein Basalband angedeutet.

Die Molaren des Gorilla sind durch vier starke und hohe Höcker ausgezeichnet. Die beiden vorderen Höcker, Paraconus und Protoconus, sind durch eine Schmelzleiste verbunden, ebenso der letztere mit dem Metaconus. Vom Hypoconus zieht dann noch eine schwächere Leiste zum Metaconus. Vor der Verbindungsleiste der beiden Vorderhöcker liegt in einer vorderen Grube die vordere Querfurche, hinter der Verbindungsleiste des Hypoconus mit dem Metaconus in einer hinteren Grube die hintere Querfurche. Am ersten Molaren ist sowohl lingual ein Basalband vorhanden, das sich bis zum Hypoconus erstreckt, als auch labial ein solches um den Paraconus herum. Beim zweiten und dritten ist dasselbe nur innen bemerkbar. Die Höcker sind durch tiefe Täler getrennt, die bei den oberen Molaren besonders lingual tief auf die linguale Kronenfläche herabreichen. Aus der Tiefe der Kaufläche können einige dickere Leisten zur Spitze der Höcker ziehen. Eine eigentliche Runzelung fehlt dem Gorilla gorilla vollständig.

Was die Größenverhältnisse der Molaren untereinander anbetrifft, so ist bald M_1 der größte, bald M_2, auch sogar M_3, doch kann der letztere ebensogut der kleinste sein.

Die Zähne des Unterkiefers

(Tafel XVII, Fig. 74b.)

Die mittleren Schneidezähne sind die kleinsten. Sie besitzen eine gerade Schneide, während bei den etwas breiteren seitlichen die distale Ecke abgerundet ist. Vom Cingulum zieht eine mittlere Schmelzleiste nach oben.

Die starken Eckzähne sind spitz, die labiale Fläche glatt, während lingual tiefe Rinnen und scharfe Leisten vorhanden sind.

Die ersten Prämolaren sind einspitzig. Der Außenhöcker ist zu einer kräftigen Spitze geworden. Der Innenhöcker ist reduziert. Vom Außenhöcker zieht eine kräftige Schmelzleiste direkt zur lingualen Ecke des Talons. Die distale Kante des Haupthöckers zeigt an ihrer Basis noch die Andeutung einer kleinen Nebenspitze und geht direkt in den Hinterrand und in das Basalband über, das den Zahn lingual umgibt. Zwischen dem distalen Außenrand des Haupthöckers und der von letzterem lingualwärts herabziehenden Schmelzleiste liegt eine muldenförmige Vertiefung. Der Hinterrand des Zahnes zeigt hier einige Einkerbungen. Dagegen ist die vor der Schmelzleiste liegende linguale Fläche plan; nur einige leichte Furchen ziehen vom Basalband zur Spitze. Die mesiale Wurzel ist viel stärker als die distale. Der ganze Zahn ist durch die starke Entwicklung des Außenhöckers überhaupt mesial-distal länger als der zweite Prämolar.

Der zweite Prämolar besitzt einen Außen- und einen Innenhöcker, die durch eine Leiste verbunden sind. Nach hinten ist der Zahn etwas verlängert und bildet einen Talon, der andeutungsweise noch je einen zweiten Außen- und Innenhöcker erkennen läßt. Vor der Verbindungsbrücke liegt eine kleinere, hinter ihr eine größere Vertiefung der Kaufläche; in ihnen verlaufen kurze Querfurchen, die durch eine über die Verbindungsbrücke hinwegziehende Längsfurche verbunden werden. Auch bei den unteren Prämolaren und Molaren sind auf der Innenseite der Höcker einige von unten zur Spitze ziehende Leisten bemerkbar.

Die unteren Molaren besitzen fünf zapfenförmige Höcker. Der dritte Außenhöcker ist beim ersten Molaren ziemlich weit an die Hinterseite gerückt, beim zweiten etwas weniger, beim dritten ist er besonders kräftig entwickelt; so wird der Zahn länger und hinten zugespitzt. Die Höcker werden durch scharfe Furchen getrennt, die besonders auf der Außenseite außerordentlich tief einschneidend bis beinahe zum Zahnhalse hinabreichen. Dadurch erhalten die Molaren des Gorilla ein ganz charakteristisches Aussehen, wie es sonst kein Anthropomorphe aufweist. Protoconid und Metaconid sind durch eine Leiste verbunden, ebenso Hypoconulid und Entoconid. Vor ersterer und hinter letzterer liegt in einer Grube je eine Querfurche, in die die Längsfurche vorn resp. hinten einmündet.

Das Entoconid steht vis-à-vis dem Zwischenraum zwischen Hypoconid und Hypoconulid. An der vorderen Außenecke des zweiten und dritten Mahlzahnes befindet sich ein deutlich ausgeprägtes Basalband. Der zweite Molar ist gewöhnlich der größte, der erste der kleinste, während der dritte durch seine länglich, hinten zugespitzte Form stets scharf unterschieden ist.

Der Gorilla besitzt oft vierte Molaren. Selenka hat sie in 8 % der Fälle gefunden. In einem Falle konnte ich auf der rechten Seite sogar fünf, links vier konstatieren.

Das Dauergebiß des Gorilla Beringei.

Oberkiefer.

(Tafel XVIII/XIX, Fig. 75a.)

Das Gebiß dieser Art unterscheidet sich von der vorigen durch niedrigere Höcker und recht zahlreiche Schmelzrunzeln. Dieselben sind besonders deutlich auf der Lingualseite der kleinen Schneidezähne, doch sind sie auch auf allen anderen Zähnen sehr gut entwickelt. Die mittleren Schneidezähne besitzen ein sehr stark entwickeltes Cingulum. Dasselbe bildet einen halbkugelig gewölbten platten Höcker. Von ihm aus ziehen zahlreiche Runzeln zur Schneide.

Die linguale Fläche der Eckzähne zeigt mehrere Längsriefen.

Der Außenhöcker der Prämolaren ist stärker entwickelt als der Innenhöcker.

Um den vorderen Innenhöcker des ersten und zweiten Molaren zieht eine kräftige Basalleiste.

Bei den Prämolaren und den beiden ersten Mahlzähnen sind die Runzeln ziemlich abgekaut, bei dem dritten jedoch, der noch nicht lange durchgebrochen zu sein scheint, sind sie vollständig intakt erhalten.

Der zweite Molar ist der größte, der dritte der kleinste. Das Palatum ist länger und schmäler als bei vorigem.

Unterkiefer.

(Tafel XVIII/XIX, Fig. 75b.)

Die Schneide- und Eckzähne zeigen wenige Längsfurchen.

Beim zweiten Prämolar sind auf dem Talon die beiden Hinterhöcker sehr deutlich hervortretend. Der Zahn ist daher auch größer und molarenähnlicher als bei Gorilla gorilla.

Das Hypoconulid des ersten Molaren ist ziemlich weit an die Hinterwand des Zahnes gerückt. Der zweite Mahlzahn erscheint bereits ein wenig zugespitzt, weil das Hypoconulid an Stärke gewonnen hat. Noch mehr ist dies beim letzten Molaren der Fall, der eine starke Verlängerung nach hinten zeigt. Die Seitenansicht zeigt diese Rückwärtsverlängerung besonders deutlich. Sämtliche Molaren sind daher bedeutend länger als beim westafrikanischen Gorilla.

Zwischen den ersten und zweiten Außenhöckern der ersten und den beiden Innenhöckern der zweiten Molaren sind Zwischenhöckerchen vorhanden, so daß auch hier, wie es nicht anders zu erwarten ist, Runzelbildung und Vermehrung der Höcker Hand in Hand zu gehen scheinen.

Doch sind überzählige Höcker auch bei den anderen Arten nicht selten. Sie kommen an den üblichen Stellen vor, besonders häufig sind sie jedoch zwischen den beiden Innenhöckern der unteren Molaren; sie wurden ferner beobachtet zwischen den Außenhöckern der oberen dritten Molaren und an oberen Mahlzähnen, auch an der Hinterwand zwischen den beiden Hinterhöckern.

Am zweiten oberen Prämolar ist distal bisweilen noch die Spur eines zweiten Außenhöckers vorhanden. Besonders interessant ist aber ein weiblicher Oberkiefer (Tafel XX, Fig. 76). Beide zweite Prämolaren besitzen lingual 2 kräftig entwickelte Innenhöcker. Labial ist gleichfalls die Andeutung eines zweiten Außenhöckers vorhanden, der sich durch einen Einschnitt des labialen Höckerrandes deutlich markiert. Bei beiden Prämolaren ist lingual ein Basalband vorhanden, das auf der rechten Seite sogar noch zur Bildung eines Zwischenhöckerchens zwischen den beiden Innenhöckern Veranlassung gibt. Die linguale Wurzel dieses letzteren besitzt eine scharfe Längsfurche, ja vielleicht ist sie, was nicht zu konstatieren ist, sogar geteilt.

Das Milchgebiß von Gorilla gorilla.

Oberkiefer.

(Tafel XVI, Fig. 72a.)

Die Schneidezähne besitzen die gewöhnliche Form. Die Lingualseite zeigt ein gut entwickeltes glattes Cingulum.

Die Eckzähne sind spitz, labial gewölbt, lingual etwas konkav. In der Mitte verläuft von der Basalleiste eine schwache Längsvertiefung aufwärts.

Der erste Milchprämolar ist zweihöckerig, die Außenspitze besitzt vorn scharf abgegrenzt, hinten undeutlich 2 accessorische Nebenspitzen.

Der zweite Milchmolar besitzt die Form der bleibenden Mahlzähne. Besonders deutlich ist die die beiden Vorderhöcker verbindende Schmelzleiste.

Unterkiefer.

(Tafel XVI, Fig. 72b.)

Die mittleren Schneidezähne sind viel kleiner und schmäler als die beiden äußeren.

Die Eckzähne sind schlank und spitz. Die Basalleiste bildet hinten eine Spitze.

Die ersten Milchprämolaren sind einspitzig mit einem Talon.

Die zweiten Milchprämolaren besitzen 3 Außen- und 2 Innenhöcker. Der dritte Außenhöcker liegt in der Mitte der Hinterwand des Zahnes. Die beiden Vorderhöcker sind durch eine Schmelzleiste verbunden. Eine weitere Schmelzleiste geht aber von dem ersten Außenhöcker nach der lingualen Ecke der Vorderwand, die hier noch ein kleines Höckerchen bildet; es ist das bei den Primaten allmählich zur Rückbildung gelangte Paraconid, das interessanterweise im Milchgebiß des Gorilla noch vorhanden ist.

Zu den Menschenaffen wurde früher auch die Familie der Hylobatidae gerechnet. Neuere Untersuchungen scheinen aber dargetan zu haben, daß dieselben mit den Anthropomorphen keinen direkten Zusammenhang haben, daß ihnen vielmehr eine Stelle neben letzteren angewiesen werden muß. Während sie in vielen Eigenschaften primitiver sind als die Anthropomorphen, haben sie dieselben in anderer Beziehung überholt. Matschie unterscheidet 2 Gattungen: Symphalangus für die nacktkehligen, großen und Hylobates für die kleineren Formen, deren Kehle behaart ist. Ob zwischen ihnen Unterschiede im Gebisse vorhanden sind, vermag ich nicht anzugeben.

Das Dauergebiß des Hylobates.

Oberkiefer.

(Tafel XX, Fig. 77a.)

Die mittleren Schneidezähne sind meißelförmig mit gerader Schneide, während die seitlichen Incisiven eine mehr abgerundete Spitze besitzen. Das Cingulum umgibt leistenförmig die Basis des Zahnes. Die Lingualseite ist konkav und bildet da, wo sie mit dem Cingulum zusammentrifft, eine tiefe Mulde.

Die Eckzähne sind enorm lang, zugespitzt und etwas gekrümmt. Die labiale, glatte Fläche ist konvex, die linguale etwas konkav und mit 2 Längsrinnen versehen.

Der erste Prämolar besitzt einen kräftigen Außenhöcker, während der Innenhöcker eigentlich nur mehr einen Talon bildet.

Der zweite Backzahn hat jedoch zwei deutliche Höcker.

Nach Kirchner (1895) besitzt der erste Prämolar immer 3 Wurzeln, 2 buccale und eine palatinale, während der zweite Prämolar häufig nur 2 Wurzeln hat. Doch läßt dann die buccale Wurzel durch eine tiefe Längsrinne noch deutlich erkennen, daß auch hier ursprünglich eine Zweiteilung bestanden hat.

Die oberen Molaren sind vierhöckerig und glatt, ohne Runzeln. Sie haben eine im Umriß rhombische Form. An der Innenseite des vorderen Innenhöckers zieht nicht selten eine Basalleiste bis zum Hypoconus. Einen besonders wichtigen Befund bot jedoch ein im Zahnwechsel befindliches Gebiß von Hylobates Lar (Tafel XX, Fig. 78a u. b). Die beiden ersten Molaren waren beiderseits bereits im Gebrauche gewesen, die zweiten lagen noch halb im Kiefer verborgen. Lingual am Protoconus der ersten Mahlzähne befand sich nun an Stelle der Basalleiste, also etwas unterhalb des Protoconus, ein vollkommen gut entwickelter fünfter Höcker, der bis zum Hypoconus vorreichte und sich an diesen anschloß; nach vorn ging er mit einer kleinen Leiste in den Vorderrand des Zahnes über. Am zweiten, rechten Mahlzahn war der Höcker auch vorhanden, nur bildete er hier mit dem Hypoconus zusammen mehr eine kräftige Basalleiste, die den Paraconus, Metaconus und Protoconus umgab und selbst zur Entstehung zweier Höcker Veranlassung gegeben hatte. Der linke zweite Molar hatte an Stelle dieses fünften Höckers nur eine Basalleiste.

Was die Größenverhältnisse der Mahlzähne anbetrifft, so ist gewöhnlich der zweite, bisweilen auch der erste der größte, der dritte der kleinste. Derselbe besitzt nicht selten nur 3 Höcker, er kann dann eine dreieckige oder ovale, auch runde Gestalt annehmen. Die Zahnreihen besitzen eine Wölbung nach außen.

Unterkiefer.

(Tafel XX, Fig. 77b.)

Die seitlichen Schneidezähne sind etwas breiter als der mittlere. Sie besitzen ein schwaches Cingulum. Die Innenfläche ist etwas konkav mit einer mittleren Längsfurche.

Die unteren Eckzähne sind hakenförmig. Die Basalleiste bildet hinten einen deutlichen Talon.

Der erste untere Prämolar ist gewöhnlich einspitzig. Der zweite Innenhöcker wird von einer Leiste eingenommen, die von der Spitze des Haupthöckers nach dem lingual-distal liegenden Talon zieht. Bei einem noch nicht ganz durchgebrochenen

Zahn sieht man aber auf dieser Leiste ganz scharf sich noch ein zweites spitzes Höckerchen erheben. Auch ist auf dem Talon zum mindesten labial noch die Andeutung eines zweiten Außenhöckers vorhanden.

Der zweite untere Prämolar besitzt 2 Vorderhöcker, die durch eine Schmelzleiste verbunden sind, mit etwas nach hinten verlängertem Talon.

Die unteren Molaren sind fünfhöckerig. Der dritte Außenhöcker liegt hier ganz in der Mitte der Hinterwand, so daß Entoconid und Hypoconid beinahe gegenüberstehen. Auch im Unterkiefer ist der zweite Molar gewöhnlich der größte, während der erste Mahlzahn oft am kleinsten ist. Jedoch trifft das letztere auch für den dritten Molaren zu.

Vierte Molaren sind, wenn auch viel seltener als bei den Anthropomorphen, auch bei Hylobates beobachtet worden, ebenso konnte Kirchner jedoch auch das Fehlen des dritten Molaren in 2 Fällen konstatieren.

Zusammengenommen mit der häufigen Reduktion des vierten Höckers beim oberen dritten Mahlzahn, scheint also bei Hylobates eine stärkere Rückbildung desselben im Gange zu sein.

Das Milchgebiß.

Oberkiefer.

(Tafel XX, Fig. 78a.)

Die Schneidezähne ähneln, abgesehen von der Größe, ganz ihren Nachfolgern.

Dagegen sind die Eckzähne wesentlich anders gestaltet. Sie haben eine kleine lanzettförmige Krone, die labial gewölbt, lingual konkav ist. Die Wurzel ist ganz unverhältnismäßig viel länger. Während die Krone 4 mm lang ist, beträgt die Wurzellänge 10 bis 11 mm. Die Stellung der Eckzähne ist, ebenso wie die der bleibenden, etwas nach hinten und außen gerichtet.

Der erste Milchmolar ist zweihöckerig, der zweite hat 4 Höcker mit einer Basalleiste am Protoconus.

Unterkiefer.

(Tafel XX, Fig. 78c.)

Die unteren Schneidezähne gleichen ebenfalls ihren Nachfolgern.

Die Eckzähne sind klein und mit einem unbedeutenden Talon hinten.

Die ersten Milchmolaren besitzen 2 dicht nebeneinanderliegende Höckerchen mit einem hinteren Talon.

Die zweiten Milchmolaren gleichen den bleibenden, nur sind sie schmäler und länger, weil der vor der Verbindungsleiste zwischen den beiden Vorderhöckern liegende Zahnteil größer ist. Der dritte Außenhöcker liegt auch hier in der Mitte der Hinterwand.

Das Gebiß der fossilen Anthropomorphen.

Von fossilen Menschenaffen liegen, wie schon eingangs erwähnt, bisher Reste von 7 Gattungen vor. Pliopithecus Gervais, Dryopithecus Lartet, Anthropodus de Lapouge, Neopithecus-Anthropodus Schlosser, Griphopithecus Abel, Palaeopithecus Lydekker und Pithecanthropus Dubois. Die ersten 5 Genera stammen aus Europa, Palaeopithecus aus den Siwalikschichten Indiens und Pithecanthropus aus den jungtertiären andesitischen Tuffen Javas.

Die Gattung Anthropodus de Lapouge mit der einzigen Art A. Rouvillei wurde auf einen zweiten Schneidezahn des linken Oberkiefers und ein linkes Iugale errichtet. Sie kann also füglich hier unberücksichtigt bleiben. Ebenso übergehe ich einen von Haberer in China gesammelten und erst neuerdings von Schlosser (1906) beschriebenen oberen M_3, der einem neuen Anthropoiden oder gar einem tertiären resp. altpleistocänen Menschen angehören soll, dessen schlechter Erhaltungszustand jedoch keine nähere Bestimmung zuläßt. Dagegen sollen die anderen Reste, von denen zum Teil ganze wohlerhaltene Kiefer, zum mindesten aber wichtigere Zähne als die oberen Incisiven erhalten sind, der Reihe nach besprochen werden.

Pliopithecus antiquus *Gervais*.

Pliopithecus steht dem Genus Hylobates am nächsten. Er war in der mittleren Miocänzeit über das westlich-zentrale Europa verbreitet. Seine Reste wurden im mittleren Miocän von Sansan (Gers), Grive St. Alban (Isère), in der Braunkohle von Elgg (Schweiz) und Göriach (Steiermark) und im Dinotheriumsande von Augsburg gefunden. Es waren zunächst nur Unterkiefer bekannt; erst neuerdings sind von Hofmann bei Göriach auch Oberkieferfragmente sowie die Milchbezahnung zu Tage gefördert worden. Pliopithecus ist heute der bestbekannte ausgestorbene Anthropomorphe.

Oberkiefer.

(Tafel XXI, Fig. 79a.)

Die oberen Schneidezähne ähneln den Incisiven von Hylobates, nur sind sie etwas breiter, auch ist nach Hofmann die Art der Abnutzung abweichend. Während bei den rezenten Hylobatesarten die ganze innere Fläche abgerieben ist, ist bei Pliopithecus nur die Schneide abgebraucht. Daraus würde folgen, daß die oberen Schneidezähne bei letzterem eine steilere Stellung gehabt haben müssen.

Die Wurzeln sind konisch, seitlich etwas zusammengedrückt.

Der Eckzahn ist kegelförmig mit konvexer Außenfläche. Auf der mit einem Basalwulst versehenen abgeflachten Innenfläche befindet sich eine Längsrille. Zwischen beiden Geschlechtern besteht in der Größe der Canini im Gegensatz zu Hylobates eine erhebliche Größendifferenz.

Der erste Prämolar besitzt einen stumpfen Außenhöcker und einen um die Hälfte niedrigeren Innenhöcker, der ganz wie beim Gibbon mehr einen Talon als einen Höcker repräsentiert.

Der zweite Prämolar zeigt dagegen einen ausgesprochenen Innenhöcker, der noch von einem Basalwülstchen umzogen ist.

Die niedrigen Molaren bestehen aus 2 Außen- und 2 Innenhöckern. Der Hypoconus ist schwach entwickelt. Bei allen Molaren wird der vordere Innenhöcker von einem Basalwulst umgeben, der in die Spitze des Hypoconus ausläuft. Die M_3, besonders ihr hinterer Außen- und Innenhöcker sind reduziert. Aber auch hier fehlt der innere Basalwulst nicht, und zwar ist derselbe ebenso gestaltet wie bei den beiden vorderen Molaren. Hofmann sagt hierüber folgendes: „Bei den Gibbons ist überhaupt auch der Basalwulst an der Innenseite des oberen Molaren nur in Ausnahmefällen zu beobachten, und da, wo derselbe vorhanden ist, nur in einer sehr untergeordneten Weise. So konnte ich solche Rudimente dieses Wulstes beim Hylobates Lar und H. leuciscus beobachten, am deutlichsten und am meisten ähnlich jenem des Pliopithecus zeigt ihn der erste Molar bei mäßig abgenutzten Zähnen, beim zweiten Molar ist derselbe schon gewöhnlich gänzlich verwischt.“

Unterkiefer.

(Tafel XXI, Fig. 79b.)

Die Schneidezähne sind meißelförmig. Die labiale Fläche der Zahnkrone ist sehr flach gewölbt, während die Innenfläche schwach ausgehöhlt ist. Beide Schneidezähne sind bei gleicher Form auch gleich groß. Auch bei den unteren Incisiven beweist die Art der Abnutzung, daß dieselben beim fossilen Pliopithecus steiler eingefügt gewesen sein müssen, als es bei dem Gibbon der Fall ist.

Die Eckzähne sind verhältnismäßig niedrig; sie überragen die Incisivi kaum, die Prämolaren nur um 5 mm. An ihrer hinteren Fläche befindet sich eine tiefe Grube.

Der erste Prämolar ist einspitzig; sein mesio-distaler Durchmesser ist verhältnismäßig kurz, auch der zweite Prämolar, der 2 Vorderhöcker und einen hinteren Talon besitzt, ist kürzer als bei Hylobates und den anderen Anthropomorphen.

Die Molaren besitzen 2 Paar schief gegenüberstehende Höcker und einen unpaaren am hinteren Rande. Der dritte Molar ist stark nach hinten verlängert; der unpaare Höcker bildet einen Talon und besteht hier aus 2—3 kleinen Höckerchen. Die Molaren besitzen keine Schmelzrunzeln, aber ein kräftiges Basalband. Der Unterkiefer ist schmal. Die Zahnreihen divergieren stark nach hinten.

Die Milchbezahnung des Unterkiefers.

(Tafel XXI, Fig. 79c.)

Das Milchgebiß scheint, nach den vorhandenen Resten zu urteilen, mit dem des rezenten Hylobates vollkommen übereinzustimmen. Der erste Milchprämolar entspricht in seiner Form dem ersten Backzahn. Er besitzt einen kräftigen Außenhöcker und einen dicht daneben liegenden etwas niedrigeren Innenhöcker. Dem zweiten Milchprämolar soll nach Hofmann der fünfte unpaare Höcker fehlen, analog wie beim lebenden Gibbon. Ich habe dagegen bei letzterem einen fünften Höcker konstatieren können.

Die Zähne der Gattung Dryopithecus.

Reste von Dryopithecus sind an drei weit voneinander entfernt liegenden Orten gefunden worden; 3 Unterkiefer in den mittelmiocänen Süßwassermergeln von St. Gaudens am Fuße der Pyrenäen, mehrere lose Zähne im Unterpliocän Mittel- und Süddeutschland und ein unterer Molar im Obermiocän des Wiener Beckens.

Die Zähne dieser drei Fundstellen, vor allem die Molaren, zeigen so beträchtliche Abweichungen, daß die Aufstellung dreier verschiedener Arten notwendig erschien.

1. Dryopithecus Fontani *Lartet* aus St. Gaudens.

(Tafel XXI, Fig. 80.)

Die Zähne der drei Unterkiefer zeigen folgende Eigenschaften: Die Alveolen der Schneidezähne sind seitlich sehr zusammengedrückt.

Der Eckzahn schließt sich dicht an den ersten Prämolaren an. Er ist ziemlich hoch, annähernd noch einmal so hoch wie die anderen Zähne und besitzt außen am Vorderrande eine Furche.

Der erste Prämolar hat einen Außenhöcker, der höher und kräftiger ist als der entsprechende des zweiten Prämolaren, und einen kaum bemerkbaren Innenhöcker.

Der zweite Prämolar besitzt 2 Vorderhöcker und einen nach hinten verlängerten Talon.

Die Molaren sind verhältnismäßig lang. Die 5 Höcker sind etwas höher als beim Menschen, Schimpanse und Orang. Der dritte Außenhöcker ist stärker entwickelt als beim Menschen, und nach Gaudry (1890) auch noch stärker als beim Orang und Schimpanse. Derselbe ist beim ersten und zweiten Molaren ziemlich weit an die Hinterseite des Zahnes gerückt. Beim dritten Mahlzahn liegt er mit den beiden vorderen in einer Linie, daher ist der Zahn länger und die lingual-distale Ecke abgerundet.

An sämtlichen nicht abgekauten Molaren zeigen sich auf der Kaufläche deutliche Schmelzrunzeln. M_2 besitzt an der Außenseite einen ganz kleinen Basalwulst. Die Backzahnreihen verlaufen parallel.

Nach Schlosser lassen die Molaren des Dryopithecus Fontani zweierlei Typen erkennen. Bei dem einen Typus sind die Molaren ein wenig breiter als länger und der dritte Außenhöcker liegt weiter nach innen als die beiden anderen. Bei dem anderen Typus sind die Zähne bedeutend länger als breiter und das Hypoconulid steht mit den beiden vorderen Höckern in einer Linie

2. Dryopithecus rhenanus aus den süddeutschen Bohnerzen.

Zu dieser Art werden mehrere Zähne gerechnet, die in den süddeutschen Bohnerzen gefunden worden sind. Es sind sowohl obere als auch untere Molaren vorhanden; ein unterer zweiter Milchmolar ist ebenfalls dabei. Einige derselben sind Keimzähne, so daß alle Einzelheiten aufs genaueste studiert werden konnten. Branco (1898) und neuerdings Schlosser (1902) haben sie abgebildet und beschrieben.

Einer der beiden vorhandenen oberen Molaren ist ein Keimzahn. (Tafel XXI, Fig. 81.) Er besitzt 4 Höcker. Protoconus und Metaconus sind durch einen Schmelzkamm verbunden. Eine weitere

Leiste geht parallel zum Vorderrande vom Paraconus aus und endet kurz vor dem Protoconus in einem kleinen Schmelzhöcker, welcher ebenfalls einen Kamm, aber gegen das Zentrum des Zahnes, aussendet. Auch vom Hypoconus läuft ein scharfer Kamm parallel zur Hinterwand des Zahnes. Hinter ihm und ebenso vor der vom Paraconus ausgehenden Schmelzleiste liegt eine Grube mit einer Querfurche. An der Außen- und Innenseite des Zahnes befindet sich da, wo die die Höcker trennenden Furchen enden, je ein Grübchen. Die Kaufläche ist mit Schmelzleisten überzogen, die nicht so zahlreich wie beim Orang und Schimpanse, doch zahlreicher als beim Menschen sind.

Die oberen Mahlzähne besitzen 3 Wurzeln, zwei äußere und eine innere.

Von den unteren Mahlzähnen sind 3 beinahe intakt. (Tafel XXI, Fig. 82 u. 83, Tafel XXII, Fig. 84.)

Der erste untere Molar besitzt 5 Höcker. Der dritte Außenhöcker, das Hypoconulid ist viel kleiner als die beiden vorderen und ziemlich weit nach innen verschoben. Protoconid und Metaconid, sowie Entoconid und Hypoconulid sind durch einen Schmelzkamm verbunden. Außerdem verlaufen vom Entoconid, Hypoconulid und Hypoconid Leisten nach dem Zentrum des Zahnes. Zwischen den beiden vorderen Außenhöckern ist ein kurzes, schwaches Basalband vorhanden.

Der zweite untere Molar unterscheidet sich von dem ersten durch die kräftigere Entwicklung des Hypoconulid, das sich auch mehr an der Außenseite des Zahnes befindet, durch die dadurch bedingte größere Länge, sowie überhaupt durch erheblichere Größe. Die vom Entoconid, Hypoconid und Hypoconulid ausgehenden Leisten sind deutlich bemerkbar. Zwischen den beiden Innenhöckern befinden sich 2 Sekundärhöckerchen, die gleichfalls je eine Leiste gegen die Mitte des Zahnes aussenden. Außerdem geht noch eine Leiste vom Metaconid schräg nach dem Vorderrande, eine zweite von dem Verbindungskamm des Metaconid mit dem Protoconid nach dem Zentrum des Zahnes. Ein Basalband fehlt.

Ein dritter unterer gut erhaltener Molar unterscheidet sich von dem vorigen wiederum durch beträchtlichere Größe; auch sind sowohl Entoconid wie Hypoconulid mehr nach innen gerückt, so daß der hintere Teil des Zahnes verschmälert und abgerundet erscheint. Der Zahn ist daher wohl mit Recht als M_3 bezeichnet worden, wenngleich die dritten Molaren von Dryopithecus Fontani diese Form nicht aufweisen.

Außerdem liegt noch ein linker unterer zweiter Milchmolar vor (Tafel XXII, Fig. 85a u. b); derselbe besitzt 5 Höcker,

2 Außen-, 2 Innen- und einen unpaaren Hinterhöcker. Wie bei den rezenten Anthropomorphen und beim Menschen ist auch hier der vor dem Verbindungskamm zwischen den beiden vorderen Höckern liegende Zahnteil viel größer als bei den bleibenden Mahlzähnen. Zwischen den beiden Außenhöckern befindet sich ein ziemlich hohes Basalband.

Im Vergleich mit den beiden Typen von Dryopithecus Fontani sind die Molaren von D. rhenanus länger als breit (mit Ausnahme von M_1); das Hypoconulid ist einwärts verschoben. Sie stehen in dieser Beziehung in der Mitte zwischen den beiden Formen. Ein Basalband ist in der Regel nicht vorhanden, nur bei dem unteren Milchmolar findet sich eine kräftige Basalleiste zwischen den beiden Außenhöckern.

3. Dryopithecus Darwini aus dem Obermiocän des Wiener Beckens.

(Tafel XXII, Fig. 86.)

Diese Art wurde von Abel auf einen linken unteren Molaren gegründet, der sich durch folgende Eigentümlichkeiten auszeichnet:

Er ist etwas länger als breit und größer als alle anderen bekannten Molaren von Dryopithecus. Das Hypoconulid ist stärker nach innen verschoben als bei Dryopithecus Fontani, aber nicht so stark wie bei Dryopithecus rhenanus. Außer den 5 Haupthöckern sind noch 2 Sekundärhöckerchen vorhanden, von denen das eine zwischen Metaconid und Hypoconulid liegt.

Er besitzt zahlreiche und kräftige Schmelzfalten und eine Reihe von Verzweigungen der Schmelzfurchen. Überhaupt ist die ganze Krone, sowohl die Seitenwände wie die Kaufläche, mit zahlreichen gröberen und feineren Runzeln bedeckt, welche weit zahlreicher und kräftiger sind als bei den anderen Formen. Das Basalband ist am kräftigsten von allen Dryopithecuszähnen entwickelt, in seinem Verlauf genau mit jenem auf dem unteren M_3 von Pliopithecus antiquus übereinstimmend.

Neopithecus = Anthropodus Brancoi *Schlosser*.

(Tafel XXII, Fig. 87a u. b.)

Diese Gattung wurde von Schlosser auf einem unteren Molaren aus den Bohnerzen der schwäbischen Alb errichtet, der von Branco als der untere rechte hinterste Milchbackzahn und zur Gattung Dryopithecus gehörig bestimmt wurde. Schlosser wies dann nach, daß der Zahn nicht der rechte Milchbackzahn, sondern nur der dritte Molar aus dem linken Unterkiefer sein kann, und daß sich derselbe ganz wesentlich von den Molaren von Dryopithecus unterscheidet. Da sich derselbe auch bei keiner anderen bekannten

Anthropomorphengattung unterbringen ließ, so mußte er mit einem besonderen Namen belegt werden. Wegen seiner menschenähnlichen Form nannte ihn Schlosser Anthropodus Brancoi. Abel machte dann darauf aufmerksam, daß dieser Name bereits 1894 von C. Vacher de Lapouge für andere Anthropomorphenreste gewählt worden war, so daß Anthropodus Brancoi einen anderen Gattungsnamen erhalten müsse. Abel schlug dafür Neopithecus vor.

Nach Schlosser ist nun dieser untere Mahlzahn aus Salmendingen viel länger als breit, ohne Basalband und besitzt 5 Höcker. Das Metaconid ist höher und größer als die übrigen Höcker. Das Entoconid steht gegenüber dem Zwischenraum zwischen Hypoconid und Hypoconulid. Dicht neben dem Metaconid ist noch ein kleines Sekundärhöckerchen bemerkbar, und ein zweites ist noch zwischen Hypoconulid und Entoconid vorhanden. Die Leisten sind weniger zahlreich und schwächer entwickelt als bei Dryopithecus. Vom ersten Innenhöcker, dem Metaconid, verlaufen zwei nahezu parallele Schmelzleisten gegen das Zentrum des Zahnes und eine weitere gegen das Protoconid. Dieses selbst entsendet eine Leiste direkt gegen das Metaconid. Vom Hypoconid und Hypoconulid verläuft je eine Leiste nach der Mittellinie des Zahnes. Dagegen ist am Entoconid keine derartige Leiste zu beobachten. Die vom Hypoconulid und Hypoconid ausgehenden Leisten sind stärker als alle übrigen. Schließlich verlaufen noch 2 kurze Leistchen vom kammartig ausgebildeten Vorderrande des Zahnes gegen die Einsenkung zwischen Metaconid und Protoconid. Die hintere Wurzel ist stark nach hinten ausgedehnt.

Griphopithecus Suessi *Abel.*

(Tafel XXII, Fig. 88.)

Diese Gattung wird durch einen linken oberen zweiten oder dritten Molaren repräsentiert, der gleichfalls aus dem Miocän des Wiener Beckens stammt.

Er ist verhältnismäßig breit. Von den 4 Höckern ist nicht der Hypoconus der kleinste, sondern die beiden Außenhöcker, von denen der Metaconus kleiner als der Paraconus ist.

Die den Protoconus und Hypoconus trennende, sehr tiefe Furche zieht bis zur Mitte des Zahnes, biegt dann rechtwinkelig nach hinten um und endet vor einem parallel zum Hinterrande verlaufenden Grübchen.

Der Paraconus ist durch eine tiefe Furche vom Metaconus geschieden. Dieselbe beginnt an der Außenwand des Zahnes, etwa in halber Kronenhöhe, läuft gegen die Mitte des Zahnes, biegt in einem scharfen Winkel nach vorn um und verläuft geradlinig gegen die Vorderwand.

Vom Protoconus geht ein Schmelzkamm zum Metaconus Über denselben hinweg verbindet eine kurze Furche die vorher beschriebenen, die Höcker trennenden Furchen. Von Schmelzfalten oder Runzeln ist auf dem Zahn nichts wahrzunehmen.

Pithecanthropus erectus *Dubois.*

(Tafel XXII, Fig. 89a u. b.)

Vom Pithecanthropus erectus sind an Zähnen nur zwei obere Molaren und ein unterer Prämolar gefunden worden; die Zähne, von denen zum Teil gar keine, zum Teil nur ungenügende Abbildungen existieren, bieten wenig Charakteristisches. Von den Mahlzähnen ist der eine ein M_1 oder M_2, stark abgekaut, so daß das feinere Relief der Kaufläche verloren gegangen ist.[1]) Er ist breiter als lang. Die den Protoconus und Metaconus trennende Furche setzt sich auf die linguale Fläche fort und ist auch auf der lingualen Wurzel bemerkbar. Letztere ist buccolingual abgeplattet. Von den buccalen Wurzeln ist die mesiale größer und länger als die distale. Erstere ist ihrer ganzen Länge nach mit einer Furche versehen und läuft am Ende in zwei getrennten Spitzen aus. Die Wurzeln sind relativ kurz und divergierend.

Der dritte Molar besitzt eine auffallend starke Einschnürung der Krone. Er ist rückgebildet und viel breiter als lang. Die mesiale sich mit dem zweiten Molaren berührende Seite ist gerade, die hintere abgerundet. Die Höcker sind undeutlich, doch besitzt er zahlreichere Runzeln.

Die palatinale Wurzel ist kurz, stark divergierend und buccolingual abgeplattet.

---

[1]) In einer erst kürzlich erschienenen Arbeit (s. Literaturverzeichnis, Nachtrag) erörtert Pearsall noch einmal die beiden Molaren des Pithecanthropus. Verfasser hat die Zähne nach den Originalen und Gipsabgüssen genau untersucht und behauptet, daß dieselben nicht der zweite und dritte Molar, sondern die beiderseitigen dritten Mahlzähne seien. Er schließt dieses aus dem abgerundeten distalen Ende des angeblichen zweiten Mahlzahns. Ist die Form desselben in der Tat derart, wie Pearsall sie nach den Gipsabgüssen abbildet, dann wäre sein Schluß allerdings gerechtfertigt, denn bei einem zweiten Molaren mit einer derartig starken Abnutzung, wie sie der fragliche Zahn aufweist, müßte die distale Fläche, die ja die Berührungsfläche mit dem dritten Molaren bildet, geradlinig verlaufen. Pearsall weist auch mit Recht darauf hin, daß eine ungleichmäßige Abnutzung bei entsprechenden Zähnen der beiden Seiten sehr wohl vorkommen kann. Ich selbst habe einen Gorillaschädel in Händen gehabt, in welchem sämtliche Zähne starke Gebrauchsspuren zeigten, bis auf einen dritten oberen Molaren, der keinen Antagonisten hatte. Immerhin wäre es ja ein besonderer Zufall, wenn hier ein ähnlicher Fall vorliegen sollte und man würde, falls die Annahme von Pearsall richtig wäre, auch daran denken müssen, daß die beiden Zähne verschiedenen Individuen angehört haben könnten.

Die beiden buccalen gleichfalls sehr divergierenden Wurzeln sind miteinander verschmolzen.

Von dem zweiten unteren Prämolaren liegt bisher weder eine Beschreibung noch Abbildung vor. Nach Dubois besitzt er aber noch mehr als die beiden anderen Zähne einen vermittelnden Charakter. Die von Dubois in Aussicht gestellte Publikation wird jedoch wohl auch über dieses sehr wichtige Fundstück nähere Aufklärung bringen.

Palaeopithecus sivalensis *Lydekker*.

(Tafel XXII, Fig. 90.)

Unter diesem Namen wurde von Lydekker im Jahre 1879 ein im Jahre vorher von Theobald in den Siwalikschichten des nordwestlichen Pendschab bei Jabi gefundener Oberkiefer beschrieben, der dann im Jahre 1886 von demselben Forscher noch einmal behandelt und dieses Mal zu dem Genus Troglodytes gestellt wurde. 1897 entdeckte dann Dubois, daß der ursprünglich zerbrochene Oberkiefer unrichtig zusammengefügt war und daß dadurch ein von dem Affen und dem Menschen ganz abweichender Zahnbogen entstanden war. Dubois fügte die Fragmente richtig aneinander, so daß die Backzahnreihen nunmehr eine normale parallele Stellung zueinander einnahmen. Er wies dann weiter nach, daß Palaeopithecus zwar sicher zur Familie der Simiidae gehöre, daß er aber zu keinem Genus derselben in näherer Verwandtschaft stehe. Der von Lydekker ursprünglich gewählte Gattungsname bestand also zu Recht. Von dem Oberkiefer sind auf der rechten Seite: der Eckzahn, der zweite Prämolar und die drei Molaren erhalten. Der erste Prämolar, der seitliche Incisivus, sowie die Spitze des Eckzahns und die hintere buccale Ecke des zweiten Molaren sind abgebrochen. Auf der linken Seite ist der zweite Mahlzahn gut erhalten, der erste und der dritte Molar sind beschädigt; die Kauflächen sämtlicher Zähne sind teilweise abgenutzt.

Die Incisivi scheinen verhältnismäßig klein gewesen zu sein.

Der Caninus ist so groß, wie er sich nur bei männlichen Menschenaffen vorfindet. Das Diastema ist beträchtlich.

Die Prämolaren stehen etwas nach innen von den Molaren.

Die Molaren besitzen 4 Höcker, von denen der Protoconus der größte und mit dem Metaconus durch einen Schmelzkamm verbunden ist. Die die Höcker trennenden Furchen setzen sich auf der Außen- und Innenfläche der Krone bis zum Zahnhalse fort. Runzeln fehlen, ebenso ein Cingulum. Der dritte Molar ist am kleinsten.

Ergebnisse und Folgerungen.

Die Beziehungen der rezenten und fossilen Anthropomorphen untereinander.

Die Beziehungen der Anthropomorphen untereinander, insbesondere die der fossilen zu den rezenten Formen, sind noch durchaus unklar und zweifelhaft. Es liegt dies vor allem an der Spärlichkeit fossiler Reste überhaupt, ein Umstand, der noch erschwerender wirken wird, wenn wir für die ausgestorbenen Menschenaffen eine ähnliche Variabilität annehmen müßten, wie sie bei den rezenten Formen vorhanden ist. Daß diese letzteren ganz ungemein variieren, ist von allen Untersuchern übereinstimmend hervorgehoben worden. Auch das Gebiß macht hiervon keine Ausnahme. Noch neuerdings hat Selenka (1898, 1899) hierüber ausführlich berichtet. Auch Gaudry (1901) macht darauf aufmerksam, daß er den Oberkiefer eines Gorilla in Händen gehabt habe, dessen rechte Zahnreihe von der linken so erheblich differierte, daß, wenn die beiden Hälften getrennt aufgefunden worden wären, die meisten Paläontologen sie zu verschiedenen Gattungen gestellt haben würden. Solche Fälle sind nicht selten. Ich mache auf die hier reproduzierten Anomalien des Gebisses der Anthropomorphen aufmerksam, die noch ganz beliebig hätten vermehrt werden können. Nehmen wir z. B. den rechten unteren M_3 des Orang (Tafel XV, Fig. 70b) oder die beiden oberen zweiten Prämolaren des Gorilla (Tafel XX, Fig. 76) oder auch den rechten oberen zweiten Prämolaren des Schimpanse! (Tafel XIV, Fig. 67a.) Zu welch Schlüssen hätten die Untersucher gelangen müssen, wenn diese Zähne vereinzelt aufgefunden worden wären.

Da wir nun schon eine derartige Variabilität bei den heutigen Menschenaffen vorfinden, Formen mit ausgeprägten spezifischen Eigentümlichkeiten, die doch sicherlich wenigstens eine gewisse Konstanz erreicht haben, wenn ihre Entwicklung vielleicht auch noch nicht beendigt ist, um wieviel mehr werden wir eine solche bei ihren Vorläufern erwarten müssen, die noch mitten in der Umbildung begriffen waren! Arten, die noch im Werden sind, werden stets eine erheblichere Variabilität aufweisen, als solche mit abgeschlossenem Entwicklungsgang; dazu kommt noch, daß, je weiter wir in der Geschichte der Organismen zurückgehen, wir eine um so größere Übereinstimmung in der Organisation der einzelnen Formen, die durch eine Reihe gemeinsamer Merkmale verknüpft sind und sich gegenüber den heutigen Arten durch eine größere Indifferenz ihrer Eigenschaften auszeichnen, beobachten können. Die Entwicklung von Niederem zu Höherem ist gewöhnlich gleichbedeutend mit einer Entwicklung von Einfacherem zu Komplizierterem oder von Indifferentem zu Spezialisiertem. Wir werden daher bei Formen, die als direkte Vorläufer der heutigen Arten gelten sollen, einfachere Charaktere neben starker Variabilität voraussetzen dürfen; ferner werden die Vorfahren heute scharf geschiedener Spezies untereinander um so ähnlicher werden, je mehr sie sich der gemeinsamen Urform nähern. Dagegen können aus spezialisierten Formen niemals indifferente hervorgehen, es sei denn, die Indifferenz wäre nur scheinbar, indem durch Rückbildung einfachere Verhältnisse geschaffen wurden. Es ist oft nicht leicht, zu entscheiden, ob Ursprünglichkeit oder Reduktion vorliegt. Ich erinnere nur an die seinerzeit von Cope (1886, 1889) vertretene Ansicht, auf die ich später noch einmal zurückkomme, daß dreihöckerige obere Molaren, wie sie gelegentlich beim rezenten Menschen auftreten, den ursprünglichen Dreihöckertypus repräsentieren sollten. Dem ist nun nicht so! Diese irrtümliche Auffassung konnte nur dadurch entstehen, daß Cope diese einzelne Tatsache herausgriff, ohne die anderen Rückbildungserscheinungen des menschlichen Gebisses zu beachten. Die dreihöckerigen oberen Mahlzähne beruhen sicherlich auf Reduktion und sind erst sekundär aus vierhöckerigen hervorgegangen, nicht aber auf stammesgeschichtlichen Ursachen. Allerdings gibt es im Gebisse des Menschen auch stammesgeschichtliche Rückbildungsprozesse. Es erscheint aber sehr zweifelhaft, ob wir es hier mit einem solchen zu tun haben.

Bei einer Feststellung der eventuellen verwandtschaftlichen Verhältnisse der rezenten und fossilen Anthropomorphen wird daher zunächst zu prüfen sein, ob überhaupt die Möglichkeit solcher Beziehungen vorhanden ist. Zu einwandsfreien Resultaten wird man aber nur dann gelangen können, wenn ein verhältnismäßig großes, wenigstens nicht allzugeringes Vergleichsmaterial vorliegt. Es erscheint mir daher auch zwecklos, an einzelne Zähne phylogenetische Erörterungen zu knüpfen und wichtige Schlüsse zu ziehen, deren hypothetischer Charakter auf der Hand liegen muß. Derartige

Hypothesen haben höchstens nur heuristischen Wert, eine andere Bedeutung kann ihnen nicht zugemessen werden. Die Möglichkeit verwandtschaftlicher Beziehungen muß aber zugegeben werden, wenn bei prinzipieller Übereinstimmung keine unüberbrückbaren Unterschiede vorhanden sind. Unterschiede an sich, seien sie auch noch so groß, sind ohne Bedeutung, wenn sie nur nicht den oben auseinandergesetzten fundamentalen Grundsätzen phylogenetischer Entwicklung widersprechen.

Am sichersten begründet erscheint noch die Stellung des Pliopithecus, der als Vorfahre des rezenten Hylobates gilt. Die Unterschiede, die zwischen beiden Formen vorhanden sind: schmälere, höhere und steiler gestellte Schneidezähne, niedrigere Eckzähne, der nach hinten verlängerte dritte Molar, die Anwesenheit eines Basalbandes, sind zweifellos primitive Merkmale, die der Ableitung der Gattung Hylobates von Pliopithecus keineswegs im Wege stehen. Schlosser (1900, 1901, 1902) hat dieses im Gegensatz zu Dubois hervorgehoben, der hiermit fundamentale Unterschiede zwischen beiden Gattungen festgestellt haben wollte.

Schwieriger ist es schon, die Stellung von Dryopithecus festzulegen. Schon die in St. Gaudens gefundenen Reste riefen ganz entgegengesetzte Ansichten über die Stellung dieses ausgestorbenen Anthropomorphen hervor. Nach dem zuerst entdeckten Unterkiefer hielt man denselben für den menschenähnlichsten Affen, der von Gaudry (1890) sogar als Verfertiger der in tertiären Schichten bei Thenay in Frankreich gefundenen Feuersteinsplittern hingestellt wurde; der später zu Tage geförderte, vollständiger erhaltene Kiefer zeigte dann aber, daß dieses ein Irrtum war. Das schräg abfallende Kinn und die parallelen Zahnreihen waren sogar weniger menschenähnlich als bei den rezenten Anthropomorphen. Derselbe Forscher erklärte dann auch den Dryopithecus nunmehr für den niedrigsten Menschenaffen.

Noch größere Schwierigkeiten machten die in den süddeutschen Bohnerzen gefundenen einzelnen Molaren. Sind dieselben doch sogar für Menschenzähne gehalten worden, und noch Branco macht auf die außerordentliche Menschenähnlichkeit derselben aufmerksam. Diese Menschenähnlichkeit ist nun wenigstens im Vergleich mit dem heutigen Menschen nach den Abbildungen, die mir allein zur Verfügung standen, wohl doch nicht groß genug, um unser Urteil darüber zweifelhaft zu lassen, ob dieselben einem Anthropomorphen oder einem Menschen angehören. Es ist aber die Frage, ob wir im Miocän überhaupt bereits einen Menschen in unserem Sinne annehmen dürfen, und wenn nicht, was wohl das Richtigere sein dürfte, dann entsteht die weitere Frage, ob nicht sein miocäner Vorläufer derartige Zähne besessen haben kann.

Denn wie wir schon vorher bemerkt haben, sind selbst die bedeutendsten Unterschiede kein Hinderungsgrund für verwandtschaftliche Beziehung zwischen zeitlich weit auseinander liegenden Formen, sondern man wird sogar erwarten müssen, daß der heutige Mensch und sein miocäner Vorgänger sich ganz beträchtlich werden unterschieden haben. Es ist auch zweifellos, daß die vorher erwähnten Eigentümlichkeiten des Dryopithecus Fontani, schräg abfallendes Kinn und parallele Zahnreihen, nicht hindern können, ihn für den Ahnen des Menschen zu halten. Es sind dies lediglich primitive Merkmale, die wir, wie auch Schlosser betont, bei letzterem direkt erwarten müssen; andere Eigenschaften jedoch, auf die ich noch näher zu sprechen kommen werde, lassen dieses ausgeschlossen erscheinen. Der Ahne des Menschen ist er sicherlich nicht; es fragt sich nur, ob er zu den heutigen Menschenaffen in verwandtschaftlichem Verhältnis steht. Schlosser hält ihn für den Vorläufer von Orang und Schimpanse. Maßgebend für diese Ansicht ist wohl die gemeinsame Anwesenheit von Runzeln auf den Molaren. Fassen wir die Runzelbildung als Spezialisierung auf, so ist es auch leicht verständlich, daß im Laufe der Zeit eine Verstärkung derselben eingetreten ist, andrerseits liegt aber auch kein Grund vor, anzunehmen, daß dieses geschehen mußte, und daß nicht vielleicht im Laufe der Stammesgeschichte die Schmelzrunzeln auch schwinden konnten. Ja, es scheint sogar, als wäre dieses bei Dryopithecus wirklich der Fall gewesen, denn die aus dem Obermiocän stammenden Reste von St. Gaudens besitzen zahlreichere Runzeln als die Dryopithecuszähne der dem Unterpliocän entsprechenden süddeutschen Bohnerze. Bei anhaltender Tendenz zur Verringerung der Runzelbildung könnte also sicherlich auch ein vollständiges Schwinden derselben eingetreten sein; dafür sprechen ebensoviel Gründe wie für eine Verstärkung derselben. Tritt jedoch ersteres ein, so wird zweifellos damit auch eine Erhöhung der Höcker verbunden sein. Es ist demnach nicht unmöglich, daß auch der Gorilla aus dem Dryopithecus hervorgegangen sein kann. Ist doch auch das Eppelsheimer Femur so indifferent, daß, nach Ansicht Schlossers, auch aus diesem sich das Femur der drei rezenten Menschenaffen, ja sogar das des Menschen entwickeln konnte! Außerdem aber haben wir ja im Gorilla Beringei eine neue Art dieses Anthropomorphen mit zahlreichen Runzeln kennen gelernt, deren Natur, ob ererbt oder erworben, durchaus zweifelhaft ist. Möglich ist beides! Wir müßten dann annehmen, daß bei dem einen Zweige ein allmähliches Schwinden der Schmelzrunzeln eingetreten ist, während diese sich bei der anderen Art erhalten haben. Anderenfalls können sie bei Gorilla Beringei doch nur durch Neuerwerb erklärt werden. Welche Annahme größere Wahrscheinlichkeit hat, wage ich nicht zu entscheiden.

Vielleicht ist aber noch eine andere Möglichkeit ins Auge zu fassen. Da sowohl der Gorilla wie der Schimpanse in Westafrika leben, und ersterer nach den bisherigen Kenntnissen keine, letzterer zahlreiche Schmelzrunzeln besitzt, so könnte sehr wohl an eine Bastardierung zwischen beiden Formen gedacht werden. Es soll dieses jedoch aus anatomischen Gründen unmöglich sein; auch stimmt die Form der Zähne bei beiden Arten, mit Ausnahme der Runzeln, vollkommen überein. Letztere ähneln aber weit weniger der entsprechenden Bildung beim Schimpansen als der beim Orang, so daß auch in dieser Beziehung diese Annahme keine Stütze findet.

Auf jeden Fall geht aber hieraus hervor, daß Runzeln eine sehr zweifelhafte Bildung sind, deren Wert nicht überschätzt werden darf.

Dagegen spricht ein anderer Umstand gegen die Herkunft des Gorilla von Dryopithecus, nämlich die primitive Form des unteren dritten Molaren bei ersterem. Derselbe ist entschieden primitiver als bei Dryopithecus. Das Hypoconulid, der dritte Außenhöcker, ist kräftig entwickelt, kräftiger als bei den beiden vorhergehenden Mahlzähnen. Er wird dadurch auch etwas länger als letztere, und da er sich nach hinten ganz bedeutend verschmälert und gewissermaßen zugespitzt erscheint, so ist er bedeutend länger als breit. Er ähnelt in dieser Beziehung auffallend dem dritten untern Molaren von Anthropodus = Neopithecus Schlosser. Wenn Schlosser die Ansicht ausspricht, daß diese starke Entwicklung des letzten Höckers des unteren M_3 bei den lebenden Anthropoiden und beim Menschen nicht mehr zu beobachten ist, so stimmt das doch wohl nicht ganz. Beim Gorilla ist sie fast die Regel und auch bei den andern Menschenaffen, ja auch beim Menschen kann sie vorhanden sein. Bei jenem finden wir dann auch noch eine starke Rückwärtsverlängerung der hinteren Wurzel, ja bei dem mir vorliegenden Zahne sind sogar die beiden Zwischenhöckerchen vorhanden, eines zwischen Metaconid und Entoconid, das andere zwischen Entoconid und Hypoconulid. Letzterem Umstande darf selbstverständlich nicht das geringste Gewicht beigelegt werden, denn es sind lediglich die Stellen, an denen, wenn überhaupt, Zwischenhöckerchen erwartet werden können. Die Rückwärtsverlängerung der hinteren Wurzel scheint aber bei den anderen Anthropoiden nicht vorhanden zu sein. (Textfigur 4.) Abweichend vom Gorilla sind bei Anthropodus die Größe und die schwache

Entwicklung des sonstigen Kauflächenreliefs: niedrige Höcker und geringe Furchen- und Leistenbildung, Weder dieser Umstand noch die geringe Größe würde jedoch einen Hinderungsgrund abgeben, Gorilla von Anthropodus abzuleiten, denn beides sind Eigenschaften, deren Umbildung durch Spezialisierung durchaus möglich ist. Ja, auch der Mensch könnte aus ihm hervorgegangen sein; solange wir aber nur diesen einen Molaren kennen, ist jede Spekulation hierüber zwecklos.

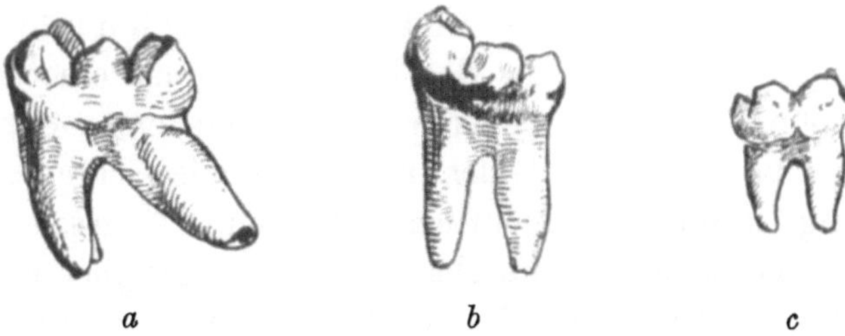

Fig. 4. Linker unterer M_3 *a* des Gorilla, *b* des Orang, *c* rechter unterer M_3 des Schimpanse.

Nur eines scheint festzustehen. Zwischen Anthropodus und Dryopithecus können keine direkten verwandtschaftlichen Beziehungen vorhanden sein. Denn ersterer ist primitiver, dabei aber in geologischer Beziehung jünger als letzterer, so daß er weder der Vorfahr noch ein Nachkomme von Dryopithecus sein kann. Sie könnten also höchstens nur einen gemeinsamen Stammvater besitzen. Ob dieser Stammvater aber Pliopithecus ist, ist zum mindesten sehr zweifelhaft. Die Möglichkeit muß jedoch zugegeben werden. Die diesem zukommenden Eigentümlichkeiten, das Fehlen von Runzeln und die Anwesenheit eines Basalbandes sind, wie auch Schlosser hervorhebt, primitive Merkmale, die sicherlich nicht gegen ein bestehendes Verwandtschaftsverhältnis sprechen.

Was nun die etwas abweichende Stellung des ersten Höckerpaars bei Pliopithecus anbetrifft — der Vorderrand steht nicht vertikal zur Längsachse, sondern schräg, und infolgedessen ist das Metaconid weiter zurückgeschoben als das Protoconid — so macht Schlosser darauf aufmerksam, daß sich Pliopithecus hierin auch von Hylobates unterscheidet. Er teilt diese Eigenschaft jedoch mit sämtlichen Anthropomorphen, deren hinterster Milchmolar ebenso gestaltet ist. Es ist also nicht ausgeschlossen, daß auch dieses ein primitiver Charakter ist, der ursprünglich sämtlichen Anthropomorphen zugekommen ist.

Füge ich schließlich noch hinzu, daß Schlosser es auch nicht für unmöglich hält, das Troglodytes von Anthropodus abstammt, so glaube ich damit gezeigt zu haben, auf welch schwachen Füßen alle diese phylogenetischen Spekulationen stehen. Noch unsicherer ist natürlich die systematische Stellung der noch nicht besprochenen Gattungen Palaeopithecus und Gryphopithecus. Von letzterem sagt Abel nur, daß er im Zahnbaue Dryopithecus rhenanus am nächsten verwandt erscheine; weitere Folgerungen dürften an den einzelnen Zahn nicht geknüpft werden. Von Palaeopithecus gilt ähnliches. Es spricht nichts direkt gegen eine Verwandtschaft mit den rezenten Anthropomorphen, vor allen Dingen mit Troglodytes und Simia, aber es sind lediglich Hypothesen. Ein direkter Beweis wird sich weder nach der einen, noch nach der anderen Richtung hin führen lassen. Weit wichtiger ist der Fund des Pithecanthropus erectus. Zwar sind die beiden vorhandenen oberen Molaren, ein erster oder zweiter und ein dritter Mahlzahn leider nicht besonders brauchbar zur Entscheidung stammesgeschichtlicher Fragen. Abgesehen davon, daß obere Molaren hierzu überhaupt weniger geeignet erscheinen, ist der eine wichtigere bereits stark abgenutzt, so daß nur der dritte Mahlzahn in Betracht kommt. Die auffallendsten Merkmale desselben sind: verhältnismäßig zahlreiche Runzeln, divergente Wurzeln, vor allem aber eine starke Größenreduktion, so daß der buccolinguale Durchmesser weit größer ist als der mesiodistale.

Die Divergenz der Wurzeln ist am wenigsten bedeutungsvoll, dieselbe ist z. B. bei dem vorher abgebildeten M. eines rezenten Australiers nicht geringer. (Textfig. 1.)

Die Rückbildung des dritten oberen Molaren ist dagegen in der Tat sehr bemerkenswert. Zwar zeigen auch die rezenten Anthropomorphen und in noch stärkerem Maße Hylobates rückgebildete obere dritte Molaren, immerhin ist aber der M_3 bei Pithecanthropus stärker reduziert, stärker sogar, als es im allgemeinen beim Homo sapiens der Fall zu sein pflegt.[1]) Nehmen wir nun noch

[1]) Herr Prof. Dubois teilt mir hierzu freundlichst mit, daß die Größe des M_3 von Pithecanthropus keineswegs bedeutend reduziert ist, daß der Zahn im Gegenteil sogar größer ist als der andere obere Molar. Es steht diese Mitteilung im Gegensatz zu seiner früheren Angabe, die auch von allen anderen Autoren übernommen worden ist, daß besonders der dritte Molar eine starke Rückbildung der Krone zeige. Sowohl die von Dubois gegebenen Abbildungen, als auch besonders die Reproduktion der beiden Pithecanthropusmolaren von Amoëdo (1902) lassen eine starke Reduktion des M_3, die sich besonders in einer auffallenden Verkürzung des mesiodistalen Durchmessers äußert, wie sie beim Menschen in der Tat nicht allzu häufig vorkommt, unzweideutig erkennen. Allerdings stimmen mit diesen Abbildungen die von Dubois und Amoëdo genommenen Maße, die auch untereinander nicht unerheblich differieren, nicht überein. (Vgl. auch Fußnote S. 92.) Unter diesen Umständen wäre es mit großer Freude zu begrüßen, wenn das seit langem in Aussicht gestellte erschöpfende Werk von Prof. Dubois bald erscheinen würde. Besondere Hoffnung setze ich auf den unteren P_2, der vielleicht die Frage nach der Zugehörigkeit des Pithecanthropus entscheiden dürfte.

die Anwesenheit zahlreicherer Runzeln hinzu, so müssen wir doch wohl zu dem Schlusse kommen, daß hier Anzeichen einer stärkeren Differenzierung vorliegen, die es unmöglich machen, Pithecanthropus als direkten Vorfahren des heutigen Menschen in Anspruch zu nehmen. Dagegen wäre es nicht unmöglich, daß der Homo primigenius von Krapina aus ihm hervorgegangen sein könnte — die starke Reduktion der dritten Mahlzähne bei ersterem, die scheinbar in der Tat doch etwas zahlreicheren Schmelzrunzeln würden hiermit durchaus im Einklang stehen, die weitere Umgestaltung der Molarenwurzeln nicht dagegen sprechen — wenn nicht, wie schon früher erwähnt, vor allem das jungtertiäre Alter des Pithecanthropus, wonach derselbe sogar noch ein Zeitgenosse des Menschen gewesen sein muß, dieser Annahme nicht unbedeutende Schwierigkeiten bereiten würde. Hiernach könnte er auch kaum der Vorgänger des Krapina-Menschen gewesen sein. Auf jeden Fall stellen ihn die soviel bedeutendere Kapazität des Schädelraumes und der aufrechte Gang ganz außerhalb sämtlicher lebender und fossiler Menschenaffen. Er steht in dieser Beziehung dem Menschen zweifellos viel näher als irgend einem derselben. Wenn wir daher Pithecanthropus erectus eine Stellung im System zuweisen wollen, so müssen wir ihn unbedingt zwischen Anthropomorphen und Mensch einreihen, welch letzterem er sogar näher stehen dürfte, ohne jedoch sein direkter Vorfahr zu sein.

Die Beziehungen des Menschen zu den Anthropomorphen.

In welchen Beziehungen steht nun der Mensch überhaupt zu den Anthropomorphen? Darüber ist man sich heute wohl allgemein einig, daß der gemeinsame Bauplan sämtlicher Primaten auf gemeinsame Abstammung von einer Urform hinweist, daß zwischen dem Menschen und den Anthropomorphen zwar keine direkten genetischen Beziehungen bestehen, daß aber trotzdem von den heutigen Primaten die Menschenaffen die nächsten Verwandten desselben sein dürften. Diese Anschauung, die das Resultat zahlreicher vergleichend-anatomischer und entwicklungsgeschichtlicher Untersuchungen darstellt, ist nun neuerdings auch noch durch die grundlegenden Arbeiten Friedenthals (1900, 1902), Uhlenhuths (1905) u. a. in anderer seinerzeit aufsehenerregender Weise bestätigt worden. Die erste Arbeit Friedenthals fußte auf den durch eine Reihe von Transfusionsversuchen gewonnenen Resultaten Landois', daß ein ergiebiger Austausch des Blutes nur möglich sei zwischen Vertretern ganz nahe verwandter Spezies. Es beruht dieses auf der Eigenschaft des Blutserums, die roten Blutscheiben fremder

Tierarten aufzulösen. Da eine Auflösung bei verwandten Formen nicht eintritt, so war damit ein Weg gegeben, ein etwa bestehendes Verwandtschaftsverhältnis einwandsfrei festzustellen. Friedenthal machte nun diese Versuche nicht durch direkte Bluttransfusion von Tier zu Tier, eine Methode, die viel zu umständlich und gerade beim Menschen und den Menschenaffen aus naheliegenden Gründen unmöglich war, sondern im Reagenzglase.

Die mit Menschenblutserum angestellten Versuche ergaben nun folgendes Resultat: „Aus der Ordnung der Prosimier wurde das Blut von Lemur varius gelöst. Das Blut der dem Menschen fernstehenden Affen wird vom Menschenblutserum ebenfalls gelöst. So lösten sich die Erythrocyten von Pithesciurus sciureus und von Ateles ater unter den Platyrrhinen Affen im Menschenserum, von Catarrhinen oder Ostaffen die Blutscheiben der Cynomorphen Cynocephalus Babuin, Macacus sinicus. Macacus cynomolgus und von Rhesus nemestrinus. — Erst unter den anthropomorphen Affen finden wir so nahe Verwandte der Menschen, daß die Blutarten als identisch angesehen werden können.

Friedenthal kommt daher weiter zu dem Schlusse, daß innerhalb derselben Familie das Blut keine merkbaren Unterschiede aufweist, daß dagegen die einzelnen Unterordnungen eine ergiebige Blutvermischung nicht mehr gestatten, die zwischen Gliedern verschiedener Ordnungen natürlich noch viel weniger möglich ist. Also getrennte Familien, gesondertes Blut! Daher müssen die anthropoiden Affen mit dem Menschen zusammen, sei es in einer gemeinsamen Unterordnung oder Familie, allen übrigen catarrhinen Affen gegenübergestellt werden.

Friedenthal machte dann weitere Versuche mit der von Bordet angegebenen Fällungsreaktion. Injiziert man nämlich einem Kaninchen subkutan das Blutserum einer bestimmten Tierart, so nimmt das Blutserum des Kaninchens die Eigenschaft an, nur mit dem Blute derselben oder einer verwandten Spezies einen Niederschlag zu geben. Bei der Berührung mit einer vollkommen fremden Blutart tritt ein Niederschlag nicht auf. Friedenthal kam auf Grund dieser Versuche zu denselben Resultaten.

Diese letztere Methode wandte auch Uhlenhuth an. Er berichtete über die umfangreichen Untersuchungen Nuttalls, der die Grade der Blutsverwandtschaft zwischen Mensch und Affe auf biologischem Wege einer experimentellen Prüfung unterzog.

Die Ergebnisse der Nuttallschen Untersuchungen waren folgende:

„Das Serum eines mit Menschenblut vorbehandelten Kaninchens ergibt, zu 34 verschiedenen Menschenblutsorten hinzugefügt, in allen Fällen einen starken Niederschlag.

Dasselbe Serum, zu 8 Blutsorten von menschenähnlichen Affen (Orang-Utan, Gorilla, Schimpanse) zugesetzt, ergab in allen 8 Fällen einen fast ebenso starken Niederschlag wie in Menschenblut.

Etwas schwächer reagierte auf dieses Serum das Blut der Hundsaffen und Meerkatzen: von 36 verschiedenen Blutsorten dieser Gruppe gaben nur 4 eine volle Reaktion, in allen anderen Fällen war auch eine deutliche, aber erst nach längerer Zeit auftretende Trübung zu verzeichnen. Noch schwächer wurde die Reaktion bei den Affen der neuen Welt.

Hier ergab dasselbe Serum zu 13 der Cebiden-Gruppe gehörigen Affenblutsorten keine volle Reaktion mehr, ein Niederschlag trat nicht mehr auf, und es war nur noch nach längerer Zeit eine leichte Trübung zu verzeichnen. Dasselbe Resultat wurde bei vier Hapaliden (Krallenaffen) erzielt.

Das Blut zweier Lemuren (Halbaffen) reagierte überhaupt nicht mehr."

Uhlenhuth hat dann diese Versuche nachgeprüft und bestätigen können; nur insofern ergaben seine Untersuchungen ein abweichendes Resultat, als auch in den Blutlösungen der Halbaffen noch eine schwache Reaktion auftrat.

Die Ergebnisse dieser interessanten Untersuchungen sind zweifellos hochbedeutsam, aber sie dürfen auch nicht überschätzt werden. Ich möchte zunächst auf eine Möglichkeit hinweisen, die bisher wohl noch nicht in Erwägung gezogen worden ist: vielleicht liegen hier lediglich Konvergenzerscheinungen vor, die nur durch ähnliche äußere Umstände bedingt sind, nicht aber auf gemeinsamer Abstammung beruhen? Gehen wir von der monophyletischen Entstehung der Mammalia aus, nehmen wir an, daß die heutige so scharf geschiedene Säugetierwelt aus einer Wurzel entsprossen ist, dann liegt es auf der Hand, daß auch die Verschiedenheit der Blutarten erst allmählich entstanden sein kann. Daraus folgt aber mit zwingender Notwendigkeit, daß der Erwerb gleicher Eigenschaften bei entfernt stehenden Formen wie bei anderen Organsystemen, so auch bei der Blutflüssigkeit durchaus im Bereiche der Möglichkeit liegt, so daß also das biologische Verfahren durchaus nicht als vollkommen einwandsfrei für den Nachweis verwandtschaftlicher Beziehungen zu betrachten ist.

Aber nehmen wir an, daß wir es nicht mit Konvergenz zu tun haben, und betrachten wir die Ergebnisse etwas näher! Es fällt dann auf, daß die Cynopitheciden, die nach allgemeiner Anschauung ganz abseits der zum Menschen führenden Entwicklungsbahn stehen, zum mindesten sich schon sehr frühzeitig abgezweigt haben sollen, eine starke, in vier von 36 verschiedenen Blutsorten sogar eine volle Reaktion gaben. Dieses läßt doch darauf schließen, daß die volle Reaktion nicht etwa den nächsten Grad der Verwandtschaft bezeichnet, sondern daß dieselbe nur bei einem bestimmten Verwandtschaftsgrad eintritt, über den hinaus nach oben hin eine nähere Bestimmung unmöglich ist, während nach unten hin die immer schwächer werdende Reaktion die Entfernung der genetischen Beziehungen ausdrückt, ohne daß durch das vollständige Fehlen derselben nun auch jegliche Verwandtschaft als ausgeschlossen gelten darf. Die Ergebnisse der Untersuchungen nach dem biologischen Verfahren besagen daher nur, daß von den heutigen Primaten die Anthropomorphen die nächsten Verwandten des Menschen sind, ohne damit die Frage zu beantworten, wie nahe diese Verwandtschaft ist, daß die Cynopitheciden ihm schon weniger verwandt sind, und daß die Platyrhinen und noch mehr die Prosimiae, die ja die stark spezialisierten Endglieder uralter Formen sind, sich noch weiter von der gemeinsamen Urform entfernt haben. Wir erfahren also nicht mehr, als wir bisher bereits gewußt haben, insbesondere sind die Beziehungen der Menschen zu den Anthropomorphen in keiner Weise geklärt, denn der Vorschlag Friedenthals, dieselben auf Grund der Blutprobe in eine Familie zu vereinigen, ist zurzeit wohl nicht gut diskutierbar.

Wenn der Mensch auch in seinen Grundzügen mit den Menschenaffen übereinstimmt, so besitzt er doch andererseits viele nur ihm zukommende Eigentümlichkeiten, die ihn von denselben scharf und prinzipiell scheiden. Das trifft auch in hohem Grade für das Gebiß zu. Es bestehen hier trotz des gemeinsamen Grundtypus fundamentale Verschiedenheiten, die darauf hinweisen, daß trotz der zweifellos bestehenden Verwandtschaft die Zeit der Trennung der beiden Stämme viel weiter zurückliegen muß, als man bisher anzunehmen geneigt war.

Schwalbe hat gelegentlich darauf aufmerksam gemacht, daß man wohl immer die Ähnlichkeit der Molaren des Dryopithecus mit menschlichen Mahlzähnen betrachtet, daß man aber niemals auf die Verschiedenheit der Prämolaren aufmerksam gemacht habe.

Diese Unterschiede in der Form, vor allem der ersten unteren Vormahlzähne sind es aber, die den Menschen auch von den anderen Anthropomorphen strenge scheiden. Während nämlich der untere P_1 des Menschen 2 Höcker besitzt, ist derselbe bei sämtlichen Menschenaffen einspitzig, nur bei Troglodytes ist der Rest eines zweiten Höckers bemerkbar. Es steht diese Spezialisierung der P_1 in unmittelbarem Zusammenhang mit der mächtigen Ausbildung der Eckzähne. Da der untere Caninus beim Zusammenbiß vor den oberen Eckzahn greift, so artikuliert der letztere fast ausschließlich mit dem unteren P_1, der daher das Bestreben hat, die Form seines Antagonisten anzunehmen. Wenn nun, wie allgemein angenommen wird, die gewaltigen Eckzähne in der Tat einen Neuerwerb der Anthropomorphen darstellen, so geht schon hieraus hervor, daß auch die Umbildung der ersten unteren Prämolaren in diesem Sinne, also als Neuerwerb, aufgefaßt werden muß. Beweisend für diese Annahme ist auch der Umstand, daß beim Schimpansen, dessen Eckzähne ja noch verhältnismäßig am schwächsten sind, ein zweiter Höcker, wenn auch stark rückgebildet, noch vorhanden ist.

Wie verhält es sich nun aber mit dem entsprechenden Zahn des Menschen? Die verhältnismäßig geringe Ausbildung der menschlichen Canini, die die anderen Zähne gar nicht oder nur wenig an Größe übertreffen, hat auch eine einseitige Differenzierung des ersten unteren Prämolaren verhindert. Wir werden also a priori darauf rechnen müssen, hier ursprünglichere Verhältnisse vorzufinden. Diese Annahme wird auch insofern bestätigt, als wir hier einen ausgesprochen zweihöckerigen Zahn vorfinden, wenngleich er im übrigen den Ausgangstypus sicherlich auch noch nicht repräsentieren dürfte. Es liegt nahe, auch den ersten Milchprämolaren hierauf hin zu untersuchen. Wir werden uns der Tatsache erinnern, daß das Milchgebiß überhaupt eine ältere Zahngeneration mit ursprünglicherem Gepräge repräsentiert, daß also auch der erste Milchmolar am wenigsten abgeändert sein dürfte. Dieses ist nun in der Tat der Fall! Er läßt nicht selten noch deutlich fünf Höcker erkennen, 3 auf der Außen-, 2 auf der Innenseite. Seine Gestalt erscheint nur insofern etwas modifiziert, als er im ganzen kleiner, der vor den beiden Vorderhöckern liegende Teil des Zahnes aber größer ist, als es bei den bleibenden Molaren der Fall ist. Letzteres finden wir übrigens auch bei dem zweiten Milchmolaren der Anthropomorphen, während die Pd_2 des Menschen hierin den bleibenden Mahlzähnen gleichen. Es könnte nun zweifelhaft erscheinen, ob das Milchgebiß des Menschen auch wirklich eine frühere Entwicklungsstufe darstellt. Schlosser bemerkt, daß die Milchzähne bald den Zähnen eines vorhergehenden Stammesgliedes ähneln — atavistisch — bald aber auch den Zähnen eines späteren Typus — prophetisch — gleichen können, mit anderen Worten, daß eine beginnende Differenzierung zunächst in der ersten und später erst in der permanenten Dentition auftreten kann. Das mag wohl in einzelnen besonderen Fällen zutreffen, wenngleich es ungemein schwer sein dürfte, hierfür sichere Beweise beizubringen. Das erstere Verhalten ist aber mehrfach einwandsfrei nachgewiesen worden. So gehen den nagezahnartig spezialisierten, immerwachsenden bleibenden Schneidezähnen der interessanten Gattung Hyrax meißelförmige Wurzelzähne voraus; die intrauterin gewechselten Prämolaren von Cavia sind gleichfalls bewurzelt, während ihre Nachfolger wurzellos sind; für das Gebiß der Halbaffen hat Leche eine ganze Anzahl Belege für diese Anschauung geliefert — das klassische Beispiel ist ja der Halbaffe Chiromys mit seinem nagerartig differenzierten bleibenden und dem insektivoren Milchgebiß — und derselbe Forscher hat neuerdings noch in seinen vortrefflichen Untersuchungen über das Zahnsystem der Erinaceidae (1902) das vorliegende Beweismaterial durch weitere wichtige Befunde vermehrt. So hat er gezeigt, daß der P_4 der fossilen Erinaceus-Arten nicht mit dem P_4, sondern mit dem entsprechenden Milchzahn der rezenten Formen übereinstimmt.

Ich möchte in diesem Zusammenhange noch auf eine andere bemerkenswerte Tatsache aufmerksam machen. Der letzte Milchmolar stimmt nämlich meist mehr mit dem ersten wahren Molaren als mit dem entsprechenden Ersatzzahn überein. Es ist dieses dadurch erklärt worden, daß beide Zähne die gleiche Funktion auszuüben bestimmt sind. Vielleicht sind hierfür aber doch noch andere tiefere Gründe maßgebend gewesen. Gerade bei den ältesten primitivsten Säugetierformen, den Insectivoren, den Prosimiern, fossilen Creodonten und anderen gleicht nicht allein der letzte Milchmolar, sondern auch P_4 einem Molaren. Sollte dieses nicht ein Beweis dafür sein, daß die scharfe Trennung der Backzahnreihe in Prämolaren und Molaren erst ein späterer Vorgang ist, daß die vier Prämolaren ursprünglich von vorn nach hinten an Größe und Kompliziertheit zunahmen und so allmählich in die Gestalt der Molaren übergingen, daß also der letzte P und der erste M einander glichen oder zum mindesten sehr ähnlich waren?

Diese Betrachtungen sind jedenfalls geeignet, unsere Annahme von dem primitiven Charakter der menschlichen Milchmolaren durchaus begründet erscheinen zu lassen, es liegen jedoch auch direkte Beweise vor.

Man nimmt bekanntlich an, daß die beiden Prämolaren des Menschen und der Anthropomorphen den zwei letzten von den vier ursprünglich vorhanden gewesenen entsprechen.

Tritt nun eine progressive Entwicklung eines Zahnes ein, so äußert sie sich zuerst an dem Teile des Zahnes, der den jene Entwicklung bedingenden Ursachen zunächst ausgesetzt ist, d. i. an der Krone, während die Wurzel erst später einer Vergrößerung derselben folgen wird. Wird andererseits ein Zahn rückgebildet, so macht sich auch dieser Vorgang zunächst an der Krone bemerkbar, während die Wurzel noch länger den früheren Zustand bewahrt.

Nehmen wir daher für den Menschen und die Anthropomorphen eine molarenartige Grundform der Prämolaren an, so müssen wir denselben auch die gleiche Anzahl Wurzeln zugestehen, nämlich 3 im Ober-, 2 im Unterkiefer, wie sie ja auch bei den Milchmolaren vorhanden sind. Die bleibenden Prämolaren besitzen dagegen beim Menschen in der Mehrzahl der Fälle oben ein bis zwei, unten eine Wurzel, nur in Ausnahmefällen werden auch drei im Ober- resp. zwei im Unterkiefer beobachtet. Die Vormahlzähne der Anthropoiden, deren Krone besonders im Oberkiefer den Prämolaren des Menschen vollkommen gleicht, haben fast ausnahmslos 3 Wurzeln, zwei auf der Außen- und eine auf der lingualen Seite, im Unterkiefer stets zwei Wurzeln, ganz wie die Milchmolaren und die bleibenden Mahlzähne.

Nehmen wir noch dazu, daß vor allem die zweiten Prämolaren der Anthropomorphen häufig noch eine kompliziertere Gestalt der Krone aufweisen, was in seltenen Fällen auch für den zweiten unteren Prämolaren des Menschen zutrifft, so können diese Befunde eben nur dadurch erklärt werden, daß, während die Wurzeln der Prämolaren der Anthropomorphen die ursprüngliche Form beibehalten haben, ihre Krone bereits abgeändert ist; beim Menschen erstreckt sich die Rückbildung auch bereits auf die Wurzeln, so daß dieselben sich noch weiter von dem ursprünglichen Typus entfernt haben.

Man könnte nun versucht sein, nicht die komplizierteren Prämolaren des Menschen, sondern die einspitzigen P_1 der Anthropomorphen als die primitive Grundform der P anzunehmen. Dieses ist in der Tat von Schlosser (1887, 1890) behauptet worden, der damit auch zu einer ganz anderen Auffassung des Affengebisses überhaupt gekommen ist, denn dann kann ja eben, je ähnlicher die Prämolaren den Mahlzähnen sind, dieses nur als Zeichen einer höheren Differenzierung aufgefaßt werden.

Der Standpunkt von Schlosser ist also gerade entgegengesetzt dem, den ich soeben vertreten, und für den ich einige nicht unwichtige Gründe beigebracht zu haben glaube. Daß der untere P_1 der Anthropomorphen aber sicherlich nicht primitiv ist, sondern erst sekundär diesen anscheinend primitiven Charakter erlangt hat, geht schon daraus hervor, daß bei derjenigen Gattung, die in geringerem Grade spezialisiert erscheint, dem Schimpanse, der P_1 auch im bleibenden Gebiß noch deutlich 2 Höcker besitzt. Noch mehr spricht dafür, daß sein Vorgänger der ersten Dentition nicht allein bei Troglodytes, sondern auch noch bei Simia und andeutungsweise sogar auch noch bei Gorilla einen zweiten inneren Höcker aufweist.

Was nun das Milchgebiß anbetrifft, so ist seit Baume die Behauptung wiederholt worden, daß die erste Dentition des Menschen und die der Anthropomorphen untereinander weit ähnlicher sind als die bleibenden Zahnreihen. Und speziell in bezug auf die ersten unteren Milchbackzähne macht Baume (1882) darauf aufmerksam, daß die Pd_1 der Anthropomorphen ihren Nachfolgern viel ähnlicher sind, als es beim Menschen der Fall ist. „Die ersten Milchbackzähne des Menschen haben Eigenheiten bewahrt, welche wir nur im Milchgebisse und im bleibenden Gebisse der Affen, nicht aber beim Menschen selbst zu suchen haben, Eigenheiten, welche im bleibenden Gebisse der letzteren durch andere Formen ersetzt sind.“ Diese Behauptung ist in dieser Fassung nicht aufrecht zu erhalten. Richtig ist daran nur, daß die ersten unteren Milchbackzähne der Anthropomorphen ihren Nachfolgern ähnlicher sind, als es beim Menschen der Fall ist. Das ist zweifellos richtig! Alles andere beruht jedoch auf Irrtum. Der erste untere Milchbackzahn des Menschen mit seinem primitiven Charakter steht ganz allein. Er unterscheidet sich ebensosehr von seinem Nachfolger, wie von dem Pd_1, resp. dem P_1 der Anthropomorphen. Sowohl der P_1 des Menschen, wie der Pd_1 resp. der P_1 der Anthropomorphen sind, wenn auch nach anderen Richtungen, spezialisiert. Während aber die Differenzierung beim Menschen nur das bleibende Gebiß und dieses nur in geringerem Grade betroffen hat, ist sie bei den Menschenaffen in beiden Dentitionen und zwar weit intensiver tätig gewesen. Daher ist auch die Behauptung Baumes, daß das Milchgebiß des Menschen und das der Anthropoiden untereinander weit ähnlicher seien als die bleibenden Zahnreihen, gänzlich unzutreffend. Eine größere Ähnlichkeit ist nur bei oberflächlicher Betrachtung vorhanden, aus dem einfachen Grunde, weil die charakteristischen Merkmale der verschiedenen Gattungen weniger scharf ausgeprägt sind; denn diejenigen Komponenten des Gebisses, die hauptsächlich die Träger desselben sind, fehlen ja noch. Trotzdem sind die Unterschiede aber stets deutlich vorhanden, vor allen Dingen ist es der primitive untere Pd_1 des Menschen und der hochspezialisierte Pd_1 der Anthropomorphen, die das Milchgebiß des ersteren von dem der Menschenaffen ganz ebenso fundamental unterscheiden wie die zweite Dentition.

Die zweiten unteren Milchmolaren des Menschen und der Anthropomorphen gleichen bekanntlich dem ersten bleibenden Molaren; sie sind untereinander ebenso verschieden wie im bleibenden Gebisse; auch ihre Nachfolger differieren nicht unbeträchtlich, und zwar sind es hier die Anthropomorphen, die ursprünglichere Verhältnisse bewahrt haben. Die zweiten P der Menschenaffen besitzen zwar auch nur 2 Höcker, aber durch den nach hinten verlängerten Talon erscheinen sie länger und viereckig und gleichen dadurch den Molaren mehr als die mehr rundlichen P_2 des Menschen. Daran ändert auch nichts die Tatsache, daß die letzteren öfter einen zweiten inneren, ja bisweilen sogar noch einen zweiten äußeren Höcker aufweisen; es sind dies immerhin doch nur Ausnahmen.

Die oberen P des Menschen und der Menschenaffen gleichen sich in der ersten Dentition in demselben Grade wie im bleibenden Gebiß; abgesehen nur von der Anzahl der Wurzeln, die bei den letzteren auch für die bleibenden Prämolaren drei beträgt, während die menschlichen oberen P gewöhnlich nur deren zwei oder auch nur eine aufweisen.

Ein weiterer Unterschied zwischen dem Gebiß des Menschen und dem der Anthropomorphen besteht in der Stellung der Schneidezähne. Die Anthropomorphen haben bei starker Prognathie des Kiefers schräg nach vorn gerichtete Incisivi, während die des Menschen stets mehr oder weniger senkrecht aufeinander treffen, und zwar ebensowohl bei Orthognathismus als auch bei Prognathismus. Der prognatheste Australier ist im Grunde genommen ebenso orthognath wie der rezente Europäer. Die Figuren der Tafeln XXIII—XXVI veranschaulichen dieses aufs deutlichste. Dieses senkrechte Zusammentreffen der oberen und unteren Schneidezähne kommt zustande durch eine Krümmung der Wurzel nach hinten; wie im beschreibenden Teile erwähnt, bildet der Längsdurchmesser des Zahnes keine gerade Linie, sondern einen Winkel, dessen Scheitel am Zahnhalse liegt. Je kleiner derselbe wird, ein um so stärkerer Prognathismus ist vorhanden. Bei den schräg nach vorn gerichteten Schneidezähnen der Anthropomorphen bildet der Längsdurchmesser dagegen eine annähernd gerade oder höchstens sanft gekrümmte Linie. (Textfig. 5, 6.) Ich bin nun geneigt, die senkrechte Stellung der Schneidezähne, wie sie beim Menschen vorhanden ist, für die primitivere zu halten und weiche somit prinzipiell von Walkhoff (1902) ab, der für den Menschen einen ursprünglichen Prognathismus der Kiefer und auch der Zähne annimmt.

Vertikal gestellte Incisivi sind nämlich nicht etwa dem Menschen eigentümlich; sie finden sich vielmehr bei den meisten niederen Tierformen, bei denen, wie aus Fig. 5*mno* hervorgeht, dann auch eine noch weit stärkere Krümmung der Wurzel vorhanden ist. Dagegen scheint die schräg nach vorn gerichtete Stellung der oberen Schneidezähne bei den Anthropomorphen durch eine Anpassung an die besondere Lebensweise derselben bedingt zu sein. Das ganze Gebiß des Menschenaffen ist ja besonders zum Zermeißeln, Zerquetschen und Zerreiben sowohl fleischiger als hartschaliger und hartkerniger Früchte geeignet. Bezüglich der Schneide-

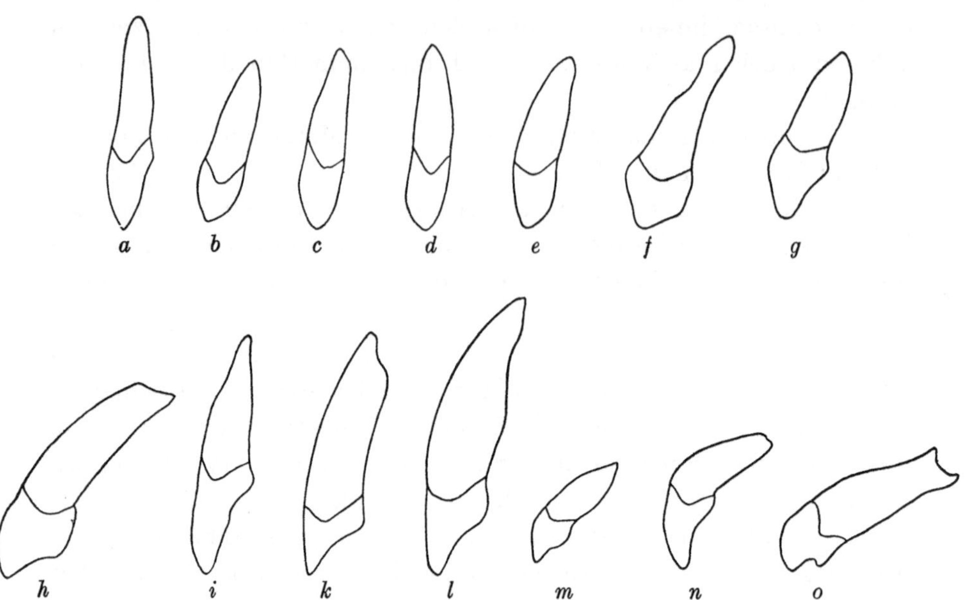

Fig. 5. Seitenansicht verschiedener oberer Frontzähne. um die Wurzelstellung zu veranschaulichen. *a* und *b* J_2 eines modernen Europäers. *c* J_1 eines Negers der Loangoküste. *d* J_1 eines Negers. *e* J_2 eines Negers von Mbangu. *f* C eines Australiers. *g* J_2 eines Neubritanniers. *h* J_2 des Homo primigenius von Krapina. *i* J_2 eines Schimpanse. *k* J_2 eines Orang. *l* J_2 eines Gorilla. *m* J_2 eines Hundes. *n* J_3 eines Hundes. *o* J_2 eines Löwen.

zähne sagt Selenka aber: „Ganz apart ist die Beschaffenheit der oberen inneren Incisivi. Orientiert man den Schädel nach der deutschen Horizontalebene, so ist die linguale oder Innenfläche nahezu horizontal gerichtet und bildet ein großes dreieckiges Feld, gegen welches die unteren Schneidezähne fast aufrecht gestellt sind. Die zwischen die Incisivi gebrachte Nahrung findet daher auf der gerieften Lingualfläche des J_1 ein breites Widerlager, während die unteren scharfkantigen Schneidezähne nach oben gepreßt werden und in die Nahrung gleich Meißeln eindringen. Auch die J_2 haben die gleiche Stellung wie ihre inneren Nachbarn."

Fig. 6. Der J_2 sup. eines modernen Europäers (———), eines Neubritanniers (▬▬▬), des Homo primigenius von Krapina (·····), eines Schimpanse (-----), eines Gorilla (·—·—·—·) so zur Deckung gebracht, daß die labialen Zahnflächen in einer Ebene liegen,

Selenka kommt also zu demselben Schlusse. Beweisend für die Tatsache, daß die Zahnprognathie der Anthropomorphen ein sekundärer Erwerb ist, ist auch der von Hofmann (1893) geführte Nachweis, daß die Schneidezähne des Pliopithecus antiquus eine steilere Stellung besessen haben, also orthognather gewesen sind, als die Incisiven der rezenten Hylobatesarten.

Aus unseren vergleichenden Betrachtungen über das Zahnsystem des Menschen und der Anthropomorphen scheint also zunächst folgendes hervorzugehen:

Weder ist das Gebiß des Menschen aus dem der Anthropomorphen ableitbar, noch kann umgekehrt das Zahnsystem der Menschenaffen aus dem menschlichen hervorgegangen sein. Allerdings hat letzteres doch wohl eine größere Anzahl primitiver Merkmale aufzuweisen, während das Anthropomorphengebiß sich stärker differenzierte und von dem ursprünglichen Typus weiter entfernte.

Zu den primitiven Charakteren des menschlichen Gebisses gehören:

1. die geringere Ausbildung der Eckzähne;

2. die molarenartige Form des ersten unteren Milchmolaren und die geringere Spezialisierung seines Nachfolgers;

3. die Gestaltung der Molaren, die weder eine starke Entwicklung von Schmelzrunzeln, noch eine Vergrößerung der Höcker aufweisen;

4. die senkrechte Stellung der Schneidezähne.

Dagegen ist das Zahnsystem der Anthropomorphen eigentlich nur in folgenden Eigenschaften primitiver als das des Menschen:

1. die oberen Prämolaren besitzen drei, die unteren zwei Wurzeln;

2. die Molaren besitzen einen im Verhältnis größeren mesiodistalen Durchmesser; sie erscheinen dadurch viel länger als breit, insbesondere zeichnet sich der letzte untere Molar durch besondere Länge aus;

3. die normale Höckerzahl ist konstant, wenigstens gehört eine Verringerung zu den Ausnahmefällen;

Eine besondere Ausnahme macht das Milchgebiß des Gorilla, dessen zweiter unterer Molar noch ein Paraconid besitzt, das sonst bei sämtlichen Anthropomorphen geschwunden ist.

Andrerseits ist das Anthropomorphengebiß aber hoch spezialisiert durch die Verstärkung der Kauflächen durch Runzeln, Leisten, durch Erhöhung der Höcker, ferner durch die mächtige Entwicklung der Eckzähne und die hierdurch bedingte Bildung eines Diastemas und die Differenzierung der ersten unteren Prämolaren in beiden Dentitionen, schließlich durch die nach vorn gerichtete Stellung der Schneidezähne, alles Umformungen, die zu der Lebensweise der Menschenaffen in Beziehung stehen.

Die Spezialisierung des menschlichen Gebisses ist äußerst geringfügig. Als solche könnte man auffassen: Neigung zur Verminderung der Höcker- und Wurzelzahl bei Back- und Mahlzähnen sowie eine Verminderung des mesio-distalen Durchmessers der Molaren, die sie daher mehr quadratisch erscheinen läßt und wohl im Zusammenhang steht mit einer fortschreitenden Verkürzung der Kiefer, die ihrerseits wiederum die Ursache der bogenförmigen Anordnung des Zahnbogens ist. Aber gerade diese geringe Spezialisierung, dieses Stehenbleiben auf ursprünglichen Verhältnissen ist für die Entwicklung des Menschen überhaupt von der größten Bedeutung gewesen. Die ganze Bildung des Anthropomorphenschädels steht ja unter dem beengenden Einfluß der mächtig entwickelten Kaumuskulatur. Wir haben gesehen, wie sich bis ins hohe Alter am Kopfskelett der Menschenaffen Umformungen vollziehen, die allein durch das Wachstum der gewaltigen Eckzähne bedingt werden, und es erscheint nicht wunderbar, daß eine Ausdehnung der Schädelkapsel unter diesen Umständen nicht eintreten konnte. Dieses konnte nur bei einem Wesen geschehen, bei dem der Kauapparat nicht ein derartiges Übergewicht erlangt hatte; erst bei ihm konnte die Entwicklung des Gehirns vor sich gehen, die den Menschen allmählich an die Spitze der gesamten Natur gestellt hat.

Aus unseren Betrachtungen geht aber weiter hervor, daß die Abzweigung der Anthropomorphen schon tief an der Wurzel erfolgt sein muß. Dafür spricht die Differenzierung des ersten unteren Prämolaren in beiden Dentitionen.

Wir gelangen aber noch zu einem weiteren wichtigen Schluß. Wenn die unteren Pd, vor allem der Pd_1 des Menschen die primitivere Form darstellt, dann muß sein Vorgänger selbstverständlich Prämolaren besessen haben, die mindestens ebenso, wenn nicht noch primitiver gestaltet waren. Niemals aber kann der Mensch von einer Form abstammen, die so hochspezialisierte Vormahlzähne besessen hat, wie sie die heutigen Anthropomorphen aufweisen. Daher ist es auch vollkommen ausgeschlossen, daß die fossilen Dryopithecus und Pliopithecus, deren untere erste Prämolaren gleichfalls schon einspitzig sind, in direkten verwandtschaftlichen Beziehungen zu ihm stehen.

Die pithecoiden Eigenschaften des menschlichen Gebisses.

Wir kommen jetzt zu den sogenannten pithecoiden Eigenschaften des menschlichen Zahnsystems. Vorerst aber ein paar Worte über die Bedeutung und den Wert des Wortes „pithecoid“!

Schaaffhausen behauptete seinerzeit, daß man eine Abweichung vom normalen Bau des heutigen Menschen pithecoid nennen könne, wenn sie nur in entfernter Weise an den Typus der Affen erinnere. Virchow erklärte demgegenüber: „Nicht jede tierähnliche Abweichung vom Normalbau, am wenigsten eine solche, welche nur in entfernter Weise an den Typus der Affen erinnert, darf pithecoid genannt werden; vielmehr muß eine positive Übereinstimmung der Bildung und zwar nicht mit einem gedachten Affen, sondern mit einem bestimmten Affen, einer bestimmten Species vorhanden sein. Die Abweichung darf auch nicht zufällig durch das Zusammenwirken erkennbarer Ursachen, sondern sie muß spontan durch einen inneren Bildungstrieb hervorgebracht sein."

Es ist nun klar, daß die von Virchow gegebene Definition, die die genetische Seite der Frage heranzieht, wann dem Ausdruck „pithecoid" überhaupt irgend eine Bedeutung zukommen soll, sicherlich die zutreffendere und wohl diejenige ist, die auch heute noch für die Anwendung dieses Epithetons bestimmend ist, wenigstens in dem allgemeinen Sinne, daß dadurch auf die verwandtschaftlichen Beziehungen zwischen Mensch und Anthropomorphen hingewiesen werden soll. Wenn aber Walkhoff im Anschluß an diese Definition nachzuweisen versucht hat, daß der Kiefer des diluvialen Menschen die Forderung Virchows erfüllt und eine Ähnlichkeit direkt mit dem Gorillakiefer besitzt, schließlich dann aber wieder zu dem Schlusse kommt, daß der altdiluviale menschliche Kiefertypus von demjenigen heutiger Rassen vollständig abweichend und nicht allein dem Kiefer eines bestimmten Affen, wie Virchow es verlangt, sondern sogar jedem[1]) Affenkiefer ähnlich ist, so verkennt er wohl vollständig den Schwerpunkt der Frage und den Sinn der Virchowschen Ausführungen. Virchow verlangt gerade die Ähnlichkeit mit einem bestimmten Affen, während er eine solche mit jedem Affen, also mit den Affen im allgemeinen, nicht als pithecoid gelten lassen will; und mit Recht! Denn in letzterem Falle müßte ja zunächst erst fesgestellt werden, ob hier nicht Eigenschaften vorliegen, die in der Säugetierreihe allgemein verbreitet sind — wie es z. B. mit der von Walkhoff als pithecoid gedeuteten Prognathie des Kieferkörpers der Fall ist — und die daher ein uraltes Besitztum der ganzen Klasse sind und ihren Ursprung vielleicht schon von noch älteren Vorfahren herleiten lassen. Hier liegen dann primitive, inferiore Merkmale vor, keinesfalls aber ist man berechtigt, dieselben pithecoid zu nennen. Außerdem aber darf es wohl heute als feststehend gelten, daß nicht allein zwischen Mensch und Menschenaffen, sondern zwischen sämtlichen

[1]) Im Original gesperrt gedruckt.

Primaten in der Tat verwandtschaftliche Beziehungen vorhanden sind, wenn über den Grad derselben auch noch Meinungsverschiedenheit herrscht. Es ist daher auch von vornherein klar, daß wir beim Menschen und bei den Anthropomorphen viele gemeinsame Züge finden werden, ja wir werden solche sogar erwarten müssen. Wir werden uns daher auch nicht wundern können, wenn gelegentlich beim Menschen niedere Charaktere auftauchen, die derselbe im Laufe der Stammesgeschichte verloren hat, während sie bei andern Primaten noch allgemein vorkommen.

Schwalbe (1906) hat neuerdings auf eine Arbeit von Keith hingewiesen, der die nähere oder fernere Verwandtschaft des Menschen mit den Anthropomorphen charakterisiert hat durch die Zahl der von ihm untersuchten Strukturpunkte, welche dem Menschen eigentümlich sind, oder welche er mit den einzelnen Formen der Anthropomorphen gemeinsam besitzt. Keith hat nun folgendes nachgewiesen: 312 Strukturpunkte sind dem Menschen eigentümlich, 396 hat er mit dem Schimpanse, 385 mit dem Gorilla, 272 mit dem Orang und 188 mit dem Gibbon gemeinsam. Auch alle anderen neueren Forscher sind darin einig, daß die Primatenreihe zum mindesten gemeinsamen Ursprung besitzt, von dem aus die einzelnen Familien bald mehr, bald weniger divergent sich entwickelt haben.

Alle heben aber auch hervor, daß, wie es auch a priori zu erwarten ist, der Mensch nicht allein mit den Anthropomorphen, sondern mit allen Primaten, ja sogar mit den Halbaffen durch gemeinsame Merkmale verknüpft ist. Es erscheint mir daher zwecklos, etwas Selbstverständliches durch einen besonderen Ausdruck hervorzuheben, der nur geeignet ist, Mißverständnisse und Irrtümer herbeizuführen, und es dürfte sich daher vielleicht empfehlen, das Beiwort „pithecoid" ganz fallen zu lassen.

Was nun die als „pithecoid" bezeichneten Eigenschaften des menschlichen Gebisses anbetrifft, so wäre darüber folgendes zu sagen: De Terra (1905), der diese Verhältnisse neuerdings untersucht hat, kommt zu dem Schlusse, daß pithecoide Merkmale ohne Zweifel sind: Das Diastema, die Volumzunahme der Molarenserie, die starke Divergenz der Wurzeln und die sogenannten Basalhöcker.

Das Diastema findet sich bei sämtlichen Tieren, deren Eckzähne eine bedeutendere Größe erreicht haben. Es ist lediglich vorhanden, um die Artikulation zu ermöglichen. Außerdem ist es ja sehr fraglich, ob der Vorfahr des Menschen überhaupt jemals besonders starke Eckzähne besessen hat, und wenn nicht —: dann kann er selbstverständlich auch nie ein Diastema gehabt haben. Für die erste Annahme spricht vielleicht der Verlust der vorderen

Prämolaren, der ja oft infolge der bedeutenderen Entwicklung der Canini einzutreten pflegt. Auf jeden Fall wäre es aber eben nur ein primitives Merkmal.

Auch die Volumenzunahme der Molarenserie ist durchaus nicht den Affen eigentümlich. Sie findet sich ebenso bei vielen anderen Säugetieren. In den meisten Fällen nimmt die Größe der Mahlzähne von vorn nach hinten zu, und zwar ist gewöhnlich der vorletzte Molar der größte, während der letzte wieder kleiner ist. Bezüglich der Divergenz der Wurzeln gibt de Terra selbst zu, daß sie kein pithecoides, sondern nur ein inferiores Merkmal ist.

Dagegen hält er das Auftreten von 3 Wurzeln am oberen und 2 Wurzeln an unteren Prämolaren für eine affenähnliche Bildung. Erinnern wir uns aber daran, daß die Milchbackzähne des Menschen die ursprüngliche Form auch seiner bleibenden Prämolaren darstellen dürften, und daß diese gleichfalls oben 3, unten 2 Wurzeln besitzen, so werden wir auch hierin de Terra nicht beipflichten können. Wir können von einer Eigenschaft, die der Mensch selbst noch besitzt, nicht sagen, sie sei pithecoid. Außerdem wäre sie auch immer nur primitiv.

Betreffs der Basalhöcker gilt Ähnliches: Unter Basalhöcker versteht de Terra die lingualen Tubercula der Eckzähne, während er dieselben Bildungen auf der Innenfläche der Schneidezähne als Incisivenhöcker von diesen unterschieden wissen will. Es liegt auf der Hand, daß, wie schon früher erwähnt wurde, eine derartige Trennung in keiner Weise gerechtfertigt und gänzlich überflüssig ist. In beiden Fällen handelt es sich um eine Verstärkung des Cingulums. Schon hieraus geht aber hervor, daß somit keine pithecoiden Merkmale vorliegen können. Denn gerade das Cingulum ist ja ein uralter Bestandteil des Säugetierzahns, das auch nicht allein beim Menschen und bei den Anthropomorphen zur Bildung solcher Tubercula auf der Lingualseite der Frontzähne Veranlassung gibt, sondern bei vielen anderen Formen in ähnlicher Weise vorhanden ist. Der in Tafel XXVII, Fig. 99a u. b, abgebildete laterale obere Incisivus von Felis leo ähnelt durch die starke Entwicklung des Cingulums zweifellos auffallend dem gleichen Zahne des Krapina-Menschen.

Walkhoff (1902, 1903) führt als hervorragend pithecoide Eigenschaft des diluvialen Menschen die Prognathie des Kieferkörpers und die dadurch bedingte Rückwärtskrümmung der Schneidezahnwurzeln an. Letztere ist seiner Ansicht nach selbst bei stärkster Prognathie der heutigen Rassen nicht vorhanden. Zum Vergleiche hat Walkhoff Negerschädel untersucht und dabei konstatiert, daß die den Negern eigentümliche starke Prognathie allein eine Alveolarprognathie ist und daß die oberen Schneidezähne ganz gerade waren.

Zunächst ist es nun klar, daß Walkhoff ein ungeeigneteres Vergleichsmaterial nicht gut hätte finden können. Die durch ganz Afrika verbreitete und wohl seit undenklichen Zeiten geübte Unsitte der künstlichen Deformation des Gebisses ist für die ganze Gestaltung desselben sicherlich von recht erheblicher Bedeutung. Gerade die starke Alveolarprognathie ist, worauf schon Virchow vor Jahren aufmerksam gemacht hat, in vielen Fällen die Folge der Entfernung der unteren Schneidezähne. Es wird durch diese überaus häufig ausgeführte Verstümmelung die gesamte Artikulation von Grund aus verändert. Die oberen Incisivi werden nach vorn gedrängt; durch das infolge der fehlenden Antagonisten bedingte Hervortreten derselben aus den Alveolen und durch die Überlastung beim Abbeißen resp. beim Kauen wird diese künstlich hervorgerufene Prognathie noch vermehrt und kann schließlich einen derartigen Grad erreichen, daß die Zähne samt dem Alveolarteil fast horizontal gestellt sind.

Aber auch schon durch weniger erhebliche Eingriffe, wie das gewaltsame Entfernen mehrerer Zähne: allein durch die Bearbeitung einzelner Zahnkronen kann erwiesenermaßen eine Veränderung des Zahnbogens herbeigeführt werden. Erwägt man nun noch, daß diese Verunstaltungen sicherlich seit langen Zeiträumen schon vorgenommen werden, dann wird man an die Möglichkeit denken müssen, daß im Laufe der Generationen doch eine allmähliche Umformung des gesamten Kau- und Kieferapparates eingetreten sein kann. Ich wenigstens habe mich bei der Durchmusterung von Afrikaner-Schädeln dieses Gedankens nicht recht erwehren können. Ich will hiermit aber durchaus nicht etwa in Abrede stellen, daß bei Negern Prognathie vorkommt. Selbstverständlich ist dieses der Fall, sogar echte Kieferprognathie ist ein ganz gewöhnlicher Befund; dann ist aber auch stets eine Rückwärtskrümmung der Schneidezahnwurzeln vorhanden. Ich wollte eben nur darauf hinweisen, daß ein Vergleich mit ganz allgemein als „Negerschädel" bezeichneten Cranien ohne nähere Angabe der Herkunft unstatthaft und wertlos ist.

Es scheint mir aber aus den Ausführungen Walkhoffs hervorzugehen, daß derselbe die Rückwärtskrümmung der Schneidezahnwurzeln nur auf die Wurzelspitze bezieht. Denn nur dann ist es verständlich, wenn er sie auch bei den Schneidezähnen der Anthropomorphen beobachtet haben will. Das, was die Zähne des Homo primigenius von Krapina im hohen Grade auszeichnet und was in der Tat auf eine außerordentlich starke Prognathie bei senkrechter Zahnstellung schließen läßt, ist aber nicht die Rückwärtskrümmung der Wurzelspitze, sondern die Abbiegung der ganzen Wurzel schon vom Zahnhalse an. Erst hierdurch wird die Stellung der Zahnkrone von der Richtung der Alveolen unabhängig, so daß trotz starker Prognathie der Kiefer die Frontzähne senkrecht aufeinander treffen.

Wie ich schon früher erwähnte, halte ich die orthognathe Stellung der Frontzähne für die primitive Form der Artikulation. Es ist daher auch nicht richtig, daß eine Rückwärtskrümmung der Wurzeln auch bei stärkster Prognathie der heutigen Rassen nicht vorkommt, oder daß dieselbe stets mit einer ausgesprochenen Kieferprognathie verbunden sein muß. Jede, auch die geringste Alveolarprognathie verlangt bei orthognather Zahnstellung eine Abbiegung der Wurzeln; wir finden sie daher nicht selten auch noch beim rezenten Europäer; noch häufiger ist sie natürlich bei niederen Rassen. Bei Australiern und Melanesiern, die eine ausgesprochene echte Kieferprognathie besitzen, ist sie sogar fast ebenso stark wie beim Homo primigenius von Krapina. Dagegen ist sie bei Anthropomorphen niemals vorhanden. Bei ihnen stehen ja die Zahnkronen in der Richtung der Alveolen schräg nach vorwärts. Aus dem Kiefer entfernt, ähneln daher die Incisiven der Menschenaffen weit mehr dem orthognathesten Europäer als den Schneidezähnen der niederen prognathen Rassen oder des Homo primigenius, die die charakteristische Rückwärtsbiegung der Zahnwurzeln aufweisen. (Textfig. 5 und 6.) Letztere ist also nicht nur keine pithecoide Eigenschaft, sondern sie ist ein primitives Merkmal, das die Anthropomorphen in Anpassung an ihre Lebensweise verloren haben, während der Mensch dasselbe bis heute erhalten hat und sich somit auch in dieser Beziehung ursprünglicher erweist als die spezialisierten Menschenaffen.

Ebensowenig ist selbstverständlich das Fehlen des Kinnvorsprungs eine pithecoide Eigenschaft. Baume, der im Jahre 1883 die Kiefer von La Naulette und aus der Schipkahöhle eingehend untersucht hat, kommt zu folgenden Schlüssen: „Ich bekenne, daß die beiden diluvialen Kiefer an äffische Verhältnisse erinnern, ihrem Wesen nach aber nicht affenähnlich sind. Deshalb sehe ich keine Notwendigkeit für den viel umstrittenen, vorläufig wesenlosen Begriff „pithecoid" ein. Ich schließe mich der Bezeichnung pithecoid nicht an, weil ich glaube, daß die Funde für die Lehre Darwins zu bedeutungsvoll sind, um durch Hineintragung eines anfechtbaren Begriffes entwertet zu werden. Die schon von Maschka und Wankel für den Schipka-Kiefer und von Schaaffhausen für beide diluvialen Kiefer erkannte und von mir begründete Inferiorität als

Rasseneigentümlichkeit ist wertvoll genug,[1]) Worte, die auch heute noch volle Gültigkeit haben; wenigstens glaube ich gezeigt zu haben, daß die sogenannten pithecoiden Eigenschaften des menschlichen Gebisses lediglich primitive Merkmale sind, die sich nicht allein nur beim Menschen oder den Anthropomorphen, sondern überhaupt bei sämtlichen Primaten, ja zum größten Teil auch noch bei vielen anderen Säugetieren vorfinden, und die nur der Ausdruck der Verwandtschaft sämtlicher Primaten im engeren, sämtlicher Säugetiere im weiteren Sinne sind, wie sie sich ja auch in der sonstigen anatomischen Beschaffenheit der einzelnen Formen deutlich genug ausspricht.

Die Grundform des menschlichen Gebisses und die Abstammung des Menschen.

Dagegen besitzt das Gebiß des Menschen auch eine Reihe von Eigentümlichkeiten, die ihm allein zukommen, und diese sind es, die mir stammesgeschichtlich von besonderer Bedeutung zu sein scheinen.

Zu ihnen zähle ich zunächst die molarenartigen Milchmolaren, die auf eine molarenartige Grundform der Prämolaren überhaupt schließen lassen. Berücksichtigen wir noch, daß dem Menschen 2 P fehlen und daß dieses wohl die beiden ersten sein dürften,[2])

---

[1]) Bei dieser Gelegenheit möchte ich folgendes bemerken: In seiner zweiten Arbeit über die Fortschritte der Lehre von den fossilen Knochenresten des Menschen schreibt Klaatsch (1903) bezüglich des Schipka-Kiefers: „Das Problem des Schipka-Kiefers (1882 von Maschka entdeckt) mußte ich im vorigen Berichte unentschieden lassen. Nach Abwägung der in der weitläufigen Diskussion über dieses Objekt vorgebrachten Argumente schien mir noch die Annahme einer dritten Dentition allenfalls als die am meisten angängige. Nun hat Walkhoff das Rätsel dieser Kieferbildung, das besonders R. Virchow und Schaaffhausen so viel beschäftigte, aufgehellt im wahrsten Sinne des Wortes". Da diesen Worten bisher noch von keiner Seite widersprochen worden ist, so halte ich es für meine Pflicht, darauf aufmerksam zu machen, daß Baume bereits 1883 die Frage über die Bedeutung der Zahnverhältnisse des Schipka-Kiefers entscheidend gelöst und daß Walkhoff in dieser Beziehung die Resultate Baumes nur bestätigt hat.

[2]) Was die Homologie der beiden Prämolaren des Menschen und der Menschenaffen anbetrifft, so scheint mir die Annahme, nach welcher dieselben den beiden letzten Backzähnen der ursprünglichen Anzahl entsprechen, die richtigere zu sein. Mit dieser Annahme steht auch das Verhalten derselben bei anderen Tierformen sowie auch die paläontologischen Tatsachen im besten Einklang; auch der einzige von Leche mitgeteilte entwicklungsgeschichtliche Befund betrifft eine überzählige Zahnanlage vor den beiden Prämolaren.

Von Baume wurde seinerzeit auf Grund des Vorkommens überzähliger Prämolaren hauptsächlich zwischen und hinter den beiden Backzähnen behauptet, daß letztere dem ersten und dritten entsprächen, daß somit der zweite und vierte fehlen würden. Nun darf man erstens, wie ich schon früher während der dritte und vierte erhalten ist, so werden wir eine Urform mit 3 M und 4 P annehmen dürfen, welch letztere von vorn nach hinten an Größe und Kompliziertheit zugenommen haben werden. Der erste wird vielleicht einspitzig gewesen sein, während der vierte die Form eines Molaren nahezu erreicht haben wird. Von den Molaren war der zweite am größten, während der dritte wieder

---

bemerkte, nicht jeden überzähligen Zahn atavistisch beurteilen, zweitens ist die Homologisierung eines überzähligen Prämolaren durchaus nicht leicht, vor allen Dingen kann derselbe, wenn wirklich Atavismus vorliegt, vielleicht in altertümlicher Form, also einem P_2 ähnlicher, wiedererscheinen, so daß Irrtümer leicht möglich sind; drittens aber braucht der Ort des Durchbruchs eines überzähligen Zahnen durchaus nicht übereinzustimmen mit dem Ort seiner Entstehung; er wird gewöhnlich da erfolgen, wo die Raumverhältnisse am günstigsten liegen. Da nun der Eckzahn einen bedeutenden Raum im Kiefer beansprucht, so ist dieses vielleicht die Ursache, warum überzählige Prämolaren in der Mehrzahl der Fälle mehr nach hinten durchbrechen. Außerdem dürfte es auch äußerst schwer fallen, einen Grund für das Ausfallen gerade des zweiten und vierten Backzahnes aufzufinden.

Eine noch andere Hypothese hat neuerdings Bolk (1906) aufgestellt: Hiernach ist das Gebiß des Menschen und der Catarrhinen aus dem der Platyrrhinen dadurch entstanden, daß bei letzteren der dritte, also letzte Molar und ebenso der dritte und letzte Prämolar geschwunden ist, während der dritte Milchmolar seinen Charakter als Milchzahn verloren hat und zu einem persistenten Zahn geworden ist; somit wäre der Pd_3 der Platyrrhinen dem M_1 der Catarrhinen homolog, der M_1 der Platyrrhinen wäre gleich dem M_2 der Catarrhinen und der M_2 der ersteren gleich dem M_3 der letzteren.

Für den M_3 der Platyrrhinen würde zunächst ein Homologon fehlen, Dasselbe ist nach Bolk in dem vierten Molaren der Anthropomorphen und der Menschen zu suchen, der ja nicht allzuselten zur Beobachtung gelangt.

Als Zwischenglied zwischen dem ursprünglichen platyrrhinen und dem definitiven catarrhinen Gebiß ist das der Hapaliden anzusehen, indem bei ihnen bereits M_3 konstant fehlt, während die zweite Phase der Progression von Pd_3 zu M_1 noch nicht durchlaufen ist.

Leider lag mir die Arbeit im Original nicht vor, so daß es mir nicht möglich ist, ein definitives Urteil über den Wert dieser zum mindesten originellen Hypothese abzugeben.

Die von dem Referenten angegebenen Gründe erscheinen wenig überzeugend.

Die Kompliziertheit und Molarenähnlichkeit der hinteren Pd resultiert aus dem phylogenetischen Entwicklungsgang des Zahnsystems und aus ihrer den Molaren gleichen Funktion. Ich kann daher nicht einsehen, daß das Gebiß durch den Ersatz der komplizierten Pd durch die wesentlich einfacheren P, die ja eine ganz andere Funktion ausüben, minderwertig wird. Ebensowenig kann ich auch einsehen, daß es einen besonderen Gewinst für den Mechanismus des Gebisses bedeutet, wenn der P_3 der Platyrrhinen schwindet und Pd_3 persistent wird, während andrerseits M_3 ausfällt, oder wenn im Zukunftsgebiß des Menschen P_2 nicht mehr durchbrechen, dafür der zweite Milchmolar persistent und zu M_1 werden soll, während der heutige M_1 zu M_2 und M_2 zu M_3 wird, M_3 aber verloren geht. Die Natur geht ja vielfach auf verschlungenen Pfaden, aber dieses wären ja geradezu Irrwege. Auf viel einfacherem und natürlicherem Wege ist doch dasselbe Resultat erreicht, wenn nach unserer Annahme ein vorderer P gänzlich verloren geht und der hinterste M erhalten bleibt.

ein wenig kleiner war. Im Unterkiefer besaß der letzte Molar einen nach rückwärts verlängerten Talon.

Sehen wir nun zu, welche fossilen Formen eine derartige Zahnreihe besessen haben! Ich habe schon vorher bemerkt, daß meine Annahme den Tatsachen der Paläontologie nicht widerspricht. Bevor ich jedoch hierauf näher eingehe, wird es unerläßlich sein, auf die Entwicklung des Gebisses im allgemeinen etwas näher einzugehen. Bekanntlich ist das hochdifferenzierte Säugetiergebiß das Endprodukt einer unendlich langen Entwicklungsreihe, deren erste Anfänge durch die Zahnreihen der niederen Wirbeltiere, Fische, Amphibien, Reptilien repräsentiert werden. Der Ausgangspunkt aller komplizierten Zahnformen ist also eine einfach konische Spitze; aus diesem Konus sind dann auf mechanische Weise nur durch Differenzierung, wie die einen sagen, durch Verschmelzung mehrerer einfacher Zähnchen zu einem größeren und in zweiter Linie erst durch Spezialisierung, wie andere Forscher annehmen, die Zähne der heutigen Säugetiere hervorgegangen. Ich gehe auf die Berechtigung der beiden Theorien an dieser Stelle nicht ein, da ich noch später bei anderer Gelegenheit darauf zurückkommen werde. Hier liegt mir nur daran, die Tatsache ins Gedächtnis zurückzurufen, daß ein aus gleichmäßig großen konisch geformten Zähnen bestehendes Gebiß, wie es, allerdings nicht als ursprünglicher Besitz, die heutigen Zahnwale aufweisen, die Grundform des Zahnsystems der Säugetiere darstellt.

Abgesehen von den Theromorphen, bei denen aus derselben Ursache, wie später bei den Säugetieren eine Differenzierung eintritt, behalten die niederen Wirbeltiere bis zu den Reptilien im allgemeinen diesen Typus bei. Erst bei den Säugetieren, infolge des Übergangs vom Wasser- zum Landleben und den dadurch bedingten morphologischen Umformungen wird auch das Gebiß in hohem Grade in Mitleidenschaft gezogen. Mit der Änderung der Nahrung vollzog sich eine Verkürzung der Kiefer. Die Zähne wurden weniger an Zahl, aber die einfachen konischen Spitzen genügten nicht mehr, die konsistentere Nahrung zu bewältigen. Sie wurden größer und stärker. Auch trat eine Sonderung ein. Während die vorderen Zähne nur zum Festhalten resp. Abbeißen dienten, werden die hinteren, die schon nach mechanischen Gesetzen größere Kraftleistungen zu vollbringen vermochten, zum Zermalmen der Nahrung herangezogen. Wir haben also nur 2 Funktionen, die der Kauapparat zu erfüllen hat. Vorn: Abbeißen resp. festhalten, hinten: kauen. Für die erstere waren die Schneide- und Eckzähne, für die zweiten die Molaren da. Für die Prämolaren fehlt eine besondere Verwendung.

Die Herausbildung des Eckzahns ist leicht verständlich. An

der exponiertesten Stelle des Zahnbogens wird er vorzüglich zum Festhalten resp. auch zu Schutz und Trutz geeignet gewesen sein und daher allmählich bedeutendere Größe erreicht haben. Wie aber die Vergrößerung eines Organs nur auf Kosten anderer vor sich zu gehen pflegt, so wird auch die Entwicklung des Eckzahns die Veranlassung gewesen sein, daß die anschließenden Zähne klein und unbedeutend blieben. Weiter nach hinten vergrößerten sie sich jedoch wieder, um an der Stelle der größten Kraftwirkung das Maximum zu erreichen und zuletzt wieder etwas an Größe abzunehmen. Eine Sonderung in Prämolaren und Molaren wird unmöglich gewesen sein, um so mehr als die ersten Säugetiere doch wohl eine größere Anzahl von Zähnen besessen haben, und, was noch wichtiger ist, auch die hintersten Backzähne ebenso wie die vorderen einem regelmäßigen Wechsel unterworfen gewesen sein werden. Erst als infolge einer weiteren Verkürzung der Kiefer, die hauptsächlich den hintersten Teil derselben betraf, und den hierdurch bedingten ungünstigen Raumverhältnissen, die erste Dentition der Mahlzähne in der zweiten aufging, so daß hier nur eine Zahnreihe zur Entstehung kam, war die Sonderung in Prämolaren und Molaren möglich geworden. Hiermit war aber auch das Moment für die abweichende Gestaltung der Prämolaren gegeben. Da bei den langkieferigen Ahnen der Säugetiere ähnlich wie in der Gegenwart bei Amphibien und Reptilien eine häufigerer Zahnwechsel vor sich gegangen sein wird, werden die Ersatzzähne auch unter annähernd denselben Bedingungen funktioniert haben wie ihre Vorgänger. Anders bei den heutigen Säugetieren. Während die permanenten Schneide- und Eckzähne wohl denselben Platz im Kiefer einnehmen, wie die Incisivi und Canini erster Dentition, haben die bleibenden Prämolaren durch das Wachstum des hinteren Kieferendes ihre Stellung vollkommen verändert. Von dem Punkt der größten Kraftwirkung sind sie nach vorn gerückt und funktionieren nunmehr unter vollkommen anderen Bedingungen. Es ist daher leicht verständlich, daß allmählich eine Gestaltsveränderung eintreten mußte. Die Ergebnisse der Paläontologie stimmen nun mit diesen theoretischen Erwägungen gut überein, zum mindesten widersprechen sie ihnen nicht.

Zunächst ist bedeutungsvoll, daß bei den ältesten Säugetieren, die wir kennen, den triassischen Allotherien, aus der Form ein Unterschied der Backzähne in Prämolaren und Molaren mit Sicherheit nicht feststellbar ist, trotzdem wir es doch hier schon mit verhältnismäßig hoch differenzierten Formen zu tun haben. Ein Zahnwechsel ist bei ihnen bisher auch noch nicht nachgewiesen, so daß die Bezeichnung der vorderen Backzähne, die oft klein und rudimentär sind, als Prämolaren, wie es gewöhnlich geschieht, nur willkürlich und nach Analogie mit jüngeren Formen gewählt werden konnte.

Es ist ferner die schon früher erwähnte Tatsache bemerkenswert, daß fast bei allen Säugetieren die letzten Milchmolaren mehr dem ersten bleibenden Mahlzahn als seinem Nachfolger ähneln. Diese Tatsache gewinnt dadurch an Bedeutung, daß gerade bei den primitivsten fossilen echten Placentaliern, den Condylarthren, Creodonten, ebenso bei Pseudolemuriden auch der letzte bleibende Prämolar mehr den Charakter eines Molaren besitzt, ja demselben sogar vollkommen gleichen kann. Dasselbe finden wir bei der uralten Ordnung der Insectivoren, die ja auch noch in der Gegenwart verbreitet ist. Hier hat, wie schon vorher erwähnt, Leche durch direkte Vergleichung gezeigt, daß die letzten Prämolaren ausgestorbener Formen nicht den Prämolaren rezenter Arten, sondern deren Vorgängern im Gebisse gleichen, und somit das biogenetische Grundgesetz empirisch bewiesen.

Cope hält nun die Condylarthren und zwar Phenacodus, Schlosser die Creodonten für die Formen, aus denen auch der Mensch hervorgegangen ist. Es ist kein Unterschied zwischen beiden Ansichten, denn auch Cope läßt ebenso wie Schlosser die Huftiere von Creodonten abstammen.

Auch waren die primitiven Huftiere und Fleischfresser der ältesten Tertiärzeit lange nicht in dem Maße verschieden, wie es ihre Nachfolger der Gegenwart sind. Je weiter wir in die Urzeit hinabsteigen, um so gleichartiger wird ihre Organisation, um so schwieriger wird es, die einzelnen Ordnungen auseinander zu halten. Auch das Zahnsystem ist weniger differenziert. Es besteht gewöhnlich aus 44 Zähnen. Schneide- und Eckzähne sind konisch. Eine Sonderung in Prämolaren und Molaren ist bereits eingetreten, da erstere gewechselt werden, letztere nicht. Die vorderen Prämolaren sind gleichfalls einfach, während die hinteren, besonders die vierten, komplizierter sind und mehr den Molaren gleichen. Die Molaren können nur 3 Höcker besitzen, 2 Außenhöcker, Paraconus nud Metaconus, und einen Innenhöcker, den Protoconus; sie repräsentieren so das primitive trituberkuläre Stadium. Gewöhnlich ist aber noch ein vierter Höcker vorhanden, der hintere Innenhöcker, der Hypoconus.

Ebenso bestehen auch die unteren Molaren ursprünglich aus 3 Höckern, 2 Innenhöckern, Paraconid und Metaconid, und einem Außenhöcker, Protoconid. Meistens kommt aber hier noch ein zweiter Außenhöcker hinzu, das Hypoconid, so daß dann auch hier 4 Höcker vorhanden sind. Der letzte untere Molar besitzt dann häufig noch einen Talon, dem ein fünfter unpaarer Höcker, das Hypoconulid, seine Entstehung verdankt.

Von Creodonten leitet nun Schlosser weiter die Pseudolemuridae ab, die im Eocän und im untersten Miocän von Europa und Nordamerika gelebt haben. Ihr Gebiß zeichnet sich durch primitive, indifferente Merkmale aus. Sie besitzen noch 44 Zähne. Die Molaren sind fast gleich gebaut wie bei Condylarthren und bei Creodonten; sie besitzen oben 4 Höcker, von denen der zweite Innenhöcker stets kleiner ist als die drei anderen, unten vier bis fünf. Die vorderen Prämolaren sind klein, der untere P_4 kommt aber dem ersten Molaren gleich, während der obere P_4 nur dreihöckerig ist. Wegen der molarenähnlichen Prämolaren kam Schlosser zu folgenden Schlüssen: „Die Pr der ausgestorbenen Pseudolemuriden haben zahlreiche accessorische Verstärkungen der Innenseite aufzuweisen, auch hat der hinterste nahezu die Gestalt eines M angenommen, was bei keinem der echten Affen zu beobachten ist. Die Pseudolemuriden sind daher in dieser Beziehung weiter vorgeschritten und können deshalb unmöglich als die direkten Stammeltern der Affen angesehen werden, denn bei keinem von diesen letzteren hat der letzte Pr die Zusammensetzung eines M erreicht."

Nach Schlosser vermitteln daher auch die Pseudolemuriden gewissermaßen den Übergang zwischen den echten Affen und Lemuren, stehen aber gleichwohl weder mit den einen noch mit den andern in einem direkten genetischen Verhältnis. Nach meiner oben begründeten Auffassung ist dagegen die molarenartige Form der letzten Prämolaren nicht allein kein Hindernis, sondern wir werden sie sogar erwarten müssen, so daß die Pseudolemuriden hiernach sehr wohl auch die direkten Vorläufer der Affen sein könnten. Zweifelhaft ist aber, ob die letzteren ein Halbaffenstadium durchlaufen haben. Nach Schlosser ist das nicht der Fall gewesen, da echte Prosimier mit einem an Zahl bereits stark reduzierten Gebiß ja gleichfalls bereits im Eocän vorhanden waren. Vielmehr dürften sich aus Pseudolemuriden direkt die Platyrrhinen entwickelt haben, aus welchen dann schließlich einerseits die Anthropomorphen, andrerseits die Cynopitheciden hervorgegangen wären. Andere Forscher halten es dagegen nicht für ausgeschlossen, daß auch die Affen noch ein Prosimierstadium durchgemacht haben, während sie einen direkten Zusammenhang zwischen Platyrrhinen und Anthropomorphen leugnen. Von anthropomorphen Formen hätte sich dann der Mensch abgezweigt und sich divergent weiter entwickelt, so daß hiernach Menschenaffen und Mensch die Endglieder einer bis zur Mitte des Tertiärs gemeinsam verlaufenden Entwicklungsreihe repräsentieren dürften.

Diese Auffassung ist wohl die augenblicklich herrschende.

Eine andere Hypothese über die Abstammung des Menschen, die neuerdings von Klaatsch (1899, 1900, 1902) vertreten wird, hat bisher keine Anerkennung gefunden. Ähnlich wie bereits Cope den Menschen direkt von fossilen Lemuriden ableitet, führt ihn Klaatsch direkt auf primitive eocäne Säugetiere zurück und läßt somit die Abstammungslinie desselben ganz unabhängig von den Affen verlaufen. Auch er leugnet indessen keineswegs die enge, auf gemeinsamer Abstammung beruhende Verwandtschaft zwischen Mensch und Anthropomorphen, nur glaubt er, daß die beiden Zweige sich schon an der Wurzel getrennt und verschiedene Bahnen eingeschlagen haben.

Einige Befunde meiner Untersuchungen scheinen mir nun geeignet zu sein, auch auf die spezielle Stammesgeschichte des Menschen einiges Licht zu werfen. Ich habe schon oben bemerkt, daß die Molaren der Creodonten und Condylarthren oben 4, unten 5 Höcker besitzen, ganz wie der Mensch. Vergleichen wir die Backzahnreihen desselben mit den entsprechenden Zähnen dieser ältesten, primitivsten Säugetiere, die wir kennen, so sind wir allerdings zunächst frappiert durch eine überraschende Ähnlichkeit. Gaudry (1901), der berühmte Pariser Paläontologe, hat noch kürzlich auf diese Tatsache, die übrigens schon lange bekannt ist, von neuem aufmerksam gemacht. Die beigegebenen Abbildungen veranschaulichen dieselbe auch äußerst instruktiv. Das menschliche Gebiß scheint sich danach in der Tat als ganz außerordentlich primitiv zu dokumentieren. Die Sache liegt aber doch wesentlich anders! Gaudry hätte es bekannt sein müssen, wenigstens für die unteren Molaren, daß diese Ähnlichkeit eine rein äußerliche ist, und daß die unteren Mahlzähne der Creodonten und Condylarthren, ebenso aber auch die der anderen Formen mit denen der Primaten überhaupt nicht direkt zu vergleichen sind. Denn den letzteren fehlt bekanntlich der vordere Innenhöcker, das Paraconid; wir fanden ihn zwar noch im Milchgebiß des Gorilla deutlich entwickelt, sonst ist er aber nicht mehr vorhanden. Dafür ist aus dem Talon ein hinterer Innenhöcker neu entstanden, das Entoconid, so daß der vierhöckerige oder, falls ein Hypoconulid vorhanden ist, der fünfhöckerige untere Mahlzahn der Primaten nur der Zahl der Höcker nach, nicht aber entwicklungsgeschichtlich mit den Molaren der anderen Placentalien übereinstimmt.

Ähnlich verhält es sich wohl mit den oberen Molaren des Menschen. Es erscheint mir nämlich sehr wahrscheinlich, daß auch sie ursprünglich mindestens 5 Höcker besessen haben, von denen einer im Laufe der Stammesgeschichte verloren gegangen ist, so daß auch diese scheinbar primitive Form erst sekundär durch Rückbildung entstanden ist. Dieser verloren gegangene fünfte Höcker der oberen menschlichen Mahlzähne ist das sogenannte Tuberculum anomalus Carabellis, das Carabellische Höckerchen an der vorderen lingualen Ecke, vor allem der ersten bleibenden Molaren und der zweiten Milchmolaren.

Das Höckerchen, das ja zuerst von Carabelli beschrieben worden ist, kommt, wie bereits im speziellen Teile erwähnt wurde, im bleibenden Gebiß in den verschiedensten Graden der Ausbildung fast in der Hälfte der Fälle vor, noch häufiger ist es im Milchgebiß, denn der zweite Milchmolar besitzt dasselbe nach Zuckerkandl sogar in 80 Prozent. Die Natur des Carabellischen Höckerchens war noch strittig. Cope (1889) hielt es für einen primitiven Bestandteil, der bereits bei Lemuren vorhanden ist, und die gleiche Ansicht vertrat Windle (1887). Batujeff (1896) dagegen hält es für eine progressive Bildung, als eine Tendenz zur Oberflächenvergrößerung, die deswegen gerade am ersten Molaren vorkommt, weil derselbe den größten Kaudruck auszuhalten hat. Auch ich hatte mich zunächst dieser Ansicht angeschlossen (1902); ich glaubte gleichfalls beobachtet zu haben, daß das Auftreten des Carabellischen Höckerchens mit einer Reduktion der beiden hinteren Mahlzähne vergesellschaftet ist, daß hier also gewisse Beziehungen vorhanden sind, indem an Stelle der reduzierten zweiten und dritten Molaren der erste das Bestreben hat, dieses durch eine Verbreiterung seiner Kaufläche zu kompensieren. Es schien mir dieses um so einleuchtender, als nach Batujeff die niederen Rassen das Höckerchen nicht so häufig aufweisen sollten wie die Europäer. Denn da bei letzteren die Reduktion der hinteren Molaren weit häufiger ist und in höherem Grade auftritt, so müßte ja auch das Höckerchen entsprechend öfter vorhanden sein. Ich kann heute jedoch nach Untersuchung eines größeren Materials diese Ansicht nicht mehr aufrecht erhalten. Zunächst stimmt es nicht, daß dasselbe bei Kulturvölkern häufiger ist als bei niederen Rassen. Nach meinen Befunden scheint das Gegenteil der Fall zu sein. Gerade die von mir untersuchte Serie von Neubritannier-Schädeln zeichnete sich durch das häufige Vorkommen äußerst kräftig entwickelter fünfter Höcker bei den ersten oberen Molaren aus. Dazu kommt noch, daß bei der meistenteils sehr starken Abnutzung dieser Gebisse nur die Fälle, in denen es sich um direkte Höcker handelte, d.h. in denen das abgekaute Tuberculum sich durch das hineinragende Dentin als solches markierte, nachweisbar waren, während die weniger ausgeprägten Fälle sich der Beobachtung entzogen, so daß in Wirklichkeit das Höckerchen sicherlich noch häufiger vorhanden gewesen sein wird. Auch ist es wohl nicht zutreffend, daß dasselbe besonders häufig dann beobachtet werden kann, wenn die hinteren Molaren reduziert sind. Da beim Kulturmenschen die geringere Größe der beiden letzten Mahlzähne die Regel ist, da im übrigen auch bei niedrigen Rassen zum mindesten der dritte Molar gewöhnlich kleiner ist, als die beiden vorderen, so kann es nicht wundernehmen, daß auch nicht selten Fälle vorkommen, in denen das Carabellische Höckerchen am ersten Molaren vorhanden ist, wenn der zweite und dritte Mahlzahn Rückbildungserscheinungen aufweisen. Das kann um so weniger auffallen, als die Rückbildung der Molaren von hinten nach vorn fortschreitet, so daß also der erste Molar zuletzt von derselben ergriffen wird. Aus diesen Fällen aber auf einen Zusammenhang zwischen dem Auftreten des fünften Höckerchens und der im Gange befindlichen Reduktion zu schließen, ist doch wohl nicht angängig; denn erstens ist es zum wenigsten ebenso häufig, daß trotz derselben kein Carabellisches Höckerchen vorkommt, zweitens aber kann dasselbe vorhanden sein, auch wenn keine Spur von Rückbildung konstatierbar ist; schließlich konnte ich dasselbe sowohl am zweiten, als auch am dritten Molar beobachten, ja es war auch gleichzeitig am ersten und zweiten oder auch am ersten und dritten Mahlzahn entwickelt. In einem letzteren Falle lag sogar im Kiefer außerdem noch ein überzähliger vierter Molar in Zapfzahnform verborgen.

Daß die von Carabelli bis heute wiederholte Behauptung, das Höckerchen erreiche niemals das Niveau der Kaufläche, gleichfalls ein Irrtum ist, wurde bereits früher hervorgehoben. Am wichtigsten ist jedoch der Nachweis, daß dasselbe im Milchgebisse soviel häufiger vorkommt als in der bleibenden Reihe. Ich habe schon an anderer Stelle auf die Schwierigkeit hingewiesen, diese Tatsache mit der Erklärung des fünften Höckers im progressiven Sinne in Einklang zu bringen. Dieser Umstand ist doch nur dadurch erklärbar, daß wir es hier mit einem uralten Bestandteil zu tun haben, und daß die erste Dentition als Repräsentantin einer älteren Zahngeneration mit ursprünglicherem Gepräge diese Reminiscenz einer früheren Entwicklungsstufe entsprechend häufiger aufweisen wird als die phylogenetisch jüngeren Mahlzähne des bleibenden Gebisses. Für diese Auffassung spricht auch noch folgendes: Ein fünfter Höcker ist — das hat schon Cope in der Tat richtig erkannt — bereits bei Lemuren vorhanden. So können wir z. B. bei Lemur rufus an den oberen Molaren außerordentlich deutlich 5 Höcker unterscheiden (Tafel XXVII, Fig. 100); zunächst die beiden Außenhöcker, Paraconus und Metaconus, und den mit diesen alternierenden, ursprünglich alleinigen Innenhöcker, Protoconus. Vorn und hinten von letzterem entstehen nun aus der Basalleiste zwei weitere Höcker, der hintere Innenhöcker, Hypoconus und noch ein fünfter, vor dem Protoconus gelegener vorderer Innenhöcker. Die beiden letzteren bilden die Lingualseite, Paraconus und Metaconus die Buccalseite des Zahnes; in der Mitte, mit den beiden Höckern der Außen- und Innenseite alternierend, liegt der Protoconus. Der vordere Innenhöcker scheint hier sogar von größerer Bedeutung zu sein als der Hypoconus, der ja zum konstanten Bestandteil des Primatenmahlzahns geworden ist, denn während letzterer nur am ersten Molaren gut entwickelt vorhanden ist, am zweiten aber bereits rudimentär wird und am dritten fehlt, ist der vordere Innenhöcker bei sämtlichen drei Mahlzähnen anwesend, so daß der dritte Molar wohl auch 4 Höcker besitzt, der vierte jedoch nicht durch den Hypoconus, sondern durch den vorderen Innenhöcker repräsentiert wird. Von fossilen Halbaffen sollen nach Cope Chriacus pelvideus und Chriacus truncatus derartig gebaute Molaren besessen haben. Überhaupt finden wir ja schon bei den ältesten Formen sehr komplizierte fünf- und sechshöckerige obere Mahlzähne; auch ist nicht selten ein kräftiges Basalband vorhanden, aus welchem in der Tat neue Höcker entstehen können. Bei den Affen ist nun eine Basalleiste in mehr oder minder starker Ausbildung auf der vorderen lingualen Seite der oberen Molaren fast stets vorhanden, desgleichen bei den Anthropoiden; einen fünften Höcker habe ich dagegen nur einmal konstatieren können und zwar bei einem Hylobates Lar. Unter 76 Schädeln verschiedener Gibbonarten fand ich einen, dessen erster und zweiter oberer Mahlzahn einen fünften Höcker in derselben kräftigen, typischen Entwicklung zeigte, wie er oben beim Menschen beschrieben worden ist. Der Zahn erhält dadurch ein so menschenähnliches Aussehen, daß, abgesehen von der Größe, kaum ein Unterschied vorhanden ist (Tafel XX, Fig. 78b). Nur am rechten zweiten Molaren ist übrigens ein direkter Höcker bemerkbar, während bei dem entsprechenden linken Mahlzahn an seiner Stelle nur eine kräftig entwickelte Basalleiste den Protoconus umsäumt. Hieraus geht zunächst hervor, daß, ebenso wie der Hypoconus, der hintere Innenhöcker ursprünglich aus der Basalleiste entstanden ist, dieselbe auch Veranlassung zur Entwicklung eines vorderen Innenhöckers geben kann. Wir werden also auch für das Tuberculum anomalus des Menschen mit vollem Recht einen gleichen Bildungsmodus voraussetzen dürfen; jedenfalls liegt nicht der geringste Grund vor, eine andere Entstehungsursache für ihn in Anspruch zu nehmen. Alle soeben erörterten Tatsachen sprechen aber ferner dafür, daß wir es nicht etwa mit einer gelegentlich auftretenden Variation oder mit einer progressiven Bildung zu tun haben, sondern daß der fünfte Höcker ein ursprünglich normaler Bestandteil der menschlichen Molaren ist, der im Laufe der Stammesgeschichte der Reduktion anheimgefallen, dessen Rückbildung jedoch noch nicht völlig beendet ist.

Es fragt sich nun, wie sich die Anthropoiden in dieser Beziehung verhalten. Trotz des verhältnismäßig reichlichen Materials, das mir zur Verfügung stand, war jedoch der oben erwähnte Hylobatesschädel der einzige, der einen positiven Befund bot. Ein derartig vereinzelter Fall ist selbstverständlich prinzipiell ohne Wert. Es kann hier lediglich eine Anomalie vorliegen, der eine stammesgeschichtliche Bedeutung nicht zukommt! Für Atavismus spricht jedoch die Tatsache, daß bei Pliopithecus antiquus der vordere Innenhöcker sämtlicher oberer Molaren von einem Basalwulst umgeben ist, der in die Spitze des Hypoconus ausläuft, also ganz so, wie es hier bei dem zweiten Mahlzahn der Fall ist, während bei dem ersten Molaren ein ausgesprochener, kräftig entwickelter Höcker vorhanden ist.

Bei den drei großen Anthropomorphen, vor allen Dingen beim Schimpanse und Gorilla, war wohl eine Basalleiste vorhanden, einen fünften Höcker konnte ich jedoch niemals beobachten. Ich brauche wohl nicht zu erwähnen, daß der von Selenka beschriebene Nebenhöcker an der Innenseite der oberen Molaren des Orang selbstverständlich mit diesem Höcker nicht identisch ist. Schon der Ort des Entstehens ist ein anderer, denn während der erstere sich aus dem Kaurelief resp. aus dem Vorderrand selbst erhebt, entsteht der letztere aus der Basis des Zahnes, der Basalleiste. Beim Menschen kommen übrigens beide Höcker nebeneinander vor. (Tafel V, Fig. 24.) Es fragt sich nun ferner, ob die oberen Molaren der Anthropomorphen vielleicht überhaupt niemals einen fünften Höcker besessen haben, oder ob die Reduktion desselben bei ihnen bereits beendet ist. Beides ist möglich. Nehmen wir aber das erstere an — und ich halte dieses für das Wahrscheinlichere —, so erhalten wir ein neues wichtiges Moment, das den Menschen und die Menschenaffen scharf scheidet. Ist dagegen das zweite der Fall gewesen, dann kommen wir auch immer wieder zu demselben Schlusse, den wir schon früher ausgesprochen haben, daß ihre Trennung zum mindesten sehr weit zurückreicht, denn zu dem vollständigen Verluste eines Höckers gehören ohne Frage Zeiträume, die nicht lange genug angenommen werden können.

Hierzu kommt nun noch die früher erörterte Tatsache, daß eine Überzahl im Gebisse des Menschen hauptsächlich und am häufigsten die Schneidezähne und an zweiter Stelle erst die Prämolaren betrifft. Wir müssen daraus schließen, daß, falls hier

Atavismus vorliegt, zuletzt ein Incisivus und vor diesem bereits ein Prämolar geschwunden ist, so daß also der nächst vorhergehende Vorfahr des Menschen die Formel $\frac{3}{3}\frac{1}{1}\frac{2}{2}\frac{3}{3}$ besessen haben müßte, eine Formel, die bei keinem bekannten rezenten oder fossilen Affen oder Halbaffen vorkommt. Unter Berücksichtigung all der primitiven Charaktere des menschlichen Gebisses halte ich es für durchaus nicht unmöglich, daß wir es auch hierin in der Tat mit atavistischen Erscheinungen zu tun haben. Mensch und Anthropomorphen hätten danach die gleiche Zahnformel auf verschiedenen Wegen erworben, und wir wären dann gezwungen, den Stammbaum der beiden Formen schon von der gemeinsamen Urform an zu trennen.

Meine Anschauung nähert sich somit der von Klaatsch vertretenen Hypothese, nach welcher der Mensch direkt von primitiven eocänen Säugetieren abstammen soll.

Gegen diese Auffassung macht Schwalbe vor allen Dingen geltend, daß dieselben Merkmale, welche die eigentlichen Affen von den Halbaffen unterscheiden, auch dem Menschen zukommen. Ferner hebt Schwalbe hervor, daß die Summe der gemeinsamen Merkmale des Menschen und der einzelnen Familien der Affen in der Reihenfolge Platyrrhinen, Catarrhinen, Anthropoiden zunimmt, und daß die Summe der mit dem Menschen gemeinsamen Merkmale zweifellos am größten bei den Anthropoiden ist. Ich glaube jedoch, daß diese Erwägungen durchaus nicht gegen die Annahme von Klaatsch zu sprechen brauchen. Wir stellen uns wohl den stammesgeschichtlichen Entwicklungsgang der Säugetiere noch zu einfach vor. Vor allem gibt das Bild eines Baumes, dessen verschiedenartige Endzweige in eine gemeinsame Wurzel zurücklaufen, meines Erachtens nur dann eine vielleicht annähernd richtige Vorstellung, wenn wir diese gemeinsame Wurzel in der Wurzel des Säugetierstammes selbst annehmen. Später wird sich die phylogenetische Entwicklung mehr in der Form von nebeneinander mehr oder weniger divergent verlaufenden Reihen vollzogen haben. So halte ich es für ausgeschlossen, die gemeinsamen Ahnen sämtlicher Primaten im Eocän oder gar noch später suchen zu wollen. Sind doch die Creodonten des ältesten Tertiärs, die ich zwar nicht für die Ahnen, aber doch wenigstens für Vorfahren der Primaten halte, bei aller sonstigen Primitivität schon hoch differenzierte Säugetiere, die sicherlich eine lange Vorgeschichte hinter sich haben. Ich glaube daher auch, daß unter ihnen bereits sämtliche Zweige der Primaten in scharf geschiedenen Formen vorhanden waren. Die gemeinsame Urform müßte in viel früheren Zeitepochen angenommen werden, eventuell müßte sie mit der Stammform sämtlicher

Placentalier zusammenfallen. Aus den verschiedenen Familien der Creodonten werden sich nun, mehr oder weniger parallellaufend, die verschiedenen Formen der Pseudolemuriden entwickelt haben, von denen eine oder mehrere, ohne Nachkommen zu hinterlassen, bereits im Eocän ausgestorben sind. Aus Pseudolemuriden sind dann entsprechend mehrere Gruppen von Prosimiern entsprossen. Auch von diesen sind einige früher erloschen, andere haben sich verhältnismäßig wenig verändert bis zur Jetztzeit fortgepflanzt. Aus Prosimiern sind aber, wenn wir Schlosser, diesem ausgezeichneten Kenner der fossilen Säugetierwelt, folgen wollen, auch die Platyrrhinen entstanden, die in mehreren Gruppen heute noch existieren, während andere Zweige derselben wieder in Parallelformen, Cynopitheciden, Anthropomorphen und die Gattung Homo hervorgehen ließen. Nun darf man sich aber den Entwicklungsgang der einzelnen Gruppen nicht etwa genau parallel vorstellen. Nur der Mensch und die Anthropomorphen, wahrscheinlich schon aus äußerst gleichartigen Formen hervorgegangen, werden sich von Anfang an dicht nebeneinander entwickelt haben, sie werden daher auch eine größere Anzahl gemeinsamer Charaktere aufweisen, als die anderen Zweige, die teils eine divergente Richtung eingeschlagen haben, teils auf einer früheren Entwicklungsstufe stehen geblieben sind.

Auch wird sich in Wirklichkeit das Bild sicherlich dadurch noch komplizierter gestaltet haben, daß, während die Stammlinien ausstarben, Seitenzweige entstanden, die an ihre Stelle traten, den Stamm weiter fortführten und denselben heute repräsentieren. Schließlich sollen ja aber alle Konstruktionen von Stammbäumen auch nur eine annähernde Vorstellung davon geben, in welcher Weise die Entwicklung der Organismen sich vollzogen haben kann.

Auch beifolgende Stammtafel macht selbstverständlich keinerlei Anspruch darauf, das Problem der Abstammung des Menschen etwa lösen zu wollen; wie so viele andere Stammbaumkonstruktionen ist auch diese lediglich nur ein Versuch, in großen Zügen die Entstehung der Primaten zu veranschaulichen, ohne mit den Ergebnissen der eigenen Untersuchungen in Widerspruch zu geraten. Ob derselbe der Wirklichkeit nahe kommt, ist selbstverständlich ebenso zweifelhaft, wie die meisten phylogenetischen Spekulationen. Die Herausbildung der Menschen aus niederen Formen mag noch auf weit verwickelteren Wegen erfolgt sein, als wir uns überhaupt vorzustellen imstande sind. Das eine scheint mir wenigstens festzustehen, daß die bisherigen Darstellungen der Stammesentwicklung der Primaten eine befriedigende Lösung zu geben nicht imstande sind.

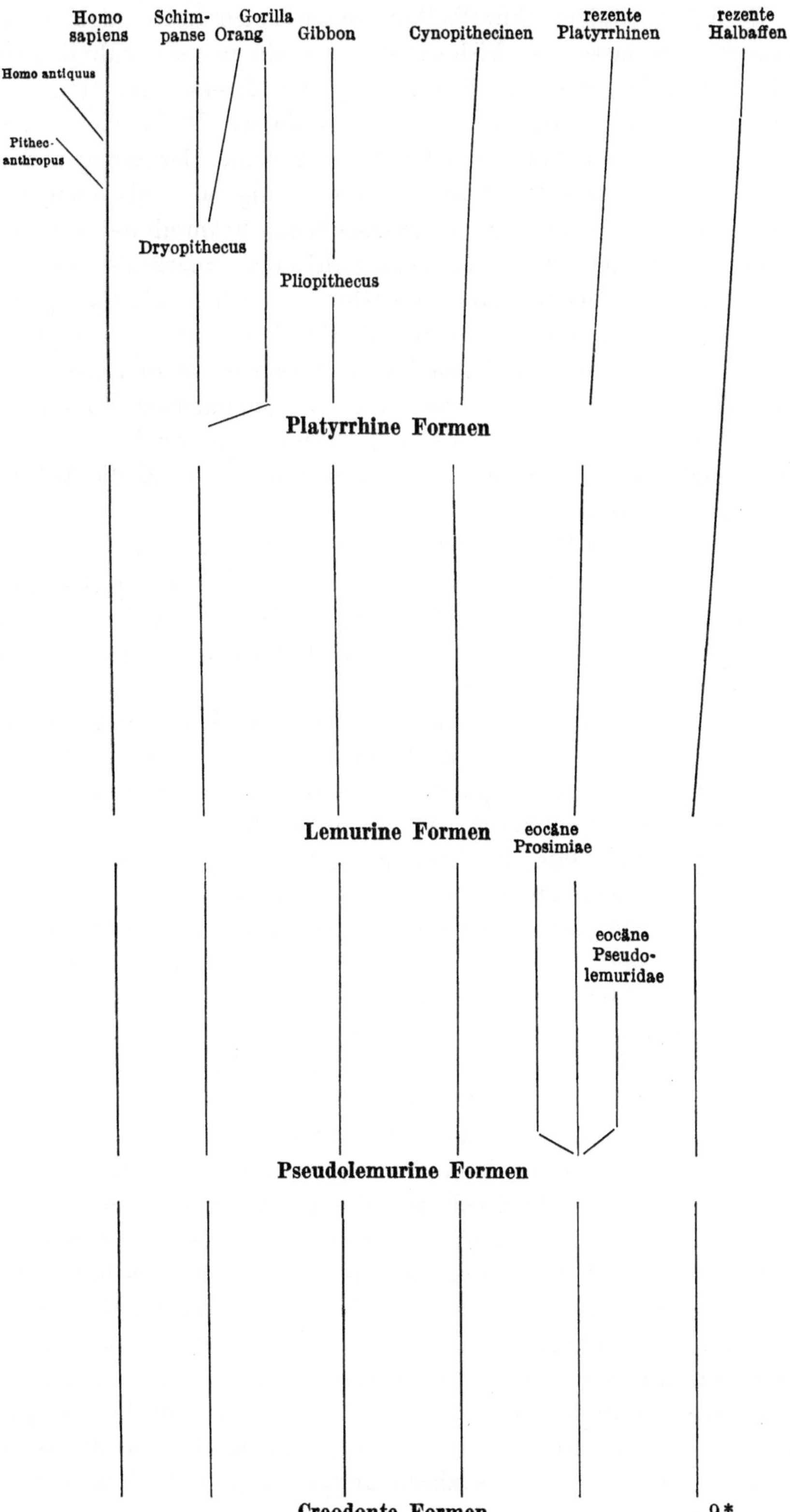
Homo sapiens
Schimpanse
Gorilla
Orang
Gibbon
Cynopithecinen
rezente Platyrrhinen
rezente Halbaffen
Homo antiquus
Pithecanthropus
Dryopithecus
Pliopithecus
Platyrrhine Formen
Lemurine Formen
eocäne Prosimiae
eocäne Pseudolemuridae
Pseudolemurine Formen
Creodonte Formen

Bezüglich einiger Einzelheiten bemerke ich noch, daß ich es unentschieden lasse, ob Pithecanthropus ein menschenähnlicherer Anthropomorphe oder ein Seitenzweig der direkt zum Menschen führenden Entwicklungsbahn ist, was wohl das Wahrscheinlichere sein dürfte. Zweifelhaft sind ferner auch seine Beziehungen zum Homo antiquus, welch letzteren ich vorläufig noch als einen ferneren, jüngsten Seitenzweig der menschlichen Stammlinie auffassen möchte. Im übrigen habe ich mich Schlosser angeschlossen, der, wie schon oben erwähnt, sowohl Anthropomorphen wie Cynopithecinen ein Platyrrhinenstadium durchlaufen läßt. Schlosser stützt sich hierbei auch auf die Tatsache, daß sich unter den Affen der neuen Welt sowohl Formen befinden mit opponierter Höckerstellung der Molaren, wie sie die Cynopithecinen, als auch solche mit alternierender Höckerstellung, wie sie der Mensch und die Anthropomorphen besitzen.

So gibt es auch Platyrrhinen, deren Gebiß eine ganz auffallende Ähnlichkeit mit dem des Menschen hat (Tafel XXVII, Fig. 101a, b); ja bei einzelnen Formen gleichen sogar die unteren Prämolaren, von denen hier bekanntlich noch drei vorhanden sind, den menschlichen ungemein; sie sind rundlich und besitzen 1 Außen- und 1 Innenhöcker, auch P_1, nur ist bei diesem der Außenhöcker etwas höher, während der letztere niedriger ist, ganz wie es im Gegensatz zu den Anthropomorphen, deren erster unterer Prämolar ja eckzahnähnlich differenziert ist, bei dem Menschen der Fall ist (Tafel XXVII, Fig. 102a, b). Immerhin kann es sich jedoch auch hierbei lediglich um Konvergenzerscheinungen handeln, so daß auch die andere Anschauung, nach der die Platyrrhinen ein selbständiger Zweig der Primaten sind, sicherlich ebenso große Berechtigung hat. Daß ebenfalls der Gibbon einen besonderen Zweig bildet, der schon seit undenklichen Zeiten getrennt von den anderen Primaten sich entwickelt hat, scheint mir aus den Untersuchungen Kohlbrugges und Ruges mit Sicherheit hervorzugehen.

Meine Auffassung über die Entwicklung des Menschen und der anderen Primaten aus niederen Formen unterscheidet sich also insofern von den augenblicklich am häufigsten vertretenen Abstammungshypothesen und nähert sich darin mehr der Hypothese von Klaatsch, daß ich wohl eine gemeinsame Urform sämtlicher Primaten annehme, daß ich diese aber bis an die Wurzel des Säugetierstammes zurückverlege und von hier aus die verschiedenen Zweige in parallelen oder divergierenden Linien sich entwickeln lasse. Nur auf diese Weise läßt es sich, scheint mir, befriedigend erklären, daß der Mensch in so vielen Eigenschaften direkt an eocäne und noch ältere Vorfahren knüpft, Eigenschaften, die die anderen Primaten schon im Miocän längst verloren haben, während er andererseits mit ihnen teil noch viele gemeinsame Züge besitzt, teils sie in anderer Beziehung weit überholt hat. Ähnlich verhält es sich mit den anderen Ordnungen. Auch hier viele auf gemeinsamer Abstammung beruhende gemeinsame Charaktere neben primitiven, nur ihnen zukommenden Merkmalen und neu erworbenen Differenzierungen! Daß diese Art der Stammesentwicklung es nicht ausschließt, daß der Mensch und die Anthropomorphen eine größere Anzahl gemeinsamer Eigenschaften aufweist, als die anderen Formen, daß auch die Resultate des biologischen Verfahrens hiermit vereinbar sind, liegt auf der Hand.

Das Verhältnis der Zahl der Wurzeln zu der Anzahl der Kronenhöcker.

Es bleibt nun noch übrig, zu prüfen, ob die vorliegenden Untersuchungen auch geeignet sind, über einige Fragen rein entwicklungsgeschichtlicher Natur Aufklärung zu geben. Gorjanović-Kramberger hat in seinen Arbeiten über die Zähne des Homo primigenius von Krapina die Ansicht ausgesprochen, daß ein gewisser genetischer Zusammenhang zwischen den Kronenhöckern und den Wurzeln entnommen werden kann, woraus sich der Schluß ziehen lasse, daß die Anzahl der Zahnkronenhöcker aus der Verwachsung einer gleichen Anzahl von Zahnkegeln hervorgegangen ist. Aus einem bei einem noch nicht in Funktion gewesenen Schneidezahn vorhandenen Einschnitt in der Mitte der Schneide, ferner aus einer Spaltung der basalen Höcker an der Lingualfläche derselben, sowie aus der Anwesenheit einer Längsfurche auf der vorderen Wurzelfläche zweier oberen Milchincisiven schließt Gorjanović-Kramberger, daß die Sckneidezähne aus der Verschmelzung zweier Zähne entstanden seien. Der Eckzahn entspricht seiner Ansicht nach im großen und ganzen den J, und einen eckzahnähnlichen Zahn betrachtet er als Einheit, als Höcker der übrigen Zähne, nämlich der Backen- und Mahlzähne. Die Prämolaren sollen hervorgegangen sein aus der Verschmelzung zweier eckzahnartiger Zähne, die Molaren endlich sind aus 4, 5 oder auch mehreren Höckern verschmolzen.

Um diese Behauptung von Gorjanović-Kramberger einer Kritik zu unterziehen, dürfte es zweckmäßig sein, die beiden herrschenden Theorien über die Entstehung der Säugetierzähne kurz zu rekapitulieren. Die eine, von den amerikanischen Paläontologen Cope und Osborn aufgestellt und in vollendetster Weise ausgebaut, nimmt an, daß jeder Zahn, sei er auch noch so kompliziert, sich infolge mechanischer Ursachen durch allmähliche Differenzierung aus einem einfachen konischen Zahngebilde, wie es noch heute bei niederen Wirbeltieren allgemein vorkommt, entwickelt hat. An der Basis dieses Kegelzahnes sollen zunächst vorn und hinten ganz kleine Nebenzäckchen entstehen, die allmählich größer werden und schließlich eine Krone mit drei hintereinander liegenden Zacken, von denen der mittlere der ursprüngliche ist, bilden. Durch den Kauakt soll nun eine Verlagerung der Zacken eintreten, und zwar werden die beiden Nebenzacken weniger widerstandsfähig in dieser

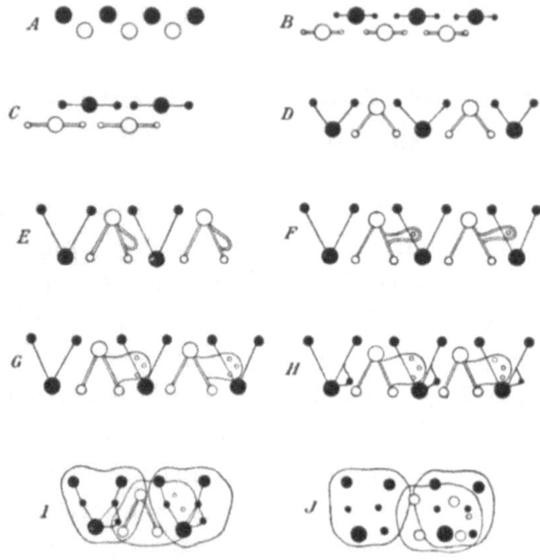

Fig. 7. Schema der mechanischen Entwicklung der Molarenhöcker (nach Osborn). *A* Haplodontes Stadium (Perm), *B* Protodontes Stadium (Trias), *C* Triconodontes Stadium (Amphilestes) *D* Trituberkuläres Stadium (Spalacotherium, *E* Trituberkulär-tuberkulär-sektoriales Stadium (unterer Jura), *F* Dasselbe (oberer Jura), *G* Dasselbe (obere Kreide), *H* Dasselbe (unteres Eocän), *I* Sexituberkulär-sexituberkuläres Stadium (Puerco), *J* Sexituberkulär-quadrituberkuläres Stadium (Wahsatch).

Beziehung sein und ihre Stellung leichter verändern als der mittlere Hauptzacken. Sie werden dem auf sie einwirkendem Kaudrucke nachgeben, und zwar verschieben sie sich im Oberkiefer nach außen, im Unterkiefer nach innen. Es ist dies der trituberculäre Zahn. Werden die drei Höcker durch Leisten verbunden, so entsteht die als trigonodont bezeichnete Zahnform. Von hier an bewegt sich die Cope-Osbornsche Theorie auf gesicherten Bahnen. Mit Ausnahme der Zähne der triassischen Multituberculaten muß die Entstehung sämtlicher komplizierter Säugetierzahnformen aus einer dreihöckerigen Grundform als feststehend angenommen werden. Fig. 7 und 8, die einer Arbeit von Osborn entnommen sind, demonstrieren schematisch die Entwicklung der

Molarenhöcker. Dem unermüdlichen, geistvollen Forscher ist es in der Tat gelungen, die allmähliche Bildung neuer Zahnbestandteile im Laufe der Stammesgeschichte mit Hilfe der Paläontologie nachzuweisen. Hier ist sicherlich die mechanische Einwirkung des Kauaktes unter dem Einflusse der verschiedenartigen Ernährung tätig gewesen. Dagegen kann die Entstehung des triconodonten Zahnes aus dem einfachen Kegelzahn, die Umwandlung des triconodonten in den trituberculären Typus, der multituberculate Zahn aus

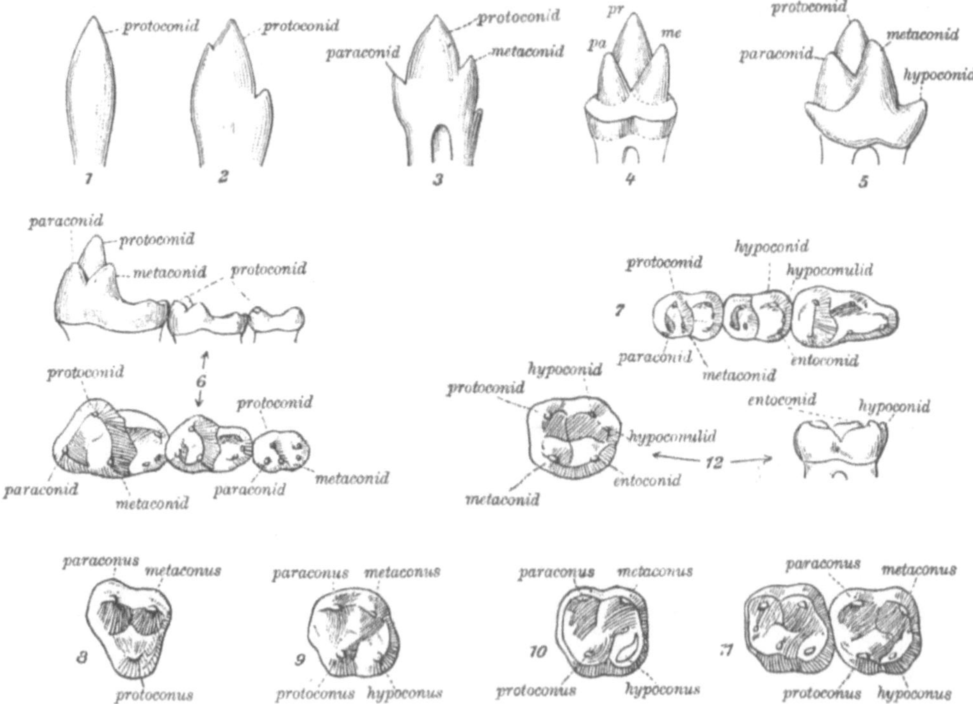

Fig. 8. Schema der Entwicklung der Molarenhöcker des Menschen (nach Osborn).
1 Reptil, *2* Dromatherium, *3* Microconodon, *4* Spalacotherium, *5* Amphitherium, *6* Miacis, *7—8* Anaptomorphus, *9—10* Verschiedene Primaten, *11—12* Mensch.

mechanischen Ursachen nur unter Zuhilfenahme ganz gekünstelter Hypothesen erklärt werden, die durchaus problematisch sind. Diese Schwierigkeit löst nun die Konkreszenztheorie, die zwar schon älteren Ursprungs ist, in neuerer Zeit aber besonders von Kükenthal (1892) und Röse (1895) zur Erklärung des Säugetiergebisses wieder aufgenommen wurde. Hiernach sollen vor allem die mehrhöckerigen Zähne durch eine Verschmelzung mehrerer kegelförmiger nicht allein hinter-, sondern auch nebeneinander gelegener, also ursprünglich verschiedenen Dentitionen angehöriger Einzelzähne entstanden sein. Röse (1892) glaubte sogar entwicklungsgeschichtlich nachweisen zu können, daß die Anlage der menschlichen Molaren aus mehreren miteinander verschmolzenen Papillen hervorgehe: „Die Spitze jeder einzelnen dieser verwachsenen Papillen entspricht in Form und Lage einem Höcker des ausgebildeten Mahlzahnes. Wenn die Abscheidung von Zahnbein und Schmelz beginnt, so geschieht dieses zuerst in der Spitze jeder einzelnen Papille derart, daß der Molar der Säugetiere zu einer Zeit seiner Entwicklung entsprechend der Anzahl seiner späteren Höcker aus der gleichen Anzahl kegelförmiger Einzelzähnchen besteht, welche mit den kegelförmigen Zähnen der Reptilien große Ähnlichkeit haben.“

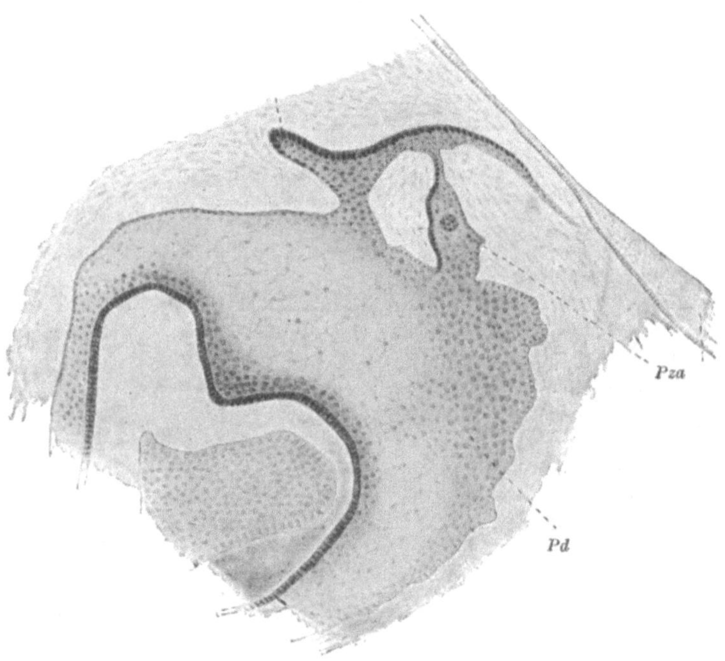

Fig. 9. Frontalschnitt durch den Schmelzkeim des unteren Prämolaren von Spermophilus leptodactylus. Eine prälacteale Anlage *(Pza)* in Verbindung mit dem lingual liegenden Schmelzorgan des *Pd*.

Während aber diese Behauptung von einer tatsächlich während der ontogenetischen Entwicklung zu beobachtenden Verwachsung mehrerer Einzelpapillen bei Bildung der Säugetiermolaren sich als falsch erwies — jeder Zahn, sei es ein einfacher Schneidezahn oder der komplizierteste Elefantenbackzahn, geht unabänderlich aus einer einheitlichen Anlage hervor; erst sekundär beginnt die Höckerbildung — so sind doch neuerdings eine Reihe von Untersuchungen veröffentlicht worden, die zum mindesten die Beteiligung mehrerer Dentitionen an dem Aufbau eines Zahnes außer allen Zweifel zu stellen scheinen. Textfigur 9 zeigt einen derartigen Befund, der meines Erachtens keine andere Deutung zuläßt. Es ist der Schmelzkeim des unteren Prämolaren von Spermophilus leptodactylus. Labial desselben liegt eine der sogenannten prälactealen Dentition angehörige Anlage, die sich teilweise mit ihm in Verbindung befindet. Daß wir es hier in der Tat mit einem selbständigen Gebilde und nicht etwa mit einem abgetrennten Stücke des Schmelzorgans zu tun haben, zeigt das auf beiden Seiten, auch auf der Seite, welche der Trennungslinie entsprechen würde, vorhandene Zylinderepithel. Nun darf man sich aber nicht etwa vorstellen, daß eine direkte Verschmelzung vor sich geht. Hier handelt es sich lediglich um Rückbildungserscheinungen, durch die nur die vor uralten Zeiten stattgefundene Verschmelzung wieder sekundär in Erscheinung tritt. Dependorf hat in einer neuesten Arbeit (1907) gegen die Konkreszenztheorie Stellung genommen. Er glaubt, daß die vorliegenden Befunde keine genügende Stütze abgeben für die Annahme, daß das spezialisierte Säugetiergebiß außer durch mechanische Ursachen auch durch Verschmelzungen einzelner einfacherer Komponenten entstanden sei. Ich habe an anderer Stelle (1907) ausführlich dargetan, warum ich mich dieser Auffassung nicht anzuschließen vermag. Solange wir keine bessere Erklärung haben, und eine solche gibt auch Dependorf nicht, haben wir keine Veranlassung, diese Hypothese, die uns über manche dunkle Stelle hinweghilft, ohne daß sie mit anderen Tatsachen in Widerspruch gerät, zu verwerfen.

Verschmelzungsvorgänge im Bereiche des Zahnsystems werden sicherlich bei Herausbildung des Säugetierstammes aus amphibienresp. reptilienähnlichen Vorfahren eine wichtige Rolle gespielt haben. Die Entstehung des triconodonten und des tritubercularen resp. des trigonodonten Zahnes ist nur auf diese Weise erklärbar; Verschmelzungen werden vielleicht überhaupt erst das Material für die bessere Ausbildung und für die weitere Differenzierung geliefert haben, so daß im Grunde genommen auch die auf mechanischen Ursachen beruhende Spezialisierung des Gebisses in letzter Linie dadurch ermöglicht wurde, daß durch früher stattgehabte Verschmelzungen genügendes Schmelzleistenmaterial für eine progressive Entwicklung gegeben war. Andererseits werden wir aber doch auch annehmen müssen, daß im Laufe der unendlich langen Entwicklungsperioden schon allein durch vermehrten Gebrauch die Schmelzleiste zu vermehrter Produktion angeregt wurde, so daß also in den heutigen Zahngebilden auch Material vorhanden ist, das der Schmelzkeim aus sich selbst geschaffen hat. Wie dem aber auch sein mag: ohne Lücke ist die Entwicklung des Säugetiergebisses aus einfachen

Formen meiner Überzeugung nach eben nur mit Hilfe der Konkreszenztheorie vorstellbar.

Aus diesem kurzen Referate geht schon hervor, daß die Annahme Gorjanović-Krambergers, zum Teil wenigstens, eine irrige ist. Die Molaren des Menschen besitzen auch sekundäre Bestandteile, deren Entstehung durch Differenzierung nachgewiesen ist. Dazu gehören bei den oberen Molaren der zweite Innenhöcker, der Hypoconus, bei den unteren das Hypoconid, Hypoconulid und Entoconid, die sämtlich aus dem ursprünglich einfachen Talon hervorgegangen sind. Diese Höcker können also sicherlich nicht ursprünglichen Einzelzähnen entsprechen. Ebensowenig kann aber auch die Anzahl der Wurzeln in diesem Sinne verwertet werden. Denn die Wurzeln sind ohne Zweifel sekundäre Bildungen, und so scheint auch jeder stark in Anspruch genommene Höcker das Bestreben zu haben, eine eigene Wurzel auszubilden. Das geht schon daraus hervor, daß bei den oberen Molaren die linguale Wurzel oft eine Furche aufweist, die sicherlich progressiv gedeutet werden muß in dem Sinne, daß auch der letzte hinzugekommene Höcker, der Hypoconus, eine eigene Wurzel erwerben will. Andererseits liegen einige Tatsachen vor, die in hohem Grade bemerkenswert sind und vielleicht doch eine andere Erklärung verlangen.

Zunächst ist aus der Anatomie des menschlichen Gebisses schon seit lange bekannt, daß Eckzähne mit zwei Wurzeln vorkommen. In einem Falle fand ich auch bei Anthropomorphen (Gorilla) einen Caninus, dessen Wurzel in 2 Spitzen auslief. Im übrigen waren die Wurzeln der Eckzähne in den meisten Fällen der Beobachtung leider nicht zugänglich, sonst bin ich überzeugt, daß ich noch mehr derartige Beobachtungen hätte registrieren können. Man hatte diesem Vorkommnis bisher keine stammesgeschichtliche Bedeutung beigelegt, es scheint doch aber vielleicht nicht ausgeschlossen zu sein, daß hier keine zufällige Anomalie vorliegt. Leche hat wenigstens in seinen Untersuchungen über das Zahnsystem der Erinaceidae nachgewiesen, daß das Vorkommen von 2 Wurzeln bei den oberen Eckzähnen für die Erinaceidae das Primäre ist und sich von einem Prämolarenstadium ableitet.

Ferner ist es wohl ebenso bekannt, daß die Milchschneidezähne des Menschen auf ihrer Vorderfläche bisweilen eine Längsfurche aufweisen. Dasselbe, und zwar besonders ausgeprägt, findet sich bei den Milchincisiven des Homo primigenius von Krapina. Noch deutlicher zeigen diese Längsfurchen die Milchschneidezähne der Anthropomorphen. Die in Fig. 69 abgebildeten mittleren Incisivi erster Dentition von Troglodytes besitzen direkt zwei getrennte Wurzeln, die nur durch eine Zementbrücke verbunden sind. Die bleibenden mittleren Schneidezähne des Orang haben auf der Vorderfläche ihrer Wurzel die schwache Andeutung einer Längsfurche, während beim Gorilla ihre labiale Kronenfläche eine deutliche mittlere Längsvertiefung aufweist. Es kommt aber noch eins dazu! Die mittleren Milchschneidezähne des Homo primigenius besitzen nicht allein eine Längsfurche auf der Vorderfläche der Wurzeln, sondern eine zweite verläuft auf der distalen Seite. Es hat den Anschein, als ob der Zahn ursprünglich 3 Wurzeln besessen hätte, zwei labiale und eine linguale, die dem Tuberculum entsprechen würde. Bei den Milchincisiven von Troglodytes ist die distale Furche nur ganz andeutungsweise vorhanden. Sehr deutlich ist sie dagegen bei den bleibenden J von Simia. Hier ist sie distal und mesial gut ausgeprägt; sie trennt augenscheinlich nur eine Wurzel ab, während die breitere Vorderfläche durch eine flache Vertiefung ursprünglich 2 Wurzeln annehmen läßt.

Leche hat nun bei seinen oben erwähnten Untersuchungen gefunden, daß auch bei Erinaceidae Schneidezähne mit Furchen vorkommen. Leche faßt dieses als den Anfang der Zweiwurzeligkeit, als eine progressive Bildung auf, die durch die starke Kronenausbildung dieser Zähne hervorgerufen wird. Sollte hier aber nicht Atavismus vorliegen?

Sicher hat die Annahme Leches viel für sich. Auch ich halte, wie schon oben erwähnt, die Wurzelbildung für eine sekundäre Erscheinung, deren Wert für phylogenetische Spekulationen zum mindesten höchst zweifelhaft ist. Wenn aber Leche den Eckzahn aus einem Prämolarenstadium ableitet, warum nicht auch die Schneidezähne? Denn darin hat wohl zweifellos Gorjanović-Kramberger recht: der Eckzahn entspricht im großen und ganzen den Schneidezähnen, er ist nur seiner Funktion entsprechend zugespitzt — das lehrt uns offensichtlich der nur wenig spezialisierte Eckzahn des Menschen —, während die Auffassung Krambergers, daß die Prämolaren aus 2 eckzahnartigen Zähnen entstanden sein sollen, entschieden irrtümlich ist. Meines Erachtens sind Schneidezähne, Eckzähne, Prämolaren und Molaren auf jeden Fall nur Umwandlungen einer Grundform. Als diese Grundform könnte vielleicht die trituberculäre angenommen werden, mit 2 Außen- und 1 Innenhöcker, und dementsprechend mit 2 labialen resp. buccalen und 1 lingualen Wurzel. Das deutliche Vorhandensein zweier getrennter Wurzeln bei Schneidezähnen des primitiveren Milchgebisses des Menschen und der Anthropomorphen, sowie das Vorkommen zweier Wurzeln bei Eckzähnen wären somit Rückschlagserscheinungen auf diese trituberculäre Grundform, nicht aber zufällige Anomalien oder gar progressive Bildungen. Gegen letzteres spricht vor allen Dingen das häufige Vorkommen dieser Erscheinungen im Milchgebiß; immerhin muß die Frage, in welcher Weise diese auffallenden und interessanten Befunde zu deuten sind, zurzeit noch als eine offene bezeichnet werden. Ebensowenig können dieselben aber als Beweis für eine einst stattgehabte Verschmelzung gelten. Wenn ich auch stets die Ansicht vertreten habe, daß auch die Schneidezähne aus der Verschmelzung mehrerer Einzelzähne hervorgegangen sind, so ist doch, auch wenn wir einen trituberculären Zahn als Grundform derselben annehmen, noch keineswegs damit gesagt, daß die 3 Höcker desselben auch gerade 3 ursprünglichen Einzelzähnen entsprechen. Es mögen ihrer weniger oder auch mehr zur Bildung eines Zahnes zusammengetreten sein.

Wie aber die Wurzeln stammesgeschichtlich überhaupt ein später Erwerb sind — sie treten zum ersten Male bei höchststehenden Reptilien auf — so folgen sie auch bei der Entwicklung des Einzelzahnes der Ausbildung der Krone nach. Die 3 Wurzeln des trituberkulären Zahnes entsprechen daher nur den 3 Höckern desselben, ohne Rücksicht auf die Zahl der in ihnen enthaltenen Einzelzähne; sie dienen nur dem Zwecke der bestmöglichen Befestigung, deren Art und Weise erst durch die Funktion des Zahnes bestimmt wird. Dasselbe wird selbstverständlich auch bei den komplizierteren Zahnformen der Fall sein.

Die zukünftige Gestaltung des menschlichen Gebisses.

Es ist in den bisherigen Ausführungen versucht worden, den Entwicklungsgang, den das Zahnsystem des Menschen bei seiner Hervorbildung aus einfacheren Zuständen genommen und die Veränderungen, die dasselbe im Laufe der Stammesgeschichte durchgemacht hat, festzustellen. Diese Umformungen, die ja auch heute noch andauern, legen den Gedanken nahe, sich über die zukünftige Gestaltung des menschlichen Kauapparates eine Vorstellung zu machen. Da ist zunächst eines Vorganges zu gedenken, der bereits im speziellen Teile besprochen wurde und der in dieser Beziehung von hervorragender Bedeutung ist, des offenbaren allmählichen Schwindens zweier Zähne, des seitlichen oberen Schneidezahnes und der dritten Molaren. Man hielt diese Erscheinung bisher allgemein für ein Zeichen der Entartung, deren unheilvolle Folgen sich auch in der Tat im Gebisse der höheren Kulturvölker in hohem Grade bemerkbar machen. Ich habe schon früher erwähnt, daß ich diesen Standpunkt nicht vertrete. Entartung kann wohl ein Organ schwächen, es in seiner Funktionstüchtigkeit herabsetzen, es aber niemals zum Schwinden bringen.

Andrerseits, wenn wir annehmen, daß Mangel an Gebrauch, hervorgerufen durch die weichere Kost der zivilisierten Völker, die Ursache für den Verlust der beiden Zähne ist, dann ist dieses ein rein physiologischer Vorgang, der mit Entartung nichts zu tun hat; außerdem ist es sogar fraglich, ob mangelnder Gebrauch wirklich den gänzlichen Verlust eines Körperteiles herbeiführen kann. Daß wir es hier aber nicht mit Entartungserscheinungen zu tun haben, geht auch schon daraus hervor, daß rückgebildete Weisheitszähne auch bei niederen Rassen, ja sogar bei Anthropomorphen vorkommen, bei denen von Degeneration nicht die Rede sein kann. Ich erinnere hierbei zunächst an die Neubritannier, bei denen anstelle der dritten Molaren trotz reichlich vorhandenen Raumes Zapfzähne vorhanden sind. Wir werden uns also nach einer anderen Ursache umsehen müssen. Diese Ursache ist eine stammesgeschichtliche.

Der Mensch teilt dieses Schicksal mit vielen, ja den meisten Säugetieren. Seit undenklichen Zeiträumen sehen wir fast allgemein eine Verringerung der Zahnzahl und eine Verkürzung der Kiefer eintreten, eine Tendenz, die auch heute noch anhält.

Bei vielen Säugetierformen können wir die Umwandlung des Gebisses mit Hilfe der Paläontologie schrittweise verfolgen. Ein treffliches Beispiel bietet die Familie der Rhinoceridae.

Von den Amynodontinae und Hyracodontidae des Eocän an, die noch die Formel $\frac{3}{3}\frac{1}{1}\frac{4}{4}\frac{3}{3}$ und $\frac{3}{3}\frac{1}{1}\frac{4}{3}\frac{3}{3}$ aufweisen, wird die Zahnzahl immer mehr verringert, bis wir schließlich zu dem rezenten Atelodus gelangen, der nur $\frac{0}{0}\frac{0}{0}\frac{4}{4}\frac{3}{3}$ besitzt.

Es fragt sich nun, ob die Verkürzung der Kiefer und die Reduktion der Zahnzahl in ursächlichem Verhältnis zueinander stehen, derart, daß infolge Raummangels der Verlust einzelner Zähne resultierte. Daß beide Prozesse Hand in Hand gehen, ist wohl auch in der Tat mit Sicherheit anzunehmen; dagegen zeigt der oben erwähnte Fall, daß Zähne rückgebildet sein können, auch wenn reichlich Platz vorhanden ist. Danach müßte man eher zwei parallel verlaufende Entwicklungsvorgänge annehmen.

Röse (1906) hat sich, wie schon früher erwähnt, erst neuerdings auch mit dieser Frage beschäftigt und glaubt nachgewiesen zu haben, daß bei den höherstehenden europäischen Menschenrassen mit größeren Gehirnen die Rückbildung der seitlichen oberen Schneidezähne und der Weisheitszähne im allgemeinen weiter vorgeschritten ist als bei den tieferstehenden außereuropäischen Rassen. Röse wirft die Frage auf, ob nicht vielleicht die allmähliche Rückbildung der seitlichen Schneidezähne auf die zunehmende Entwicklung des Gehirnes zurückzuführen ist. Ich glaube dies nicht!

Mit demselben Rechte könnte man auch umgekehrt schließen. Ich glaube aber, daß eine höhere Entwicklung des Gehirnes überhaupt erst dann eintreten konnte, als die Kaumuskulatur nicht mehr derartig beengend auf die Schädelkapsel einwirkte, wie es z. B. noch bei den Anthropoiden der Fall ist. Beide Prozesse stehen sicherlich in Beziehung zueinander, wie ja stets die Umformung eines Organes auch eine Reihe anderer in Mitleidenschaft zieht. Ich wäre aber eher geneigt, anzunehmen, daß die Verkürzung der Kiefer und die Verringerung der Zahnzahl Entwicklungsvorgänge, die ja dem Menschen nicht eigentümlich, sondern seit dem Eocän die ganze Säugetierreihe beherrschen, die primäre Ursache sind. Aber erst nachdem der Mensch den aufrechten Gang erworben, konnte die Ausbildung des Gehirnes und Schädels vor sich gehen. Die Entwicklung eines menschlichen Schädels bei einem Quadrupeden ist, wie Schwalbe nachgewiesen, schon aus statischen Gründen undenkbar. Die häufigere Rückbildung des zweiten Schneidezahnes bei höheren Rassen dürfte daher auch eine andere Ursache haben: Sie ist doch wohl, wenn auch nur indirekt, eine Folge der Entartung. Zweifellos ist Degeneration nicht imstande, einen Zahn mitten aus der geschlossenen Reihe zu eliminieren. Wenn aber die stammesgeschichtliche Rückbildung eines Zahnes im Gange ist, dann kann dieselbe bei mangelnder Kautätigkeit und allgemeinen Entartungserscheinungen sicherlich hierdurch beschleunigt werden, während sie bei niedrigen unverbrauchten Rassen, wenn sie auch nicht aufgehalten werden kann, doch ihren normalen Verlauf nehmen wird. Aus diesem Grunde ist wohl auch, wie Röse weiter gezeigt hat, die Reduktion des seitlichen Schneidezahnes beim weiblichen Geschlechte weiter vorgeschritten als beim männlichen. Denn, wenn auch Röse in einer anderen Arbeit nachweist, daß — die progressive Zahnkaries als Degenerationszeichen aufgefaßt — Knaben und Mädchen durchschnittlich gleich viel kranke Zähne haben, so ist damit noch nicht bewiesen, daß die Widerstandsfähigkeit der Zahnsubstanzen dieselbe ist. Im 12. Lebensjahre ist die Durchschnittszahl der erkrankten Zähne gleich groß, im 13. und 14. Lebensjahre aber haben die Mädchen bereits etwas schlechtere Zähne. Röse sieht den Grund hierfür darin, daß, da die bleibenden Zähne bei den Mädchen etwas früher durchbrechen, sie auch den schädigenden Einflüssen in der Mundhöhle länger ausgesetzt sind und daher auch früher erkranken werden. „Diesen unangenehmen Vorsprung behält dann das weibliche Geschlecht zeitlebens bei, und schon aus dem Grunde müssen erwachsene Frauen stets etwas mehr erkrankte Zähne haben als gleichalterige Männer.“

Auch hierin kann ich Röse nicht ganz beistimmen. Wenn

die Mädchen schon im 13. und 14. Lebensjahre schlechtere Zähne als die gleichalterigen Knaben haben, so scheint mir doch hieraus hervorzugehen, daß der geringe Zeitunterschied im Zahnwechsel nicht die Ursache hiervon sein kann, um so weniger, als dieser Unterschied nach meinen Erfahrungen vielleicht kompensiert wird durch eine etwas sorgfältigere Zahnpflege der Mädchen. Der Grund ist wohl ein anderer. Die geringere Widerstandsfähigkeit des weiblichen Organismus, die sich schon in seiner gesamten anatomischen Beschaffenheit ausspricht, bedingt zweifellos auch einen mangelhafteren Aufbau der harten Zahnsubstanzen und ein leichteres Unterliegen derselben gegenüber schädigenden Einflüssen erworbener oder ererbter Natur. Hierauf beruht meines Erachtens sowohl die höhere Cariesfrequenz, als auch die weiter vorgeschrittene Rückbildung des zweiten Schneidezahnes.

Die Frage nach der Ursache der Verkürzung der Kiefer hat Branco (1897) in einer wichtigen und interessanten Arbeit eingehend erörtert. Es ist mir ein Bedürfnis, auf diese wertvolle und inhaltsreiche Publikation, die leider weniger bekannt ist, als sie verdient, noch besonders aufmerksam zu machen.

Branco führt verschiedene Gründe an, die eine Verkürzung der Kiefer und Reduktion der Zahnzahl im Gefolge haben könnten. Ich erwähne hier nur zwei, die mir besonders in Betracht zu kommen scheinen. Zunächst kann die Art der Nahrungsbeschaffenheit von Einfluß sein. So ist es festgestellt, daß beim arabischen Pferd durch die Kultur eine Verkürzung der Kiefer und Vergrößerung des Gehirns hervorgerufen ist. Kultur ist aber in diesem Falle gleichbedeutend mit besserer Ernährung. Experimentell ist nämlich bei Haustieren nachgewiesen, daß durch eine reichliche stickstoffhaltige Ernährung, zum Teil auch durch weich zubereitete Nahrungsmittel, schon in kurzer Zeit eine Verkürzung des Gesichtsschädels und damit der Kiefer erzielt werden kann. Nun entsteht aber wieder die neue Frage, wem der Hauptanteil hierbei zufällt, der reichlichen Ernährung oder dem Umstande, daß die Nahrungsmittel weich zubereitet sind. Branco gibt einerseits zu, daß durch starke Kautätigkeit Kiefer und Zähne größer, durch schwache kleiner werden, anderseits legt er aber auch wieder das Hauptgewicht auf die reichliche Ernährung. Er schließt daher auch: Wenn die Art der Nahrungsbeschaffenheit wirklich die alleinige Ursache für die Verkürzung der Kiefer wäre, dann müßte auch beim Menschen ein Unterschied zwischen den gut und schlecht ernährten Individuen vorhanden sein, dann müßten die besser ernährten Schichten der Bevölkerung orthognather sein als die ärmeren Klassen. Zu ersteren rechnet Branco selbstverständlich aber nicht eben nur die oberen Zehntausend, sondern z. B. auch die größere Masse der ländlichen Bevölkerung. Branco bemerkt: „Wenn z. B. der hinterpommersche Landarbeiter sich wesentlich durch ganz grobes Brot, Milch und Kartoffeln ernährt, so ist das eine so stickstoffreiche Nahrung, daß man sie im obigen Sinne als eine ganz reichliche bezeichnen muß. Hier wäre also eventuell ebenso, ja vielleicht noch mehr eine fortschreitende Verkürzung der Kiefer zu erwarten, als bei den oberen Zehntausend, deren Speisekarte zwar viel Fleisch, daneben aber auch Weißbrot, Kuchen, Zucker und andere stickstoffarme Delikatessen aufweist. Den stärksten Gegensatz zu jener Reichlichkeit würden endlich diejenigen Bewohner der Städte bilden, welche neben dem kraftlosen weißen Brote der städtischen Bäcker wesentlich auf Kartoffeln angewiesen sind.“

Das letztere Argument ist zweifellos richtig insofern, als in der Tat, falls die Nahrungsbeschaffenheit die Ursache der Verkürzung sein würde, eine allmähliche Änderung der Nahrung angenommen werden müßte. Nicht richtig erscheint mir aber die Annahme Brancos, daß es der größere oder geringere Gehalt an Nährstoffen ist, der eine Verkürzung der Kiefer herbeiführt. Wenn Branco glaubt, daß bei dem Landarbeiter, der sich von ganz grobem Brot, Milch und Kartoffeln nährt, eine größere Verkürzung der Kiefer zu erwarten sein wird als bei dem Städter, der gezwungen ist, sich mit dem kraftlosen weißen Brot der städtischen Bäcker und hauptsächlich mit Kartoffeln zu ernähren, so befindet er sich offenbar im Irrtum. Die größere oder geringere Tätigkeit der Kaumuskeln ist sicherlich für die Gestaltung der Kiefer von höherer Bedeutung. So erfordert auch grobes Brot als Nahrung eine bedeutend größere Muskelarbeit als Weißbrot, und wir werden daher bei dem Landarbeiter mit weit größerem Rechte zum mindesten keine Verkürzung der Kiefer erwarten dürfen, während bei dem Städter durch Mangel an Gebrauch im Laufe hinreichend langer Zeit sicherlich eine Reduktion der Kiefer und Zähne eintreten wird. Wir kommen also zu ganz entgegengesetzten Resultaten wie Branco. Bei den besser ernährten Klassen, infolge Ernährung durch weich zubereitete Speisen, die eine geringere Tätigkeit der Kaumuskulatur beanspruchen, Rückbildung der Kiefer, bei der ärmeren Bevölkerung und vor allem bei den Landbewohnern, wo die Hauptkost grobes Brot bildet, und noch mehr, — dies möchte ich hinzufügen, — bei niederen Rassen wohlausgebildete, kräftige und geräumige Kiefer. Und diesen Erwägungen entsprechen auch die tatsächlichen Verhältnisse. Unregelmäßigkeiten der Zahnstellung infolge Raummangels werden am häufigsten bei hochzivilisierten

Völkern beobachtet, besonders aber in den oberen und mittleren Klassen und außerdem häufiger bei Städtebewohnern als bei der Landbevölkerung.

Diese Verkürzung der Kiefer durch Nichtgebrauch, die übrigens weniger eine Verkürzung als eine Verringerung sämtlicher Größendimensionen ist, hat aber mit jenem Entwicklungsprozeß, der seit den ältesten geologischen Perioden einen großen Teil der Säugetiere beherrscht, sicherlich nichts zu tun.

Als weitere Ursache, die erwiesenermaßen umgestaltend auf die Schädelform einwirkt, führt Branco die Inzucht an. Inzucht ruft eine Verlängerung der Extremitäten und der Gesichtsknochen hervor, Nicht-Inzucht eine Verkürzung derselben. Branco weist nun darauf hin, daß in früheren geologischen Zeiten die Säugetiere und ebenso der Mensch auch nicht annähernd so zahlreich gewesen sein werden wie heute. Sie werden in kleinen Trupps von wenigen Individuen gelebt haben und in der Regel werden sie sich in mehr oder weniger naher Blutsverwandtschaft gepaart haben. Je zahlreicher sie aber wurden, um so weniger wird dies der Fall gewesen sein. Daher muß, wie die ältesten Säugetiere, so auch der Mensch früher längere Kiefer besessen haben, er muß prognath gewesen sein. Doch auch diese Erklärung kann wohl für die ältesten Zeiten Geltung gehabt haben, aber niemals für die unendlichen Zeiträume, in denen die Bedingungen für eine Paarung blutsverwandter Individuen nicht mehr zwingend waren.

Wollen wir nun unsere Zuflucht nicht zu der Annahme einer bestimmt gerichteten Variation aus inneren Ursachen nehmen, so müssen wir uns nach anderen Momenten umsehen. Meines Erachtens nach müssen wir direkt an die Wurzel des Stammbaumes der Säugetiere anknüpfen. Ob reptilienartige oder, was wahrscheinlicher ist, amphibienartige Tiere die Vorfahren derselben waren, beide Formen besassen lange und mit zahlreichen Zähnen besetzte Kiefer. Es war dies kein Kau-, sondern lediglich ein Greifapparat. Erst bei der Umwandlung dieser wahrscheinlich im Wasser lebenden Kriechtiere in Land- und Säugetiere wurden auch die Kiefer und das Kiefergelenk von Grund aus umgestaltet. Hier setzte bereits die Verkürzung der Kiefer ein. Es ist ja auch einleuchtend, daß ein fester und einheitlicher Kiefer leistungsfähiger sein wird, als der schlanke und aus mehreren Teilen zusammengesetzte der Amphibien, ja er wird überhaupt erst jetzt zum Kauen brauchbar. Doch sieht Fürbringer (1904) auch hierin nicht den alleinigen Grund für die Verkürzung. Er nimmt an, daß der Erwerb der Saugfunktion bei den Mammalia den äußeren Anstoß hierzu gegeben hat. Wie dem aber auch sein mag, wir wissen einmal, daß die Säugetiere von Tieren abstammen, die bedeutend längere Kiefer und eine höhere Anzahl von Zähnen besessen haben, wir wissen aber auch ferner, daß schon bei der Umwandlung der letzteren eine Verkürzung der Kiefer eintreten mußte. Dieselbe ging aber so allmählich von statten, daß die ersten Säugetiere sicherlich mit Kiefern und Zähnen ausgestattet waren, die sowohl in der Länge der ersteren, wie in der Anzahl der letzteren das zu einer normalen Kaufunktion notwendige Maß noch bedeutend überschritten, während andrerseits die Solidität des Kieferknochens noch zu wünschen übrig gelassen haben wird. Erst allmählich im Laufe unendlicher Zeiträume paßte sich der Kauapparat den Anforderungen des Nahrungserwerbes an und dieser Anpassungsprozeß ist auch heute noch im Gange. Es entsteht nun die neue, sehr wichtige Frage, wie weit diese Verkürzung der Kiefer fortschreiten wird. Es ist sehr wohl denkbar, daß nach dem Gesetz der Trägheit die Macht der während unendlicher Zeiträume in dieser Richtung tätig gewesenen Vererbung den Prozeß noch im Gange erhält, auch wenn kein direkter Vorteil mehr damit verknüpft ist. Sobald aber die Funktionstüchtigkeit dadurch beeinträchtigt wird, wird sicherlich die regulative Macht der Anpassung einen Stillstand eintreten lassen. Ist doch bei gewissen Tierformen sekundär sogar wieder eine Verlängerung der Kiefer eingetreten, als eine veränderte Lebensweise die Rückkehr zur ursprünglichen Form erforderte.

Noch in einer anderen Beziehung scheint jedoch das menschliche Gebiß fortschreitenden Veränderungen zu unterliegen. Im speziellen Teile ist schon erwähnt worden, daß die normale Höckerzahl der Molaren — 4 Höcker im Ober-, 5 im Unterkiefer — beim Menschen konstant eigentlich nur bei den ersten Molaren vorhanden ist. Daß der dritte Mahlzahn alle Stadien der Rückbildung bis zum völligen Schwunde aufweist, ist schon soeben besprochen worden; mehr oder weniger deutliche Zeichen von Reduktion finden wir jedoch nicht selten auch bereits bei dem zweiten Mahlzahn. Dieselbe äußert sich hier durch Verkümmerung bis zum völligen Verluste eines oder in seltenen Fällen auch mehrerer Höcker, und zwar ist es im Oberkiefer der zweite Innenhöcker, der Hypoconus, im Unterkiefer der dritte Außenhöcker, das beim Menschen gewöhnlich in der Mitte der Hinterwand liegende Hypoconulid, das hiervon betroffen wird; im extremsten Falle entsteht oben ein dreihöckeriger, unten ein vierhöckeriger Zahn.

Cope (1889) hat zuerst in einer kleinen Arbeit die Aufmerksamkeit auf die Bedeutung dieser Tatsache gelenkt. Er hält die dreihöckerigen oberen Molaren für einen Rückschlag zu den Lemuren, außerdem glaubt er aber, daß diese Rückbildung auch noch einen physiologischen Grund hat, nämlich die Anpassung an vorwiegende Fleischnahrung. Er schließt dieses daraus, daß nach seiner Untersuchung den weitaus größten Prozentsatz dreihöckeriger oberer Molaren Europäer und ihre amerikanischen Abkömmlinge und interessanterweise Eskimos besitzen, während die niedrigeren Rassen häufiger vierhöckerige zweite Mahlzähne aufweisen. Dieses häufigere Vorkommen vierhöckeriger Molaren bei niedrigeren Rassen ist auch von anderen Untersuchern bestätigt worden.

Ich verweise auf die von Zuckerkandl und Röse aufgestellten und schon früher wiedergegebenen und erörterten Tabellen, welche die bei den Molaren möglichen Kombinationen in Prozenten enthalten. De Terra bemängelt zwar den Wert dieser Untersuchungen, weil keine Bruchzahlen benutzt worden sind, sondern im Falle es Schwierigkeiten machte, zu unterscheiden, ob ein Molar vier- oder dreihöckerig war, stets die Form angenommen wurde, die am meisten hervortrat. Ich glaube jedoch, daß dieser Umstand ohne Bedeutung ist; die Möglichkeit subjektiver Abweichungen ist mindestens ebenso groß, wenn die Reduktion eines der 4 Höcker durch die Bruchform $^3/_4$ ausgedrückt wird, als nach dem von Zuckerkandl und Röse geübten Verfahren.

Zuckerkandl deutet nun die dreihöckerige Form der oberen Molaren nicht als Rückschlag zu den Halbaffen, sondern als physiologische Rückbildung, so daß der dreihöckerige Mahlzahn des Menschen zunächst also von einem vierhöckerigen Molaren abstammen soll. Das ist wohl auch zweifellos richtiger. Nach meiner Auffassung ist ja der vierhöckerigen sogar noch eine fünfhöckerige Form der Molaren vorausgegangen, welch letztere dann erst auf die trituberkuläre Grundform zurückzuführen wäre.

Ob nun aber die Anpassung an Fleischnahrung in der Tat der alleinige Grund für die Reduktion des vierten Höckers ist? Diese Frage heute zu entscheiden, erscheint unmöglich. Denn heute kommt sicherlich ein zweiter Faktor hinzu, der von nicht zu unterschätzender Bedeutung ist. Die Lebensweise des Europäers, des Kulturmenschen, bringt es mit sich, daß er ganz allgemein seinen Kauapparat nicht mehr in dem Grade gebraucht, wie es z. B. der auf niederer Kulturstufe stehende, unter ungünstigen äußeren Bedingungen lebende Australier zu tun gezwungen ist, und vielleicht reicht diese geringere funktionelle Inanspruchnahme weit genug zurück, um die stärkere Rückbildung des Hypoconus bei den Europäern zu erklären.

Außerdem wird letztere heute noch verstärkt durch die schädigenden Wirkungen des Kulturlebens, deren unzweifelhafter

Einfluß auf das Zahnsystem des Menschen schon vorher erwähnt worden ist. Sollte es sich jedoch nachweisen lassen, daß zu einer Zeit, als von einer selbstgeschaffenen Erleichterung der Lebensbedingungen, wie sie ja nur durch die Kultur erreicht werden kann, keine Rede sein konnte, diese Unterschiede bereits vorhanden waren, dann müßte man in der Tat annehmen, daß nicht der stärkere oder geringere Gebrauch, sondern die Art der durch die vorhandenen Nahrungsmittel bedingten Ernährung hiervon die Ursache war. Dann würden aber auch diese Unterschiede den Wert eines Rassemerkmals erhalten, das seit der im ältesten Diluvium ja sicherlich bereits vollzogenen Trennung des Menschengeschlechts in verschiedene Zweige bis auf den heutigen Tag sich erhalten hat. Das vorliegende, aus dem Diluvium stammende Material ist leider noch zu gering, um diesen Nachweis zu führen, die Zahnformen von allerdings wohl aus jüngerer Zeit stammenden prähistorischen Europäern scheinen sich jedoch von den Molaren der heutigen Europäer kaum zu unterscheiden.

Noch ein Paar Worte über die Größenreduktion der Zähne und der gesamten Kieferknochen im allgemeinen. Daß eine solche wenigstens bei den Europäern stattgefunden hat, ist wohl sicher. Dieselbe ist aber keinesfalls so beträchtlich, wie es Walkhoff in seinen Arbeiten über die diluvialen Kiefer hinzustellen sucht. Walkhoff vergleicht vor allem die Kiefer und Zähne des Homo primigenius von Krapina mit den Kiefern und Zähnen des rezenten Europäers. Ein derartiger Vergleich ist unzulässig, da der Krapina-Mensch nicht der Vorfahr desselben ist. Mit demselben Rechte könnten wir ihn mit dem rezenten Australier vergleichen, und dann würde nicht allein keine Größenabnahme nach der Gegenwart zu konstatiert werden können, sondern sogar eher eine Größenzunahme, denn die von mir hier reproduzierten Gebisse von Neubritanniern übertreffen nicht allein das Gebiß des Homo primigenius von Krapina, sondern sämtliche diluvialen Kieferreste durch ihre Größe und die primitive Form des Zahnbogens. Außerdem hat der Krapina-Mensch neben in der Tat auffallend großen auch auffallend kleine Zähne besessen, was aber von Walkhoff nicht erwähnt wird. Er übertrifft den rezenten Menschen nur etwas in der Größe der Frontzähne, vor allen Dingen aber in dem labio-lingualen Durchmesser derselben, während die übrigen Zahnsorten sämtlich hinter den Maximalgrößen des heutigen Menschen zurückbleiben. Doch auch die anderen diluvialen Reste, die in Betracht kommen, sind zwar groß und kräftig entwickelt, aber keineswegs derart, wie man nach den ganz allgemein gehaltenen Äußerungen Walkhoffs, der nur von gewaltigen, enormen Größenverhältnissen spricht, vermuten müßte. So ist z. B. die Größe der Spy-Kiefer und Zähne durchaus mäßig und wird auch heute noch vielfach erreicht, wie Tafel I, Fig. 1 zeigt; die Kiefer von Prédmost und aus der Kinderhöhle stimmen annähernd mit dem auf Tafel III, Fig. 17 abgebildeten kleineren Melanesiergebisse überein, ohne jedoch die primitive Form desselben zu erreichen.

Anders sieht ja allerdings das Bild aus, wenn wir die Kiefer eines degenerierten Kultureuropäers zum Vergleiche heranziehen; dann erhalten wir allerdings Differenzen, die in der Tat enorm erscheinen. Man vergleiche den auf Tafel VIII, Fig. 32 nach einem Gipsmodell reproduzierten Oberkiefer mit dem Kiefer der Neubritannier! Es liegt auf der Hand, daß derartige Fälle als Vergleichsmaterial nicht herangezogen werden dürfen.

Ob diese Größenreduktion der gesamten Kieferknochen und der Zähne nur durch geringeren Gebrauch oder auch durch abweichende Ernährung resp. durch beides herbeigeführt ist, lasse ich dahingestellt. Zweifellos ist jedoch, daß die Folgen der durch die Kultur bedingten Entartung mehr an dem Kauapparat im ganzen zutage treten, als an den einzelnen Zähnen. Die Zähne sind eben in jeder Beziehung das konservative Element. Die Festigkeit, die sich in ihrem ganzen Aufbau ausspricht, manifestiert sich auch in ihrer Widerstandsfähigkeit gegen ererbte oder frei entstandene pathologische Einflüsse. Und so finden wir denn auch, daß in Kiefern, die in ihrer ganzen Gestaltung die Anzeichen degenerativer Minderwertigkeit aufweisen, durchaus normale Zähne stehen können. Dieses Mißverhältnis zwischen kräftig ausgebildeten Zähnen und entarteten Kiefern führt dann zu jener Unregelmäßigkeit der Zahnstellung, die beim Kulturmenschen so überaus häufig anzutreffen ist.

Fragen wir nun, welchen Verlauf diese auf das Zahnsystem des Menschen einwirkenden Prozesse voraussichtlich nehmen werden, so müssen wir zu dem Schlusse kommen, daß die stammesgeschichtliche Verkürzung des Kiefers, die sich gleichzeitig auch in einer Rückbildung der zweiten oberen Schneidezähne und der Weisheitszähne äußert, eine Verschlechterung des Kauapparates an sich nicht bedeuten kann, ferner, daß dieselbe, auch wenn wirklich die beiden Zähne am Ende verloren gehen sollten, eine gewisse Grenze nicht überschreiten wird. Wohl kennen wir aus der Geschichte der Organismen solche, die an ihrer eigenen Unzweckmäßigkeit zugrunde gegangen zu sein scheinen, wie z. B. unter den Säugetieren die Säbelkatze, Machairodus, oder den Riesenhirsch, Cervus megaceros, doch handelte es sich dann um Erscheinungen, die plötzlich auftauchten, um ebenso schnell wieder zu verschwinden, Formen bei denen die Natur in beschleunigter Entwicklung und ungestümem Schaffensdrang gewissermaßen über das Ziel hinausgeschossen war. Derartiges haben wir bei dem Menschen, dessen Entwicklung ja so unendlich langsam verläuft, daß er in der Tat als Dauertypus gelten kann, gewiß nicht zu befürchten. Prozesse, die die Funktionstüchtigkeit eines so wichtigen Organs wie des Kauapparates bedrohen, werden sicherlich nur so lange fortschreiten, als sie nicht direkt schädlich wirken.

Dasselbe wird stattfinden bei den durch Mangel an Gebrauch bedingten physiologischen Rückbildungserscheinungen. Auch hierbei wird über eine gewisse Grenze, die durch die zu leistende Arbeit bestimmt wird, nicht hinausgegangen werden können; und wenn auch vor allem der Kulturmensch seinen Zähnen weit weniger zuzumuten braucht, als der Eiszeitmensch oder die Naturvölker der Gegenwart, entbehren wird er dieselben nie können. Der zahnlose Mensch der Zukunft ist ein Unding!

Was nun schließlich die Entartung anbetrifft, so ist diese ja ursprünglich ein rein örtlich und zeitlich begrenzter Prozeß, der nur durch die allmählich über den ganzen Erdkreis sich ausdehnende Kultur seine Bedeutung erhält. Denken wir an die großen Kulturvölker des Altertums, die an vollständiger Entartung des Leibes und der Seele zugrunde gingen, so waren sie doch nur kleine Inseln in der großen schier unerschöpflichen Menschheitswelle, die immer von neuem die verbrauchten und degenerierten Glieder überflutete, fortschwemmte oder in sich aufnahm. Auf Ruinen erblühte dann neues Leben! Heute liegen die Verhältnisse doch weit ungünstiger. Es ist kein Ersatz mehr da für alternde oder absterbende Zweige der Menschheit, wenigstens kein solcher, der zugleich als Erbe unserer Kultur und Träger frischen Blutes in Frage käme. Wir haben heute nur mehr oder weniger entartete Kulturvölker. Es gibt keine Nation, keine Rasse, die nicht die Segnungen der Kultur mit einem Teil ihrer Lebenskraft hat bezahlen müssen. So erscheint denn auch heute das Entartungsproblem in ganz anderer ungeahnter Bedeutung. Es handelt sich um Sein oder Nichtsein, um die Frage, ob die Kulturvölker in Erkenntnis der drohenden Gefahr beizeiten Vorkehrungen zu treffen gedenken, um dem Schicksal zu entrinnen, das bisher noch alle Kulturvölker früher oder später erreicht hat, oder ob sie dumpf ergeben dem Untergange entgegen sehen wollen, der in letztem Sinne gleichbedeutend wäre mit dem Untergange der gesamten Kulturwelt. Die Fortschritte der modernen Medizin und Hygiene haben gezeigt, daß dieser letzte Ausgang vermieden werden kann. Mit der fortschreitenden Erkenntnis von der Ursache dieser unangenehmsten und gefährlichsten Begleiterin der Kultur, wird man auch Wege und Mittel finden, ihrer Herr zu werden oder sie zu verhüten. So dürfen wir auch hoffen, daß energische Maßnahmen auch die Verkümmerung der Kiefer und Zähne und die immer mehr zunehmende Zahnverderbnis auf ein normales, die Zukunft des menschlichen Kauapparates nicht mehr bedrohendes Maß werden zurückführen können.

Literaturverzeichnis.

1903. Abel, O. Zwei neue Menschenaffen aus den Leithakalkbildungen des Wiener Beckens. Zentralblatt für Mineralogie u. Geologie.

1901. Adloff, P. a) Überzählige Zähne und ihre Bedeutung. Deutsche Monatsschrift für Zahnheilkunde. Jahrgang XIX, Heft 5.
b) Noch einiges zur Frage nach der Beurteilung überzähliger Zähne. Ebenda, Heft 9.

1901. Derselbe. Zur Entwicklungsgeschichte des Zahnsystems von Sus scrofa dom. Anatomischer Anzeiger. Band XIX.

1902. Derselbe. Zur Frage nach der Entstehung der heutigen Säugetierzahnformen. Zeitschr. f. Morphologie u. Anthropologie. Band V, Heft 2.

1905. Derselbe. Zur Entwicklung des Säugetiergebisses. Anatomischer Anzeiger. Band XXVI, Nr. 11 u. 12.

1906. Derselbe. Über die Ursachen der Rückbildung der seitlichen Schneidezähne und der Weisheitszähne beim Menschen. Österr.-ungar. Vierteljahrsschrift für Zahnheilkunde. Jahrgang XXII, Heft 3.

1906. Derselbe. Einige Besonderheiten des menschlichen Gebisses und ihre stammesgeschichtliche Bedeutung. Zeitschrift f. Morphologie u. Anthropologie. Band X, Heft 1.

1907. Derselbe. Die Zähne des Homo primigenius von Krapina und ihre Bedeutung für die systematische Stellung desselben. Ebenda, Band X, Heft 2.

1907. Derselbe. Zur Frage der überzähligen Zähne im menschlichen Gebiß. Deutsche Monatsschrift für Zahnheilkunde. Jahrgang XXV.

1907. Derselbe. Die Zähne des Homo primigenius von Krapina. Anatomischer Anzeiger. Band XXXI, Nr. 11 u. 12.

1907. Derselbe. Zur Frage der Konkreszenztheorie. Jenaische Zeitschrift für Naturwissenschaft. Band XXXXIII.

1906. Alsberg, M. Neuere Probleme der menschlichen Stammesgeschichte. Archiv für Rassen- u. Gesellschaftsbiologie. Jahrgang III, Heft 1.

1907. Derselbe. Neuere Forschungen über Abstammung und Alter des Menschen. Beilage zur Münchener Allgemeinen Zeitung Nr. 25.

1902. Amoëdo, O. Les Dents du Pithecanthropus erectus de Java. Schweizerische Vierteljahrsschrift für Zahnheilkunde. Band XII.

1903. Arkövy, Josef. Die Bedeutung des Diverticulum Tomes-Zsigmondyi, des Cingulum an den oberen lateralen Schneidezähnen und des Foramen coecum Molarum (Milleri) in phylogenetischer Beziehung. Mathematische und naturwissenschaftliche Berichte aus Ungarn, Band XXIII, und Österr.-ungar. Vierteljahrsschrift für Zahnheilkunde. Jahrg. XX. (1904).

1894. Bateson. Materials for the study of variation.

1896. Batujeff, W. Carabellis Höckerchen und andere unbeständige Höcker der oberen Mahlzähne bei dem Menschen und den Affen. Bulletin de l'académie impériale des Sciences de St. Pétersburg.

1882. Baume, R. Odontologische Forschungen. I. Teil. Versuch einer Entwicklungsgeschichte des Gebisses.

1883. Derselbe. Die Kieferfragmente von La Naulette und aus der Schipkahöhle als Merkmale für die Existenz inferiorer Menschenrassen in der Diluvialzeit.

1906. Bolk, L. De betrekking tusschen de tandformulen der platyrrhine en katarrhine Primaten. Tijdschrift voor Tandheelkunde, XIII. jaargang, Afl. 2. Verslag van de Gewone Vergadering der Wis- en Natuurkundige Afdeeling van de koninklijke Akademie van Wetenschappen te Amsterdam. Referat von M. de Terra in der Österr.-ungar. Vierteljahrsschrift für Zahnheilkunde. Jahrgang XXIII, Heft 2.

1898. Branco, W. Die menschenähnlichen Zähne aus dem Bohnerz der schwäbischen Alb. I. Teil. Jahreshefte des Vereins für vaterländische Naturkunde in Württemberg. Jahrgang LIV.

1897. Derselbe. Die menschenähnlichen Zähne aus dem Bohnerz der schwäbischen Alb. II. Teil. Art und Ursache der Reduktion des Gebisses bei Säugetieren. Programm der württembergischen landwirtschaftlichen Akademie Hohenheim-Stuttgart.

1886/87. Busch. Die Überzahl und Unterzahl in den Zähnen des menschlichen Gebisses mit Einschluß der sogenannten Dentitio tertia. Deutsche Monatsschrift für Zahnheilkunde.

1896. Derselbe. Über die Verschiedenheit in der Zahl der Wurzeln bei den Zähnen des menschlichen Gebisses. Verhandlungen der Deutschen odontologischen Gesellschaft. Band VII.

1897. Derselbe. Über Verschmelzung und Verwachsung der Zähne des Milchgebisses und des bleibenden Gebisses. Deutsche Monatsschrift für Zahnheilkunde.

1886. Cope, E. D. On lemurine reversion in human dentition. The American Naturalist. Vol. XX.

1889. Derselbe. On the tritubercular molar in human dentition. Journal of Morphology II.

1893. Derselbe. The genealogy of man. The American Naturalist, Vol. XXVII.

1907. Dependorf, Dr. Th. Die Unterzahl der Zähne im menschlichen Gebisse und ihre Bedeutung. Österr.-ungar. Vierteljahrsschrift für Zahnheilkunde. Jahrgang XXIII.

1907. Derselbe. Der Diphyodontismus der Sänger und die Stellung der Milchzahnreihe in diesem System. Correspondenzbl. f. Zahnärzte. Bd. XXXVI.

1907. Derselbe. Zur Frage der überzähligen Zähne im menschlichen Gebiß. Zeitschrift f. Anthropologie u. Morphologie. Band X, Heft 2.

1907. Derselbe. Zur Frage der sogenannten Konkreszenztheorie. Jenaische Zeitschrift für Naturwissenschaft. Band XXXXII.

1894. Dubois, E. Pithecanthropus erectus, eine menschenähnliche Übergangsform aus Java. Batavia 1894.

1896. Derselbe. Pithecanthropus, eine Stammform des Menschen. Anatomischer Anzeiger. Band XII, Nr. 1.

1897. Derselbe. Über drei ausgestorbene Menschenaffen. Neues Jahrbuch für Mineralogie, Geologie und Paläontologie.

1899. Derselbe. Remarks on the brain-cast of Pithecanthropus. Proceedings of the International congress of Zoology Cambridge 1898.

1885. Flower, W. H. On the size of the teeth as a character of race. Journal of the Anthropological Institute of Great Britain and Ireland. Vol. XIV.

1887. Fraipont, J., et Lohest, M. La race humaine de Néandertal ou de Canstadt en Belgique. Archives de Biologie, VII.

1900. Friedenthal, H. Über einen experimentellen Nachweis von Blutsverwandtschaft. Archiv für Anatomie und Physiologie. Physiol. Abt.

1902. Friedenthal, H. Neue Versuche zur Frage nach der Stellung des Menschen im zoologischen System. Sitzungsberichte der Kgl. Preußischen Akademie der Wissenschaften zu Berlin. Band XXXV.

1904. Fürbringer, Max. Zur Frage der Abstammung der Säugetiere. Festschrift zum 70. Geburtstage von Ernst Häckel, Jena.

1890. Gaudry, A. Le Dryopithèque. Mémoires de la société géologique de France. Paläontologie.

1901. Derselbe. Sur la similitude des dents de l'homme et de quelques animaux. L'Anthropologie. T. XII.

1903. Derselbe. Contribution à l'histoire des hommes fossiles. L'Anthropologie. T. XIV.

1906. Giuffrida-Ruggeri. Das sog. Aussterben der Neandertal-Spy-Rasse. Globus, Band XC, Nr. 16.

1906. Gorjanović-Kramberger, Karl. Der diluviale Mensch von Krapina in Kroatien. Ein Beitrag zur Paläanthropologie. 2. Lieferung der Studien über die Entwicklungsmechanik des Primatenskelettes mit besonderer Berücksichtigung der Anthropologie und Deszendenzlehre. Herausgegeben von Dr. Otto Walkhoff, Wiesbaden.

1907. Derselbe. Die Kronen und Wurzeln der Mahlzähne des Homo primigenius und ihre genetische Bedeutung. Anatomischer Anzeiger. Band XXXI, Nr. 4 u. 5.

1898. Haeckel, E. Über unsere gegenwärtige Kenntnis vom Ursprung des Menschen.

1874. Hertwig, O. Über den Bau und die Entwicklung der Placoidschuppen und der Zähne der Selachier. Jenaische Zeitschrift für Naturwissenschaft. Band VIII.

1874. Derselbe. Über das Zahnsystem der Amphibien. Archiv für mikroskopische Anatomie.

1893. Hofmann, A. Die Fauna von Göriach. Abhandlungen der k. k. geologischen Reichsanstalt in Wien. Band XV, Heft 6.

1895. Kirchner, G. Der Schädel des Hylobates concolor, sein Variationskreis und Zahnbau. Inaug.-Diss. Erlangen.

1899. Klaatsch, H. Die Stellung des Menschen in der Primatenreihe und der Modus seiner Hervorbringung aus einer niederen Form. Korrespondenzblatt der Deutschen Gesellschaft für Anthropologie, Ethnologie und Urgeschichte. Jahrgang XXX.

1900. Derselbe. Die fossilen Knochenreste des Menschen und ihre Bedeutung für das Abstammungsproblem. Merkel und Bonnet, Ergebnisse der Anatomie und Entwicklungsgeschichte. Band IX.

1901. Derselbe. Über die Ausprägung der spezifisch menschlichen Merkmale in unserer Vorfahrenreihe. Korrespondenzblatt der Deutschen anthropologischen Gesellschaft. Nr. 10.

1902. Derselbe. Entstehung und Entwicklung des Menschengeschlechts. Weltall und Menschheit, herausgegeben von Hans Krämer. Band II.

1903. Derselbe. Anthropologische u. paläolithische Ergebnisse einer Studienreise durch Deutschland, Belgien u. Frankreich. Zeitschr. f. Ethnologie.

1903. Derselbe. Die Fortschritte der Lehre von den fossilen Knochenresten des Menschen in den Jahren 1900—1903. Ergebnisse der Anatomie und Entwicklungsgeschichte. Band XII.

1903. Derselbe. Bericht über einen anthropologischen Streifzug nach London und auf das Plateau von Süd-England. Zeitschrift für Ethnologie.

1889. Klever, E. Zur Kenntnis der Odontogenese der Equiden. Morpholog. Jahrbuch. Band XV.

1905. Kollmann, J. Neue Gedanken über das alte Problem von der Abstammung des Menschen. Korrespondenzblatt der Deutschen anthropologischen Gesellschaft. Nr. 2 und 3.

1906. Kollmann, J. Der Schädel von Kleinkems und die Neandertal-Spy-Gruppe. Archiv für Anthropologie. N. F., Band V.

1892. Kükenthal, W. Über den Ursprung und die Entwicklung der Säugetierzähne. Jenaische Zeitschrift für Naturwissenschaft.

1892. Derselbe. Über die Entstehung und Entwicklung des Säugetierstammes. Biologisches Centralblatt.

1895. Leche, W. Zur Entwicklungsgeschichte des Zahnsystems der Säugetiere. Teil I, Ontogenie. Bibliotheca zoologica.

1897. Derselbe. Untersuchungen über das Zahnsystem lebender und fossiler Halbaffen. Festschrift für Gegenbaur. Band III.

1902. Derselbe. Zur Entwicklungsgeschichte des Zahnsystems der Säugetiere. II. Teil. Phylogenie. 1. Heft. Die Familie der Erinaceidae. Zoologica.

1903. Macnamara, N. C. Kraniologischer Beweis für die Stellung der Menschen in der Natur. Archiv für Anthropologie. Band XXVIII.

1904. Derselbe. Beweisschrift betreffend die gemeinsame Abstammung des Menschen und der anthropoiden Affen. Archiv für Anthropologie. Neue Folge. Band III, Heft 2.

1877. Magitot, E. Traité des Anomalies du système dentaire chez l'homme et les mammifères. Paris.

1904. Maret Tims, H. W. The evolution of the teeth in the mammalia. Journal of Anatomy and Physiology. Vol. XXXVII.

1903. Matschie, P. Über einen Gorilla aus Deutsch-Ostafrika. Sitzungsber. der Gesellschaft naturforschender Freunde. Nr. 6.

1904. Derselbe. Bemerkungen über die Gattung Gorilla. Sitzungsbericht der Gesellschaft naturforschender Freunde. Nr. 3.

1904. Derselbe. Einige Bemerkungen über die Schimpansen. Sitzungsbericht der Gesellschaft naturforschender Freunde. Nr. 4.

1905. Derselbe. Merkwürdige Gorillaschädel aus Kamerun. Sitzungsbericht der Gesellschaft naturforschender Freunde. Nr. 10.

1876. Miklucho-Maclay. Über die großzähnigen Melanesier. Verhandlungsbericht der Berliner Gesellschaft für Anthropologie, Ethnologie und Urgeschichte.

1895. Nehring, A. Über einen menschlichen Molar aus dem Diluvium von Taubach bei Weimar. Zeitschrift für Ethnologie und Urgeschichte.

1895. Derselbe. Ein diluvialer Kinderzahn von Prédmost in Mähren in Bezugnahme auf den schon früher beschriebenen Kinderzahn aus dem Diluvium von Taubach bei Weimar. Verhandlungen der Berliner Gesellschaft für Anthropologie, Ethnologie und Urgeschichte.

1888. Osborn, H. F. The evolution of mammalian molars to and from the tritubercular type. American Naturalist.

1897. Derselbe. Trituberculy. A Review dedicated to the late Profesor Cope. The American Naturalist. Vol. XXXI.

1892. Röse, C. Über die Entstehung und Formabänderungen der menschlichen Molaren. Anatomischer Anzeiger.

1895. Derselbe. Das Zahnsystem der Wirbeltiere. Ergebnisse der Anatomie und Entwicklungsgeschichte.

1906. Derselbe. Über die Rückbildung der seitlichen Schneidezähne des Oberkiefers und der Weisheitszähne im menschlichen Gebisse. Deutsche Monatsschrift für Zahnheilkunde. Jahrgang XXIV, Heft 5.

1906. Derselbe. Die Verbreitung der Zahnverderbnis in Deutschland und den angrenzenden Ländern. Deutsche Monatsschrift für Zahnheilkunde. Jahrgang XXIV, Heft 6.

1895. Rosenberg, E. Über Umformungen an den Incisiven der zweiten Generation des Menschen. Morphologisches Jahrbuch. Band LXII.

1863. Rütimeyer. Beiträge zur Kenntnis der fossilen Pferde und zu einer vergleichenden Odontographie der Huftiere überhaupt. Basel.

1903. Rutot, A. Les découvertes de Krapina (Croatie). Bulletin de la Soc. d'anthrop. de Bruxelles. T. XXII.

1904. Derselbe. Encore l'homme de Krapina. Bulletin de la Soc. d'anthrop. de Bruxelles. T. XXIII.

1887. Scheff, Jul. jun. Über das Rudimentärwerden des Weisheitszahnes. Wiener medizinische Presse. Nr. 37.

1905. Derselbe. Sagittalschnitte zur topographischen Anatomie des Ober- und Unterkiefers. Österr.-ungar. Vierteljahrsschrift für Zahnheilkunde. Jahrgang XXI, Heft 1.

1887—1890. Schlosser, M. Die Affen, Lemuren, Chiropteren, Insektivoren, Marsupialier, Creodonten u. Carnivoren des europäischen Tertiärs. Wien.

1893. Derselbe. Über die Deutung des Milchgebisses der Säugetiere. Verhandlungen der Deutschen odontologischen Gesellschaft. Band IV.

1900. Derselbe. Die neueste Literatur über die ausgestorbenen Anthropomorphen. Zoologischer Anzeiger. Band XXIII.

1901. Derselbe. Die menschenähnlichen Zähne aus dem Bohnerz der schwäbischen Alb. Zoologischer Anzeiger. Band XXIV.

1902. Derselbe. Beiträge zur Kenntnis der Säugetierreste aus den süddeutschen Bohnerzen. Geologische und paläontologische Abhandlungen, herausgegeben von E. Koken. N. F., Band V, Heft 3.

1906. Derselbe. Die fossilen Säugetiere Chinas nebst einer Odontographie der rezenten Antilopen. Abhandlungen der mathematisch-physikalischen Klasse der Kgl. Bayerischen Akademie der Wissenschaften. Band XXII.

1901. Schoetensack, O. Die Bedeutung Australiens für die Heranbildung des Menschen aus einer niederen Form. Verhandlungen der Berliner Anthropologischen Gesellschaft.

1900. Schürch, O. Neue Beiträge zur Anthropologie der Schweiz. Bern.

1904. Schwalbe, G. Die Vorgeschichte des Menschen. Braunschweig.

1906. Derselbe. Studien zur Vorgeschichte des Menschen. Sonderheft der Zeitschrift für Anthropologie und Morphologie.

1892. Scott, W. B. The evolution of the premolar teeth in the mammals. Proceedings of the Academy of nat. scienc. of Philadelphia.

1872. Topinard, P. Étude sur les races indigènes de l'Australie. Bulletins de la Société d'Anthropologie de Paris. Tome VII.

1898. Selenka, E. Menschenaffen. I. Rassen, Schädel und Bezahnung des Orang-Utan. 6. Heft der Studien über Entwicklungsgeschichte der Tiere.

1899. Derselbe. Menschenaffen. II. Schädel des Gorilla und Schimpanse. 7. Heft der Studien über Entwicklungsgeschichte der Tiere.

1892. Taeker, J. Zur Kenntnis der Odontogenese bei Ungulaten. Inaug.-Diss. Dorpat.

1905. Terra, M. de. Beiträge zu einer Odontographie der Menschenrassen.

1905. Derselbe. Überblick über den heutigen Stand der Phylogenie des Menschen in bezug auf die Zähne. Deutsche Monatsschrift für Zahnheilkunde. Jahrgang XXIII.

1900. Turner, Wm. An australian skull with three supernumerary upper molar teeth. Journal of Anatomy and Physiology. London, Vol. 34.

1905. Uhlenhuth. Das biologische Verfahren zur Erkennung und Unterscheidung von Tier- und Menschenblut. Jena.

1902. Verneau, R. Les fouilles du prince de Monaco aux Baoussé-Roussé, un nouveau type humain. L'Anthropologie. Tome XIII.

1902. Walkhoff, O. Der Unterkiefer der Anthropomorphen und des Menschen in seiner funktionellen Entwicklung und Gestalt. Selenka, Menschenaffen, 4. Lieferung.

1903. Derselbe. Die diluvialen menschlichen Kiefer Belgiens und ihre pithecoiden Eigenschaften. Selenka, Menschenaffen, 6. Lieferung.

1904. Weber, M. Die Säugetiere. Einführung in die Anatomie und Systematik der rezenten und fossilen Mammalia. Jena.

1905. Wilser, L. Die Urheimat des Menschengeschlechts. Verhandlungen des Naturhistorisch-Medizinischen Vereins zu Heidelberg. Neue Folge, Band VIII, Heft 2.

1906. Derselbe. Die Rassegliederung des Menschengeschlechts. Politisch-Anthropologische Revue. Band V, Heft 7|8.

1887. Windle, B. C. A., and Humphreys, J. Extra cusps on the human teeth. Anatomischer Anzeiger, Jahrgang II, Nr. 1.

1891—1893. Zittel, Karl A. Handbuch der Paläontologie. Band IV. München.

1902. Zuckerkandl, E. Makroskopische Anatomie der Mundhöhle in Scheff, Handbuch der Zahnheilkunde.

Nachtrag.

1907. Bluntschli, Dr. Hans. Das Gebiß des Menschen als Zeugnis seiner Vergangenheit. Antrittsvorlesung vom 23. Februar 1907, Wissen und Leben. Zürich.

1907. Booth Pearsall. The teeth of Pithecanthropus erectus. British Dental Journal. Vol. XXVIII, Nr. 16.

1907. Leche, W. Zur Entwicklungsgeschichte des Zahnsystems der Säuge, tiere. II. Teil, 2. Heft. Die Familien der Centetidae, Solenodontidae und Chrysochloridae. Zoologica, Heft 49.

1907. Lehmann-Nitsche, Robert. L'Atlas du tertiaire de Monte Hermoso, République Argentine. Revista del Museo de la Plata. Band XIV.

Tafeln.

Tafelerklärung.[1]

Tafel I.

Fig. 1. Das bleibende Gebiß eines rezenten Europäers (aus dem Anatomischen Institut in Königsberg):
a) Oberkiefer. b) Unterkiefer.

Tafel II.

Fig. 2. Das Milchgebiß eines rezenten Europäers (aus dem Anatomischen Institut in Königsberg):
a) Oberkiefer. b) Unterkiefer.

Fig. 3. Die beiden oberen J_1: a) labiale, b) linguale Ansicht.

Fig. 4. Ein rechter oberer J_1 mit stark entwickeltem Tuberculum: a) linguale, b) seitliche Ansicht (aus der Sammlung des Prof. Dr. Scheff in Wien).

Fig. 5. Der erste und zweite linke obere Mahlzahn.

Fig. 6. a) b) c) d) Verschiedene Entwicklungsgrade des Carabellischen Höckerchens, e) der in d) abgebildete Zahn von der Kaufläche aus.

Fig. 7. Ein rückgebildeter zweiter oberer linker Molar.

Fig. 8. Verschiedene Formen des Weisheitszahnes: a) dreihöckerig, b) mit 2 Zwischenhöckerchen zwischen Hypoconus und Metaconus, c) mit Zwischenhöckerchen an derselben Stelle und einem labialen accessorischen Höcker.

Fig. 9. Ein molarenähnlicher linker unterer P_2.

Fig. 10. Die drei unteren Molaren, sämtlich mit fünf Höckern.

Fig. 11. Ein erster linker unterer Molar mit einem Zwischenhöcker zwischen Metaconid und Entoconid.

Fig. 12. Ein rechter oberer Milcheckzahn: a) labiale, b) linguale Ansicht.

Fig. 13. Ein erster oberer Milchmolar: a) die Kronenfläche, b) in labialer Ansicht mit Tuberculum molare.

Fig. 14. Ein zweiter oberer Milchmolar: a) linguale Ansicht mit Carabellischem Höckerchen, b) die Kronenfläche.

Fig. 15. Ein erster rechter unterer Milchmolar in labialer Ansicht.

Fig. 16. Ein zweiter linker unterer Milchmolar von der Kaufläche.

Tafel III.

Fig. 17. Das bleibende Gebiß eines Neubritanniers ♂ (aus der Sammlung der Berliner Gesellschaft für Anthropologie, S. 1286):
a) Oberkiefer. b) Unterkiefer.

Tafel IV.

Fig. 18. Das bleibende Gebiß eines Neubritanniers ♂ (Sammlung der Berliner Gesellschaft für Anthropologie, S. 1318):
a) Oberkiefer. b) Unterkiefer.

---

[1]) Soweit nicht besonders bemerkt, sind die Abbildungen sämtlich in natürlicher Größe wiedergegeben.

Tafel V.

Fig. 19. Das Milchgebiß eines Neubritanniers ♂ (Sammlung der Berliner Gesellschaft für Anthropologie, S. 1199):
a) Oberkiefer. b) Unterkiefer.

Fig. 20. Der erste rechte obere Schneidezahn eines Negers. Linguale Ansicht.

Fig. 21. Ein zweiter oberer linker Schneidezahn eines Neubritanniers: a) seitliche, b) linguale Ansicht.

Fig. 22. Ein dritter unterer linker Molar eines Nord-Australiers.

Fig. 23. Ein dritter unterer rechter Molar eines Bewohners der Salomon-Inseln.

Fig. 24. a) der linke obere zweite Milchmolar und b) der erste bleibende Mahlzahn eines Fidschi-Insulaners.

Fig. 25. Der zweite rechte untere Molar eines Buschmanns.

Fig. 26. Die untere Zahnreihe eines Neubritanniers ♂ mit überzähligem Schneidezahn rechts (Sammlung der Berliner Gesellschaft für Anthropologie, S. 1242).

Tafel VI.

Fig. 27. Die untere Zahnreihe eines Neubritanniers ♂ mit überzähligem Prämolar links und Diastema rechts (Sammlung der Berliner Gesellschaft für Anthropologie, S. 1233).

Fig. 28. Die obere Zahnreihe eines Neubritanniers ♀ mit prämolarenähnlichem Eckzahn links und stark entwickeltem Carabellischen Höckerchen am ersten Molaren (Sammlung der Berliner Gesellschaft für Anthropologie, S. 1306).

Tafel VII.

Fig. 29. Obere Zahnreihe mit zwei überzähligen Zähnen zwischen den mittleren Schneidezähnen (aus der Sammlung des Prof. Dr. Scheff in Wien).

Fig. 30. Obere Zahnreihe mit zwei überzähligen Schneidezähnen (Emboli im harten Gaumen). Nach einem Gipsabdruck.

Fig. 31. Linke obere Zahnreihe mit einem rudimentären vierten Mahlzahn im Kiefer. Der erste Molar mit Carabellischem Höckerchen. Der dritte Molar mit Carabellischem Höckerchen und Zwischenhöcker zwischen Protoconus und Paraconus und Hypoconus und Metaconus (aus der Sammlung des Prof. Dr. Scheff in Wien).

Tafel VIII.

Fig. 32. Obere Zahnreihe, in welcher der linke kleine Schneidezahn fehlt, während an Stelle des rechten ein Zapfzahn steht. Die beiden Weisheitszähne sind rudimentär. Derjenige der linken Seite, auf welcher der laterale Incisivus fehlt, ist weniger rückgebildet als der rechte. Nach einem Gipsabguß.

Fig. 33—51. Abbildungen von Zähnen des Krapina-Menschen aus dem Besitz des Prof. Gorjanović-Kramberger in Agram.

Fig. 33. Ein linkes Oberkieferfragment mit den beiden Prämolaren und zwei Molaren. Nach Angabe von Gorjanović-Kramberger ist der hintere Molar ein M_1 und fälschlich an dieser Stelle eingefügt.

Fig. 34. Zwei obere mittlere Schneidezähne: a) labiale Ansicht, b) einer derselben in seitlicher, c) in lingualer Ansicht.

Fig. 35. Zwei obere seitliche Schneidezähne: a) labiale, b) linguale, c) seitliche Ansicht.

Fig. 36. Ein rechter oberer Eckzahn: a) seitliche, b) linguale Ansicht.

Fig. 37. Ein linker oberer Prämolar in buccaler Ansicht.

Fig. 38. Die Kaufläche eines ersten oberen linken Mahlzahns.

Fig. 39. Die Kaufläche eines oberen linken Weisheitszahnes.

Tafel IX.

Fig. 40. Der Unterkiefer H. nach Gorjanović-Kramberger.
Fig. 41. Ein unterer Schneidezahn in seitlicher Ansicht.
Fig. 42. Ein erster, unterer, linker Prämolar: a) linguale Ansicht, b) die Kaufläche.
Fig. 43. Die Kaufläche eines zweiten unteren rechten Prämolaren.
Fig. 44. Ein erster oder zweiter linker unterer Molar: a) die Kaufläche, b) linguale Ansicht, c) u. d) Der Wurzeldeckel von innen und außen.
Fig. 45. Die Kronenfläche eines ersten linken unteren Molaren.
Fig. 46. Die Kronenfläche eines zweiten oder dritten linken unteren Molaren.
Fig. 47. Die Kronenfläche eines zweiten oder dritten unteren Molaren.
Fig. 48. Ein dritter rechter unterer Molar: a) Die Kronenfläche, b) in lingualer Ansicht, c) u. d) der Wurzeldeckel von außen und innen.
Fig. 49. Ein rechter oberer Milchschneidezahn: a) labiale, b) seitliche Ansicht.
Fig. 50. Ein rechter oberer zweiter Milchmolar: a) linguale Ansicht, b) halb von der Kronenfläche aus.
Fig. 51. Ein zweiter unterer linker Milchmolar.
Fig. 52. Ein erster und zweiter rechter Milchmolar eines kindlichen Unterkiefers aus der Lößstation von Prédmost (aus der Sammlung des Prof. Dr. Maška in Teltsch).
Fig. 53. Ein erster linker unterer Molar. Keimzahn aus einem kindlichen Unterkiefer von Prédmost (aus der Sammlung des Prof. Dr. Maška in Teltsch).
Fig. 54. Ein zweiter linker, unterer Molar von Prédmost (aus der Sammlung des Prof. Dr. Maška in Teltsch).

Tafel X.

Fig. 55. a) Oberkiefer des jungen Mannes aus der Kinderhöhle bei Baoussé-Roussé. Nach Gaudry.
b) Der dazugehörige Unterkiefer.

Tafel XI.

Fig. 56—59. Röntgenphotographien diverser Unterkiefer, um die Anzahl der Molarenwurzeln zu zeigen.

Tafel XII.

Fig. 60—63. Röntgenphotographien diverser Unterkiefer, um die Anzahl der Wurzeln zu zeigen.

Tafel XIII.

Fig. 64—66. Röntgenphotographien diverser Unterkiefer um die Anzahl der Wurzeln zu zeigen.

Tafel XIV.

Fig. 67. Das bleibende Gebiß von Troglodytes niger (Kgl. Zoologisches Museum Berlin A 12,04):
a) Oberkiefer. Der zweite rechte Prämolar besitzt lingual einen zweiten Höcker.
b) Unterkiefer. Der linke zweite Prämolar steht verkehrt im Kiefer.
Fig. 68. Das Milchgebiß von Troglodytes niger ♂ (Kgl. Zoologisches Museum Berlin No. 3808):
a) Oberkiefer. b) Unterkiefer.
Fig. 69. Die beiden oberen mittleren Milchschneidezähne von Troglodytes niger.

Tafel XV.

Fig. 70. Das Dauergebiß von Simia satyrus ♂ (Kgl. Zoologisches Museum Berlin No. 6949):
a) Oberkiefer. b) Unterkiefer.

Tafel XVI.

Fig. 71. Das Milchgebiß von Simia satyrus (Kgl. Zoologisches Museum in Berlin Dr. Pagel):
a) Oberkiefer. b) Unterkiefer.

Fig. 72. Das Milchgebiß von Gorilla gorilla Savage ♀ (Kgl. Zoologisches Museum 7907):
a) Oberkiefer. b) Unterkiefer.

Fig. 73. Die beiden mittleren Schneidezähne des Dauergebisses in labialer Ansicht.

Tafel XVII.

Fig. 74. Das Dauergebiß von Gorilla gorilla ♂ (Kgl. Zoologisches Museum Rg. 63):
a) Oberkiefer. b) Unterkiefer.

Tafel XVIII/XIX.

Fig. 75. Das Dauergebiß von Gorilla Beringei ♂ (Kgl. Zoologisches Museum No. 13254):
a) Oberkiefer. b) Unterkiefer.

Tafel XX.

Fig. 76. Dauergebiß von Gorilla gorilla (Kgl. Zoologisches Museum Berlin No. 12798). Die zweiten Prämolaren sind molarenähnlich.

Fig. 77. Das Dauergebiß von Hylobates Mülleri (Kgl. Zoologisches Museum in Königsberg):
a) Oberkiefer. b) Unterkiefer.

Fig. 78. Ein im Zahnwechsel begriffenes Gebiß von Hylobates Lar:
a) Oberkiefer.
b) Der rechte obere M_1 in ca 1,5 nat. Gr.
c) Unterkiefer.

Tafel XXI.

Fig. 79. Das Gebiß von Pliopithecus antiquus:
a) Ein Oberkieferfragment aus dem Braunkohlenflötz von Göriach in Steiermark nach A. Hofmann.
b) Ein Unterkiefer nach Blainville.
c) Der Milcheckzahn, die Milchprämolaren und der erste bleibende Molar eines linksseitigen Unterkieferastes nach A. Hofmann.

Fig. 80. Unterkiefer von Dryopithecus Fontani nach Gaudry.

Fig. 81. Dryopithecus rhenanus. Oberer linker M_1 von Melchingen (Tübinger Sammlung). Nach Schlosser.

Fig. 82. Dryopithecus rhenanus. Unterer rechter M_1 von Melchingen (Tübinger Sammlung). Nach Schlosser.

Fig. 83. Dryopithecus rhenanus. Unterer linker M_2 (M_3) von Trochtelfingen. (Tübinger Sammlung): a) nat. Größe nach Schlosser, b) 3/1 nat. Größe nach Abel.

Tafel XXII.

Fig. 84. Dryopithecus rhenanus. Unterer rechter M_3 von Melchingen (Tübinger Sammlung): a) natürliche Größe nach Schlosser, b) $^3/_1$ nat. Größe nach Abel.

Fig. 85. Dryopithecus rhenanus. Linker unterer Pd_2 von Salmendingen (Stuttgarter Sammlung): a) nat. Größe, b) $^2/_1$ nat. Größe nach Schlosser.

Fig. 86. Dryopithecus Darwini. Unterer linker M_3 aus dem Obermiocän des Wiener Beckens. (Sammlung der K. k. Geologischen Reichsanstalt in Wien); $^3/_1$ nat. Größe nach Abel.

Fig. 87. Anthropodus = Neopithecus Brancoi. Unterer linker M_3 von Salmendingen (Tübinger Sammlung) nach Schlosser): a) die Kronenfläche, b) buccale Ansicht.

Fig. 88. Griphopithecus Suessi. Oberer linker M_1 oder M_2 aus dem Miocän des Wiener Beckens. (Sammlung des K. k. Naturhistorischen Hofmuseums in Wien): $^3/_1$ nat. Größe nach Abel.

Fig. 89. Pithecanthropus erectus. Rechter oberer M_3 aus den andesitischen Tuffen zu Trinil in dem Bezirk von Ngawi der Residenz Madiun auf Java, $^2/_3$ nat. Größe: a) von hinten, b) von oben. Nach Dubois.

Fig. 90. Oberkiefer von Paläopithecus sivalensis aus den Siwalikschichten, nach Dubois ca. 0,8 nat. Größe auf 1,0 vergrößert.

Tafel XXIII.

Fin. 91. Profil der Kiefer eines rezenten Europäers (Dauergebiß).

Fig. 92. Profil der Kiefer eines rezenten Europäers (Milchgebiß).

Tafel XXIV.

Fig. 93. Profil der Kiefer eines Neubritanniers ♂ (Dauergebiß).

Fig. 94. Profil der Kiefer eines Schädels ohne nähere Angabe. (Dauergebiß; Sammlung der Berliner Gesellschaft für Anthropologie, S. 1902.)

Tafel XXV.

Fig. 95. Profil der Kiefer eines Neubritanniers ♂ (Milchgebiß).

Fig. 96. Profil des Unterkiefers J des Krapina-Menschen nach Gorjanović-Kramberger.

Tafel XXVI.

Fig. 97. Profil der Kiefer eines Schimpansen (Dauergebiß).

Fig. 98. Profil der Kiefer eines Gorilla (Milchgebiß).

Tafel XXVII.

Fig. 99. Rechter oberer J_2 von Felis leo: a) seitliche, b) linguale Ansicht.

Fig. 100. Oberkiefer von Lemur rufus Geoffr. (Zoologisches Museum in Königsberg.)

Fig. 101. Das Dauergebiß von Ateles hypoxanthus (Zoologisches Museum in Königsberg):
a) Oberkiefer. b) Unterkiefer.

Fig. 102. Rechter Unterkiefer von Ateles paniscus (Zoologisches Museum in Königsberg):
a) natürl. Größe, b) ca. 1,5 nat. Größe.

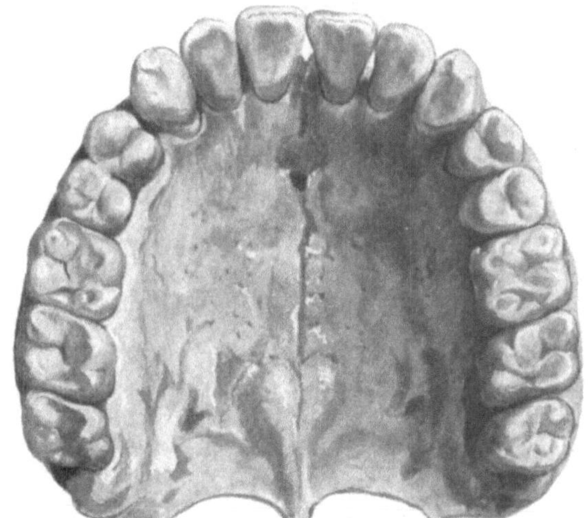

Fig. 1a.

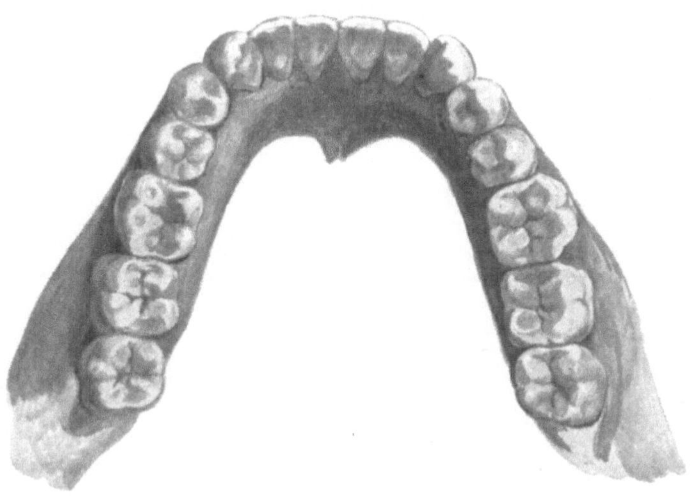

Fig. 1b.

Tafel II.

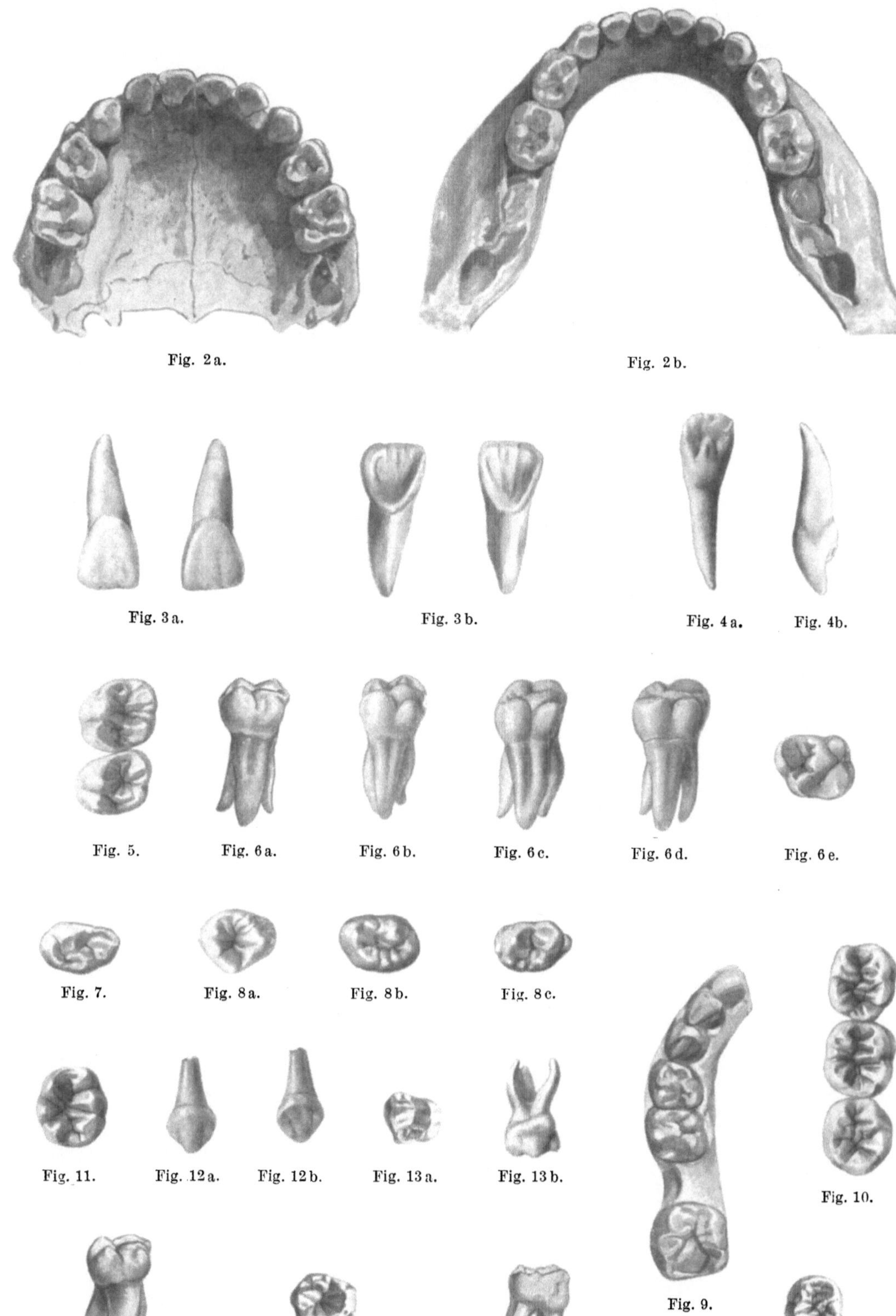

Fig. 2 a. Fig. 2 b.

Fig. 3 a. Fig. 3 b. Fig. 4 a. Fig. 4 b.

Fig. 5. Fig. 6 a. Fig. 6 b. Fig. 6 c. Fig. 6 d. Fig. 6 e.

Fig. 7. Fig. 8 a. Fig. 8 b. Fig. 8 c.

Fig. 11. Fig. 12 a. Fig. 12 b. Fig. 13 a. Fig. 13 b.

Fig. 10.

Fig. 9.

Fig. 14 a. Fig. 14 b. Fig. 15. Fig. 16.

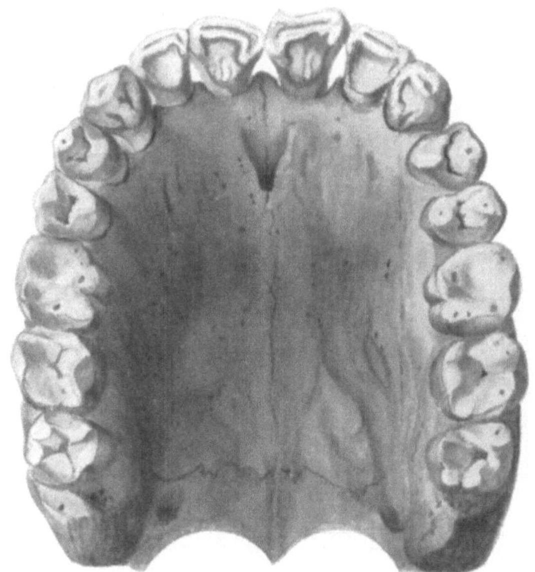

Fig. 17a.

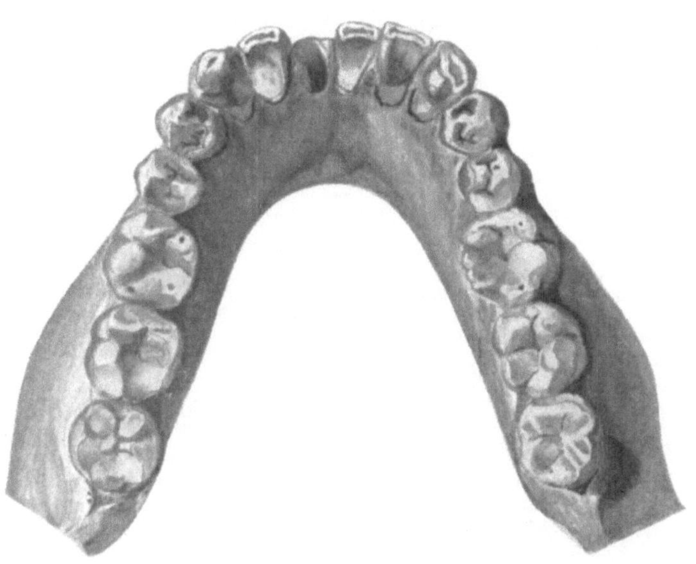

Fig. 17b.

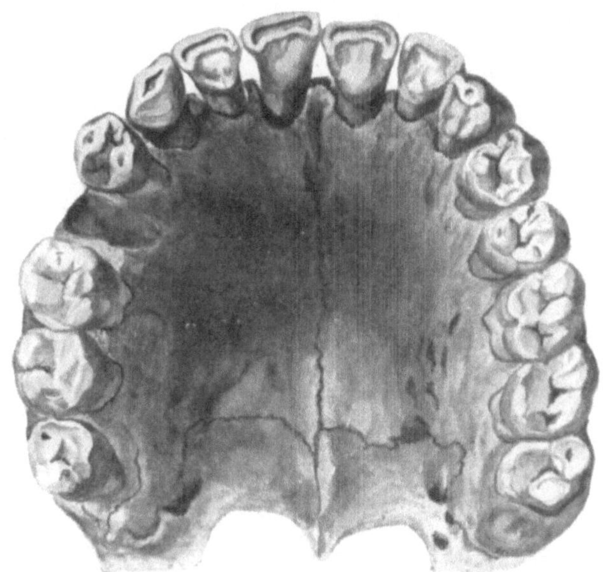

Fig. 18a.

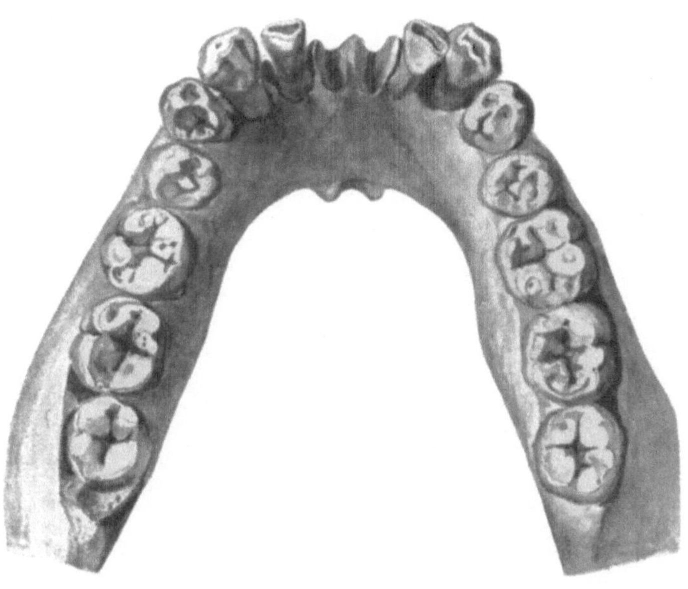

Fig. 18b.

Tafel V.

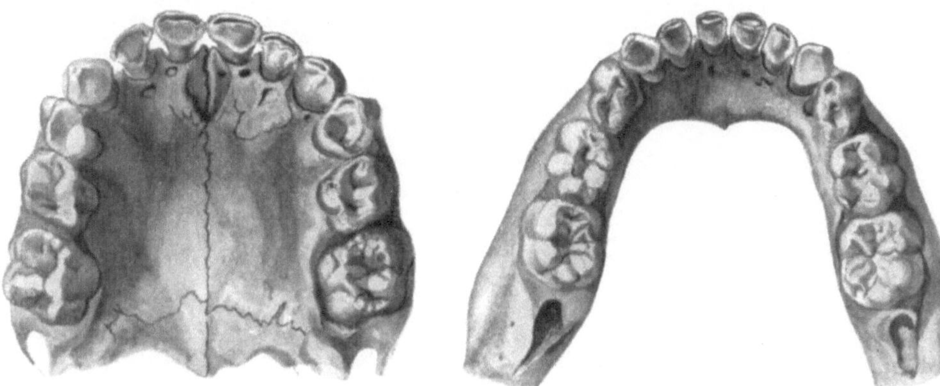

Fig. 19a. Fig. 19b.

Fig. 20.

Fig. 21a.

Fig. 21b.

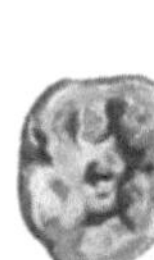

Fig. 22.

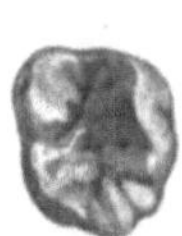

Fig. 23.

Fig. 24a.

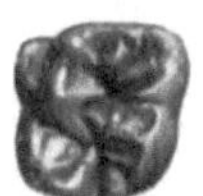

Fig. 24b.

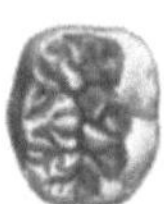

Fig. 25.

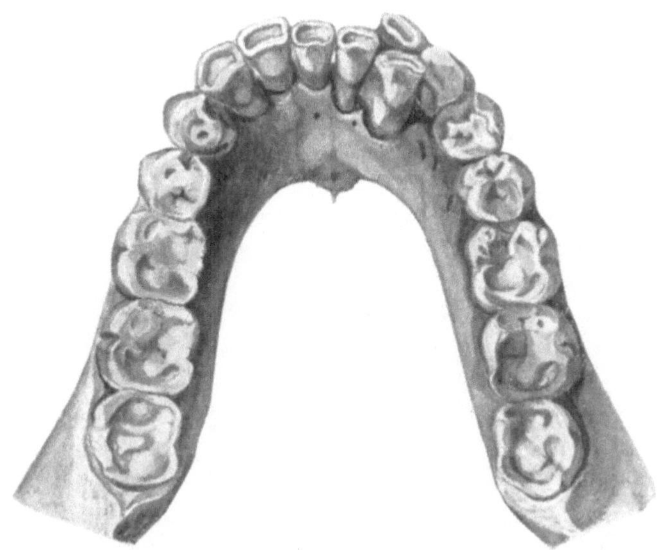

Fig. 26.

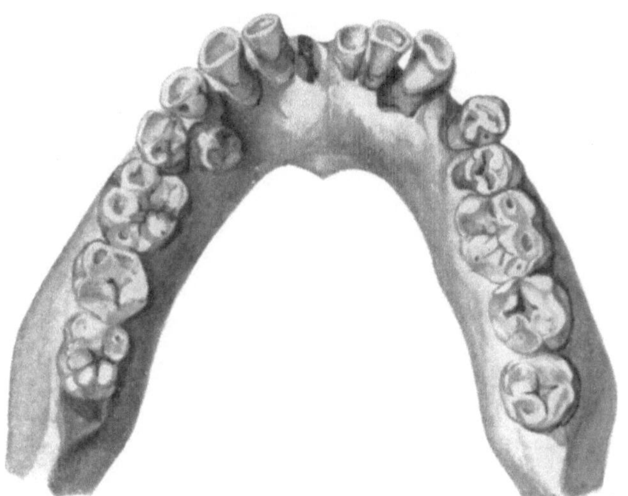

Fig. 27.

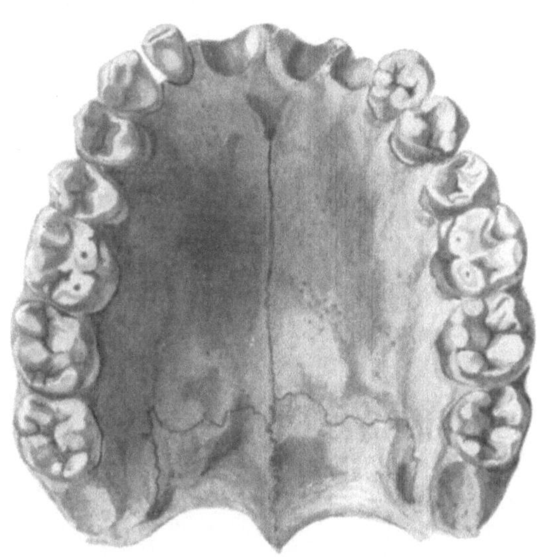

Fig. 28.

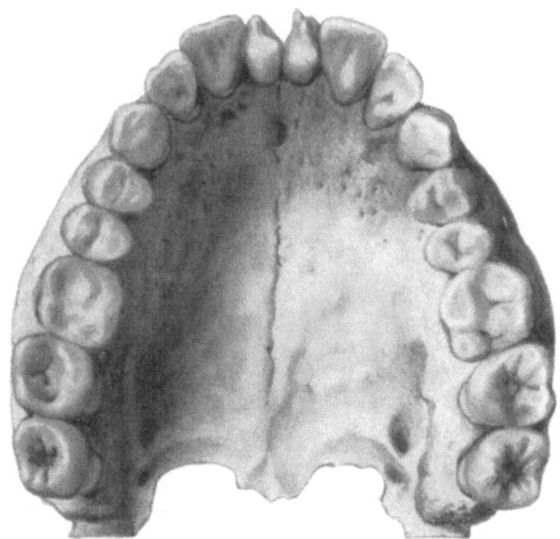

Fig. 29.

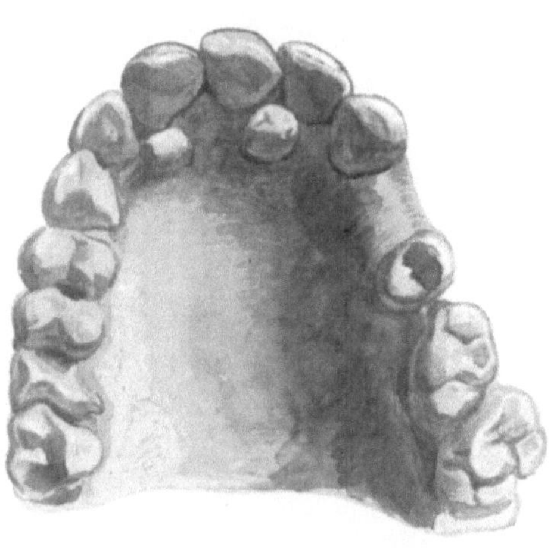

Fig. 30.

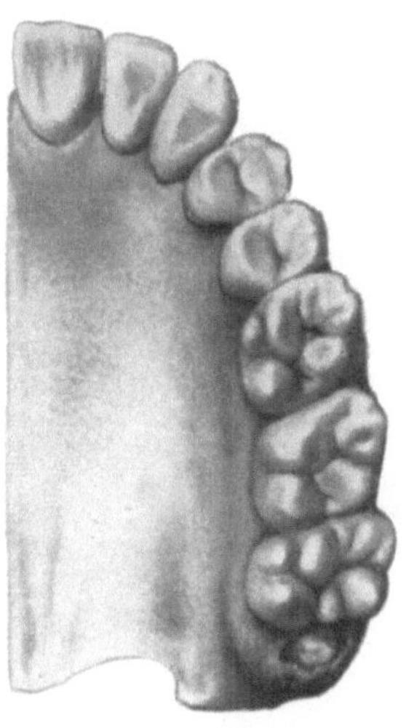

Fig. 31.

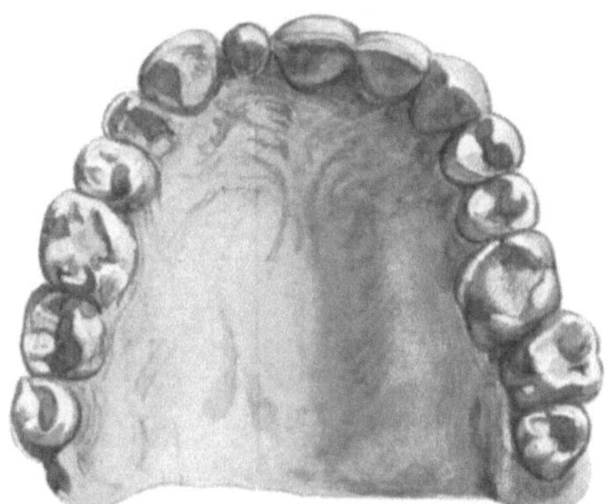

Fig. 32.

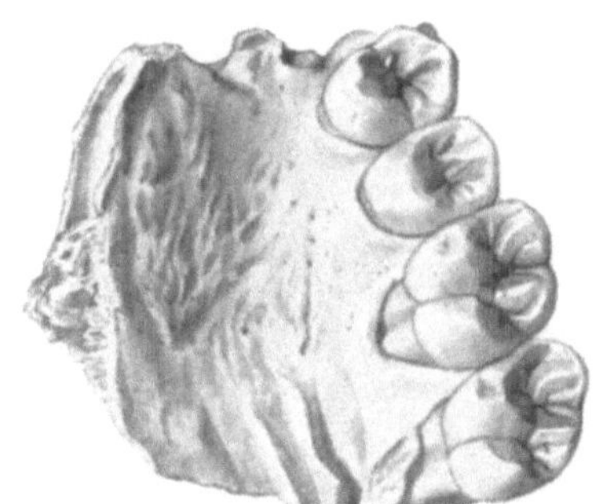

Fig. 33.

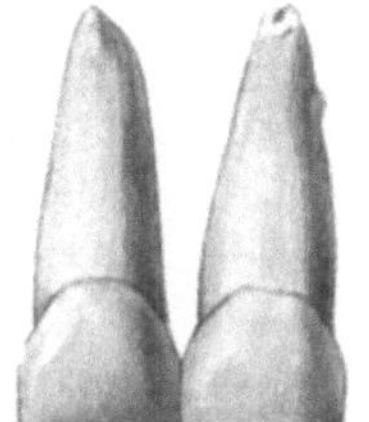

Fig. 34 a.

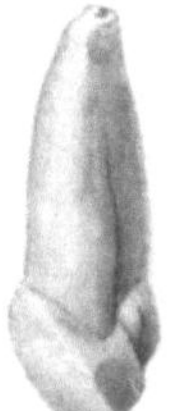

Fig. 34 b.

Fig. 34 c.

Fig. 35 a.

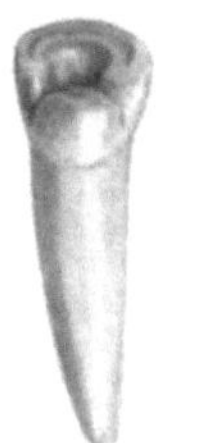

Fig. 35 b.

Fig. 35 c.

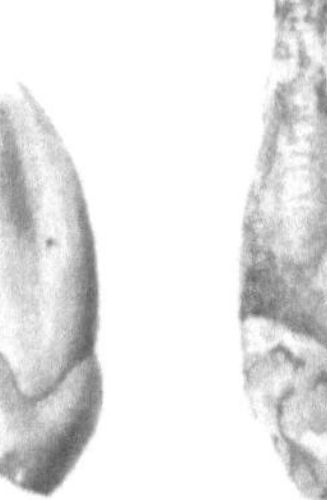

Fig. 36 a.

Fig. 36 b.

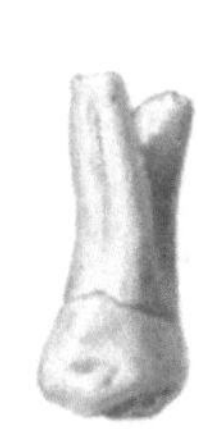

Fig. 37.

Fig. 38.

Fig. 39.

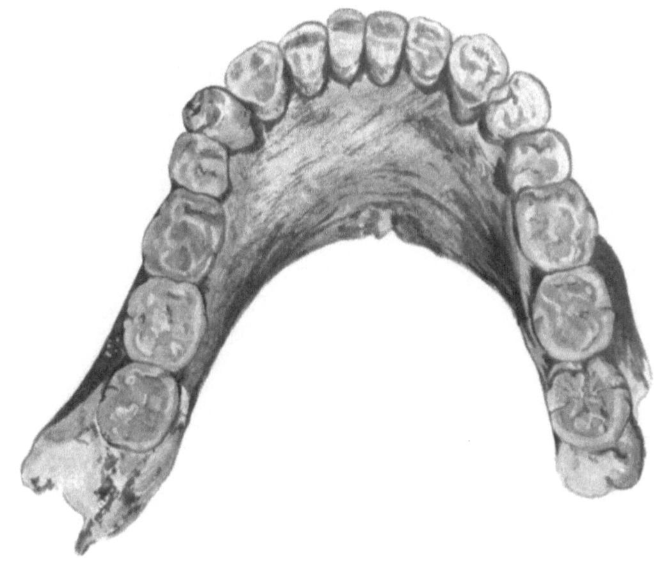

Fig. 40.

Fig. 41.

Fig. 42 a.

Fig. 42 b.

Fig. 43.

Fig. 44 a.

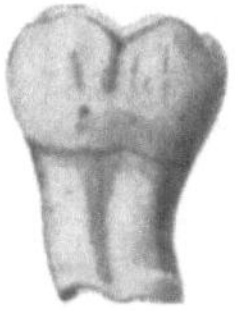

Fig. 44 b.

Fig. 44 c.

Fig. 44 d.

Fig. 45.

Fig. 46.

Fig. 47.

Fig. 48 a.

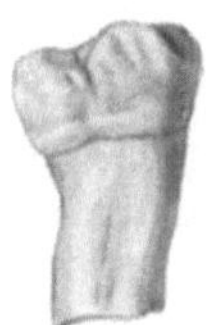

Fig. 48 b.

Fig. 48 c.

Fig. 48 d.

Fig. 49 a.

Fig. 49 b.

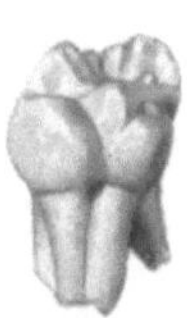

Fig. 50 a.

Fig. 50 b.

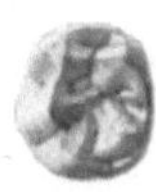

Fig. 51.

Fig. 52.

Fig. 53.

Fig. 54.

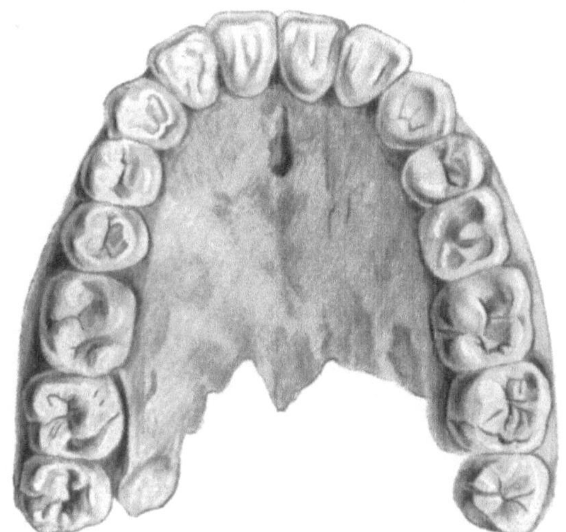

Fig. 55a.

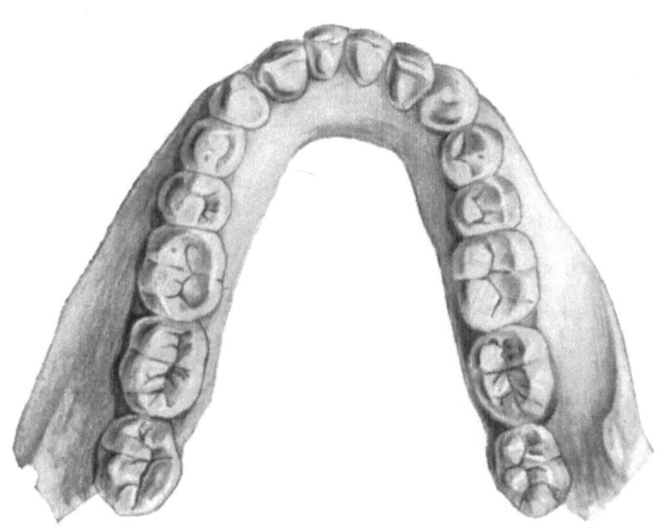

Fig. 55b.

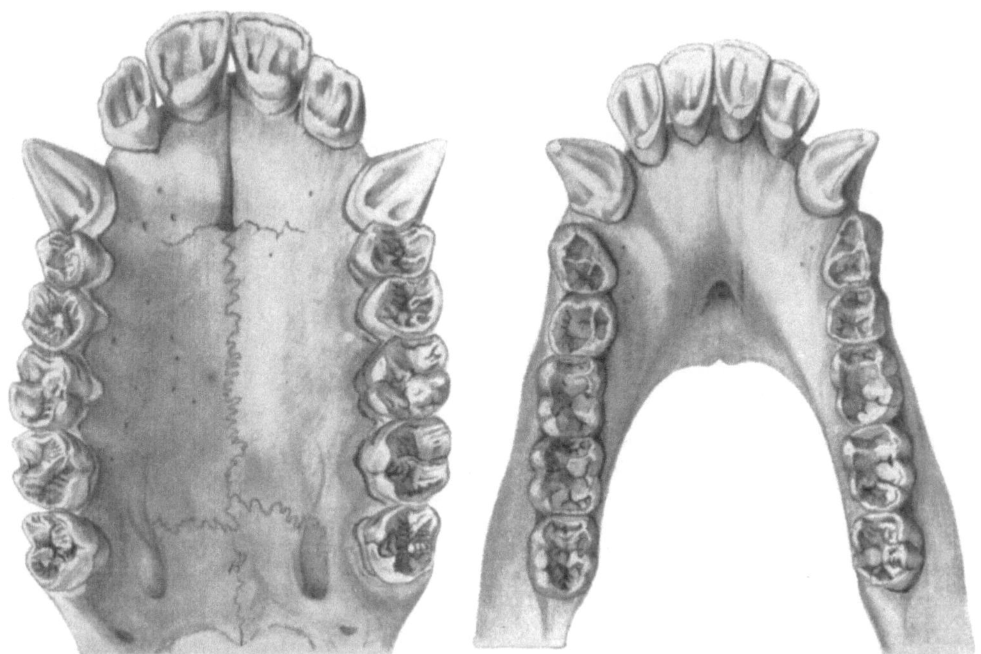

Fig. 67a. Fig. 67b.

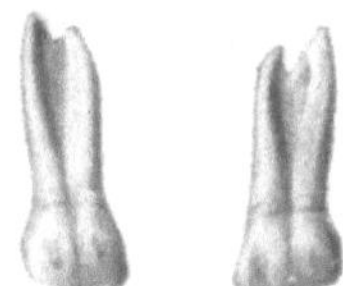

Fig. 69.

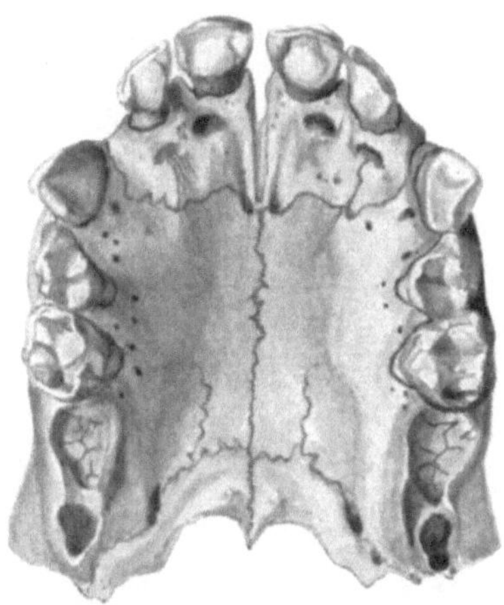

Fig. 68a.

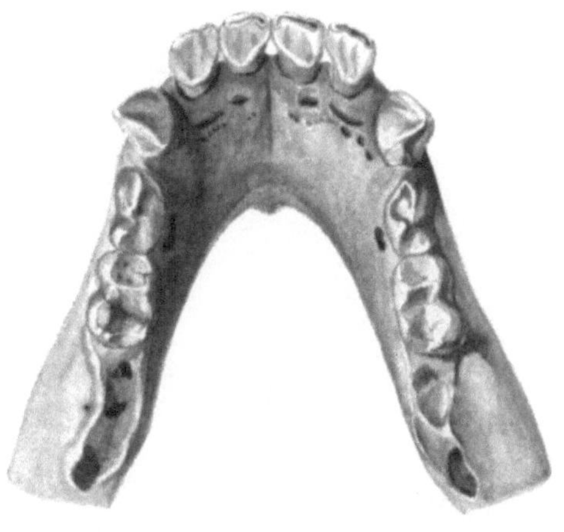

Fig. 68b.

Tafel XV.

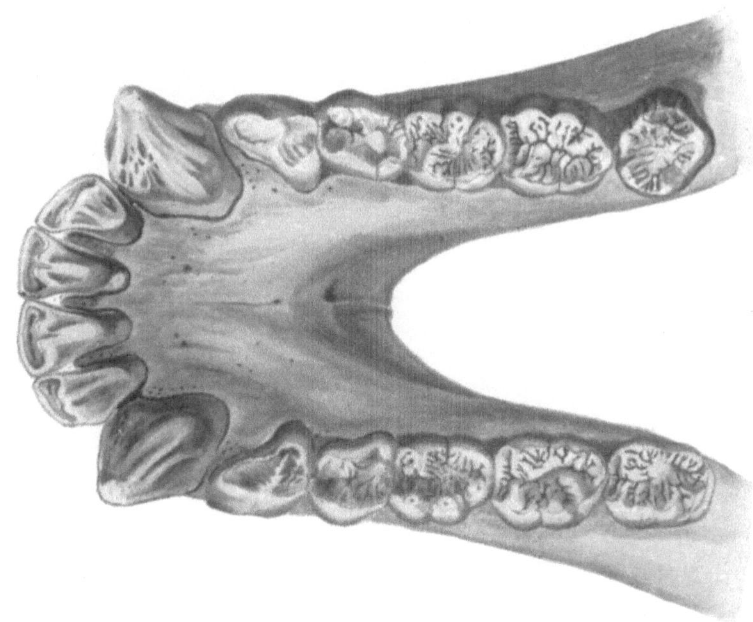

Fig. 70b.

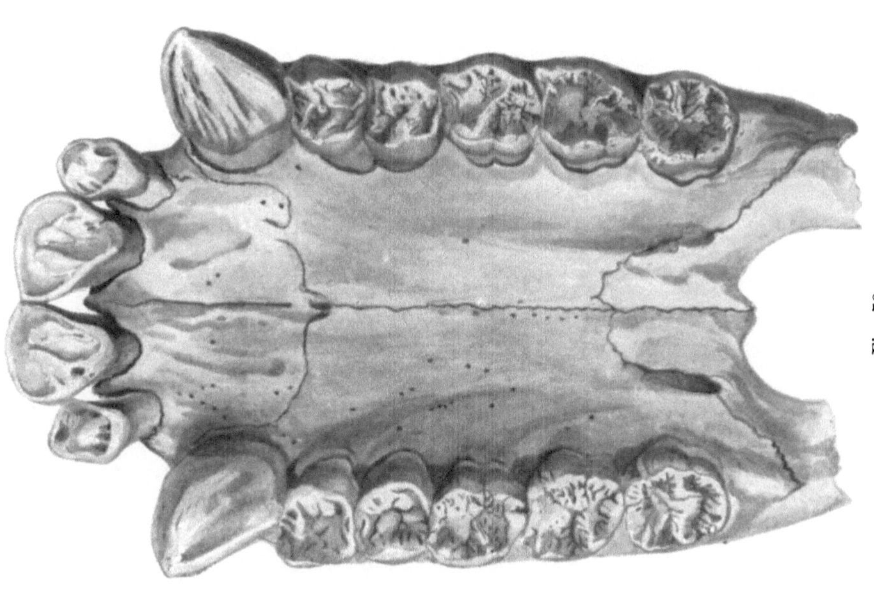

Fig. 70a.

Tafel XVI.

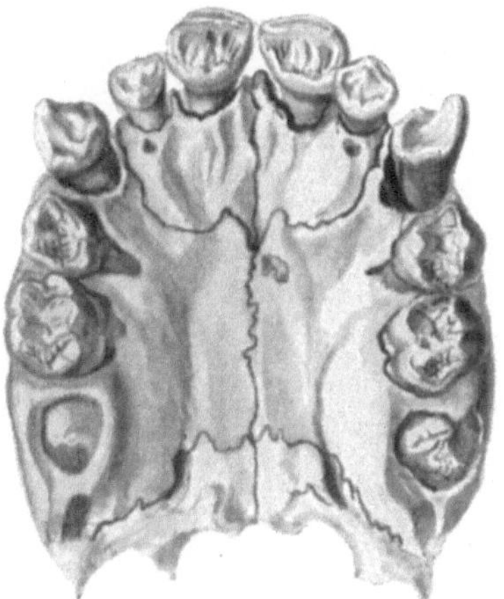

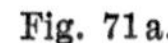

Fig. 71a.

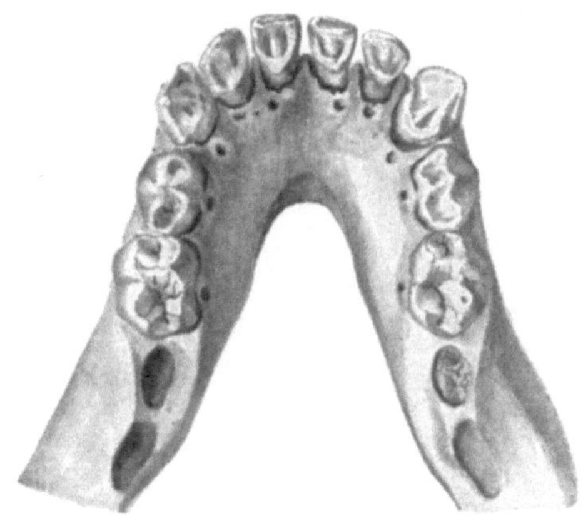

Fig. 71b.

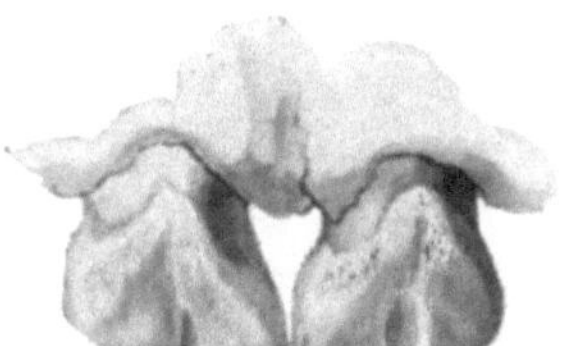

Fig. 73.

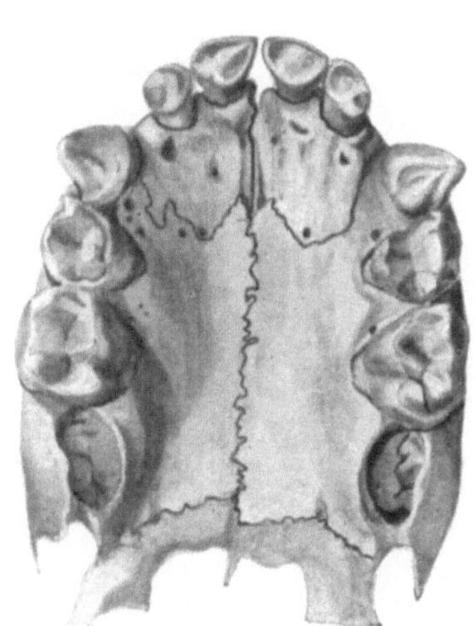

Fig. 72a.

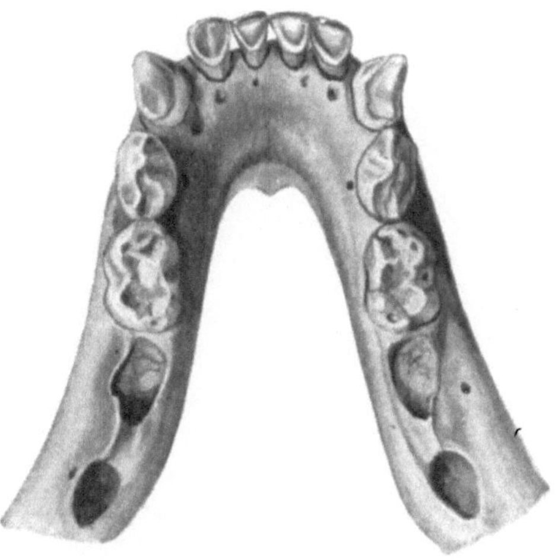

Fig. 72b.

Tafel XVII.

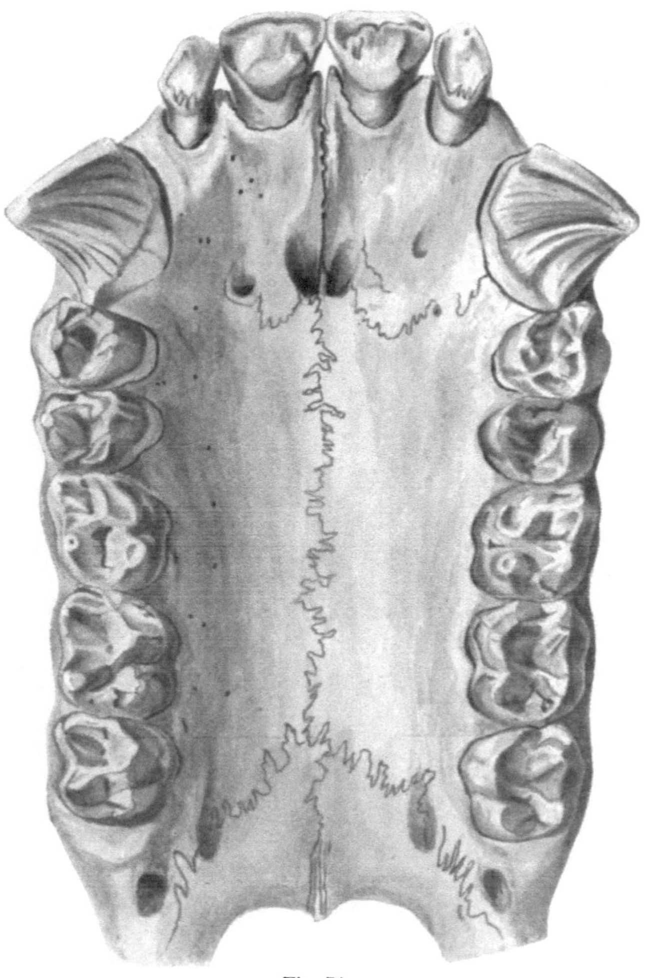

Fig. 74 a.

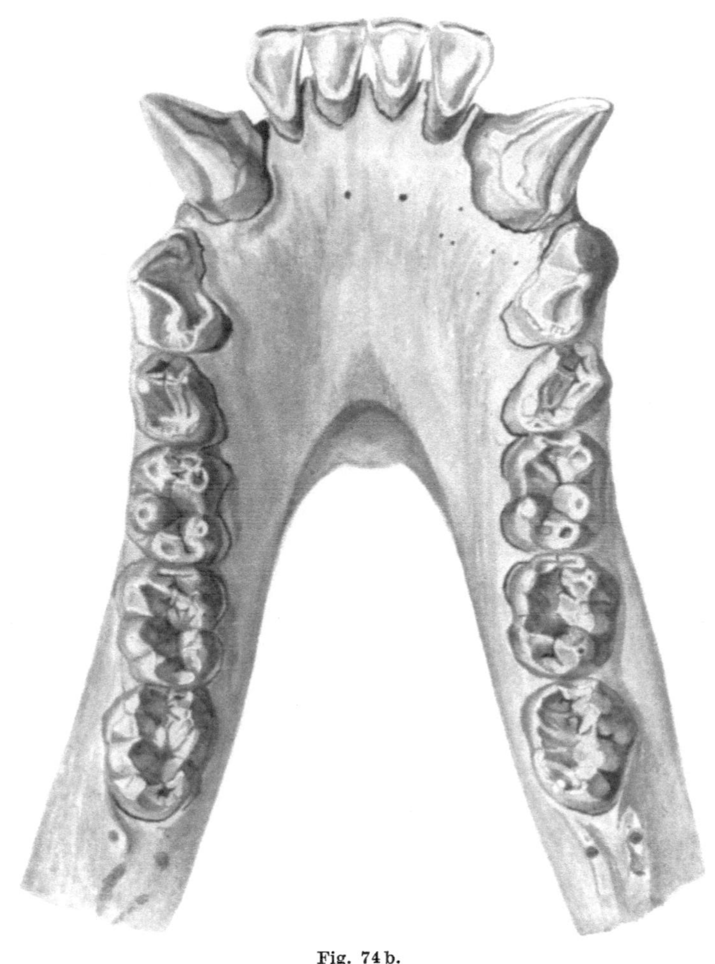

Fig. 74 b.

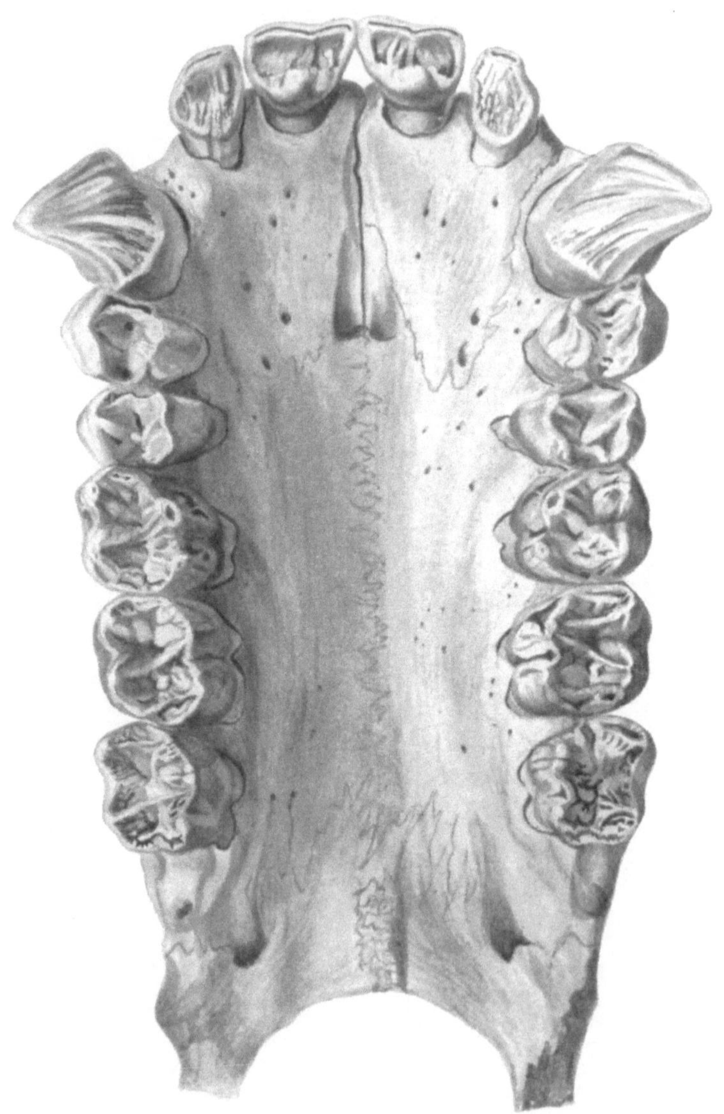

Fig. 75a.

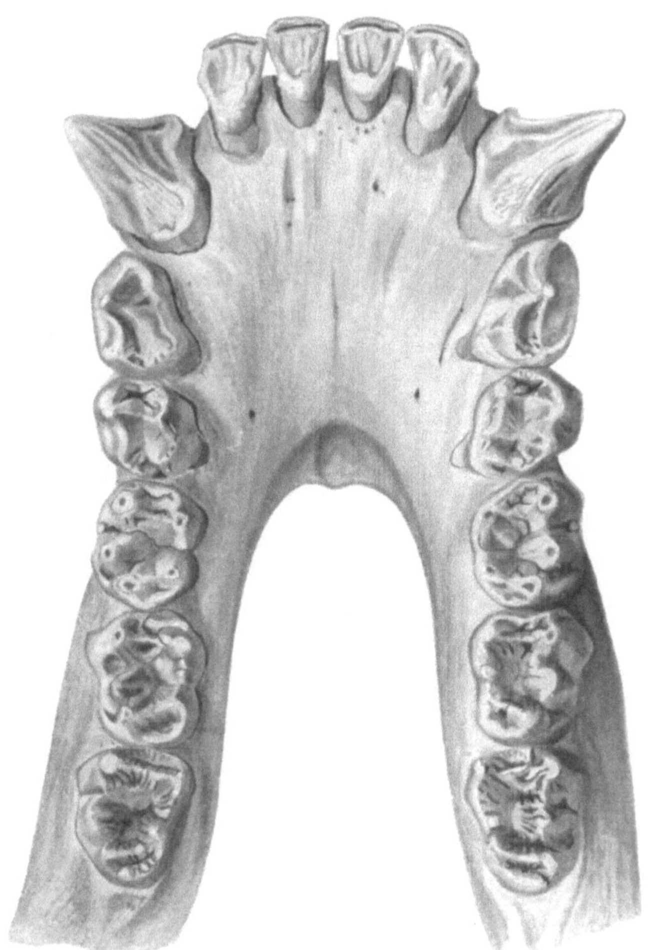

Fig. 75 b.

Tafel XX.

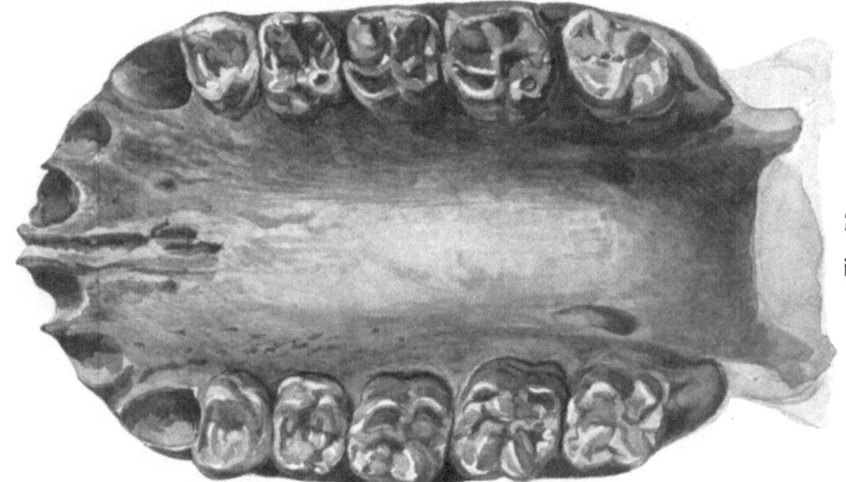

Fig. 76.

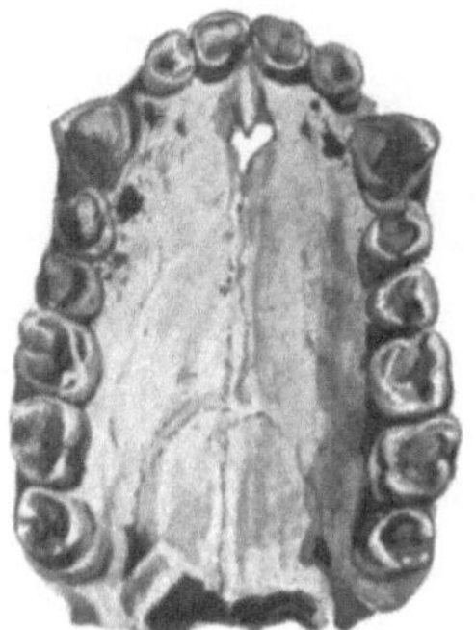

Fig. 77a.

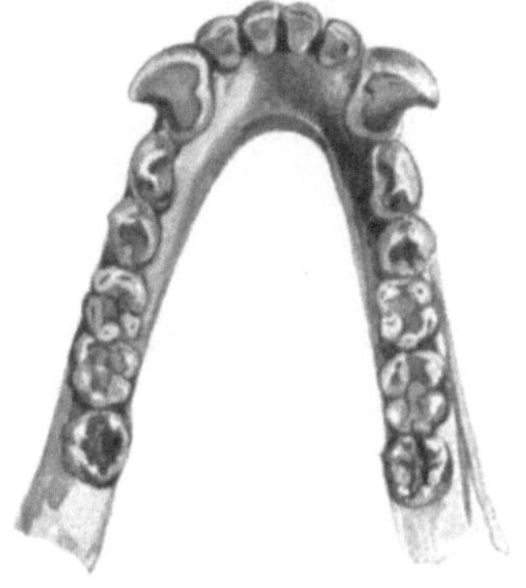

Fig. 77b.

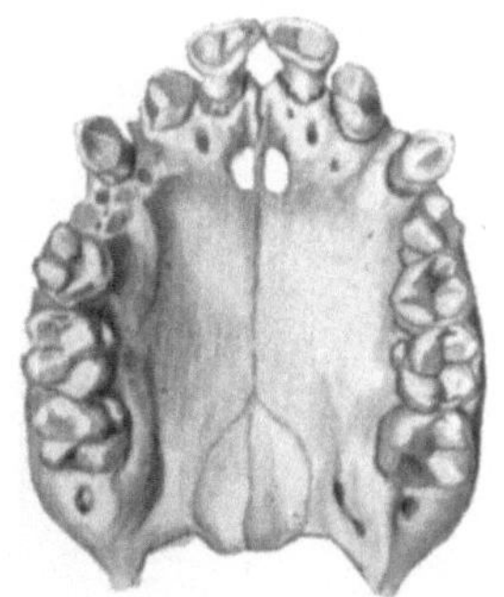

Fig. 78a.

Fig. 78b.

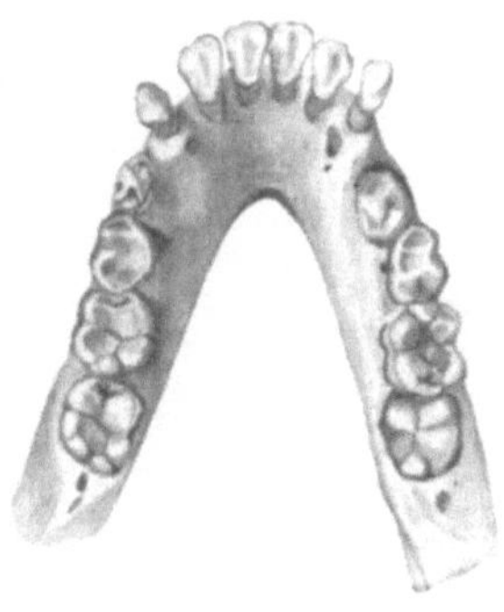

Fig. 78c.

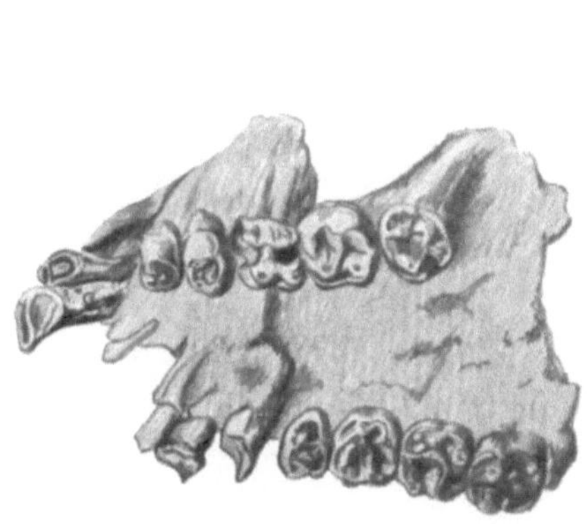

Fig. 79 a.

Fig. 79 c.

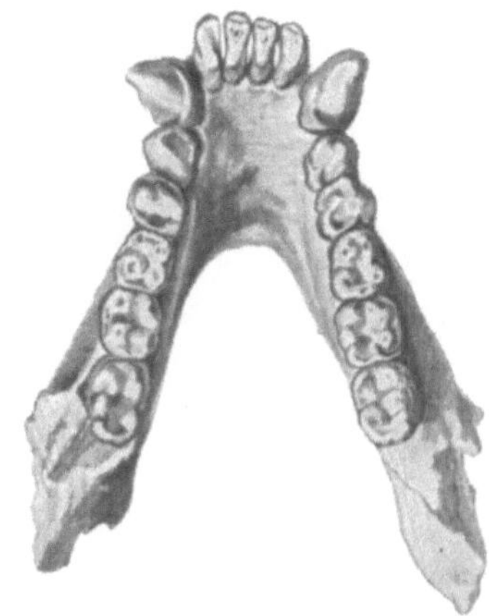

Fig. 79 b.

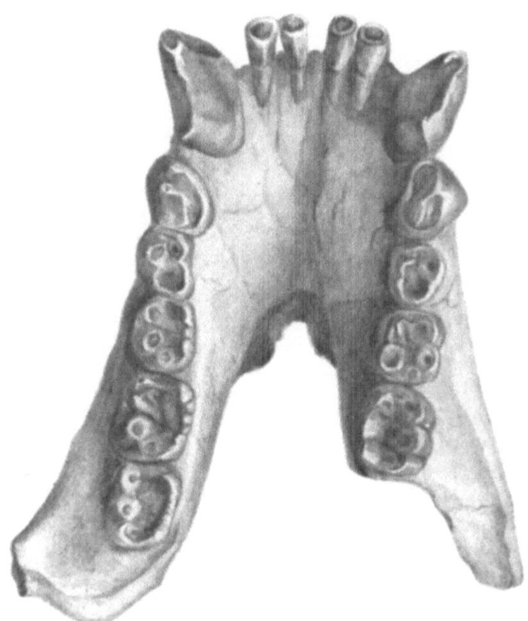

Fig. 80.

Fig. 81.

Fig. 82.

Fig. 83 a.

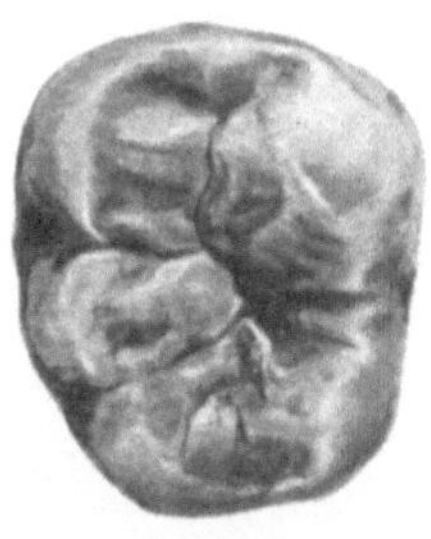

Fig. 83 b.

Fig. 84 a.

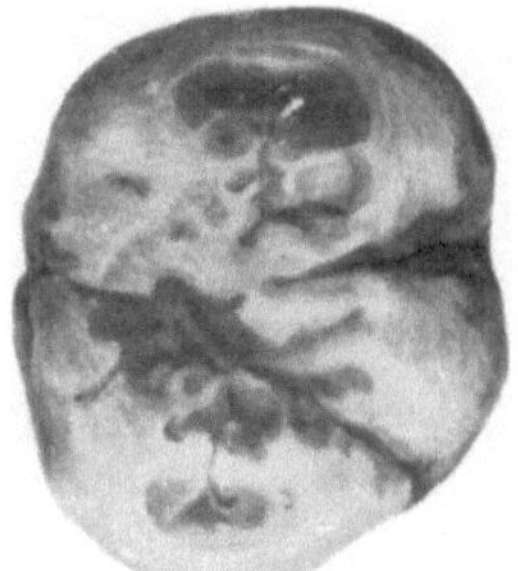

Fig. 84 b.

Fig. 85 a.

Fig. 85 b.

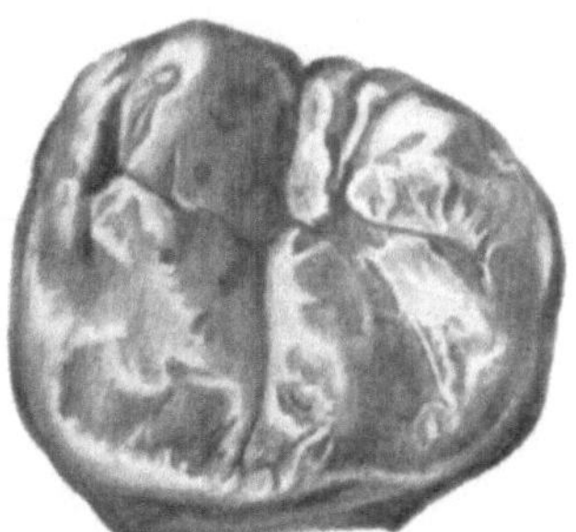

Fig. 86.

Fig. 87 a.

Fig. 87 b.

Fig. 88.

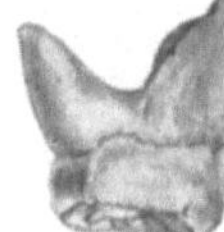

Fig. 89 a.

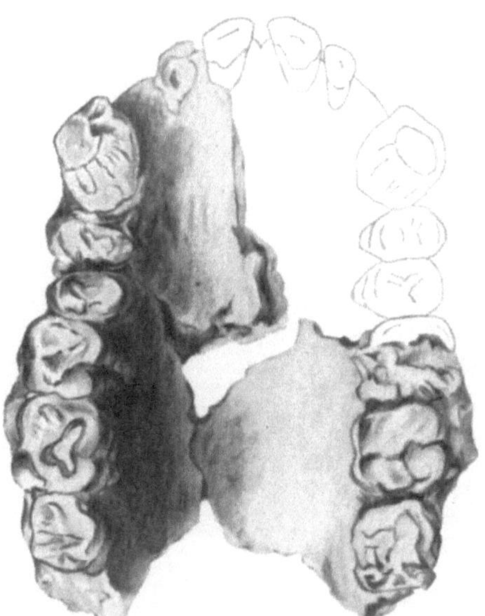

Fig. 90.

Fig. 89 b.

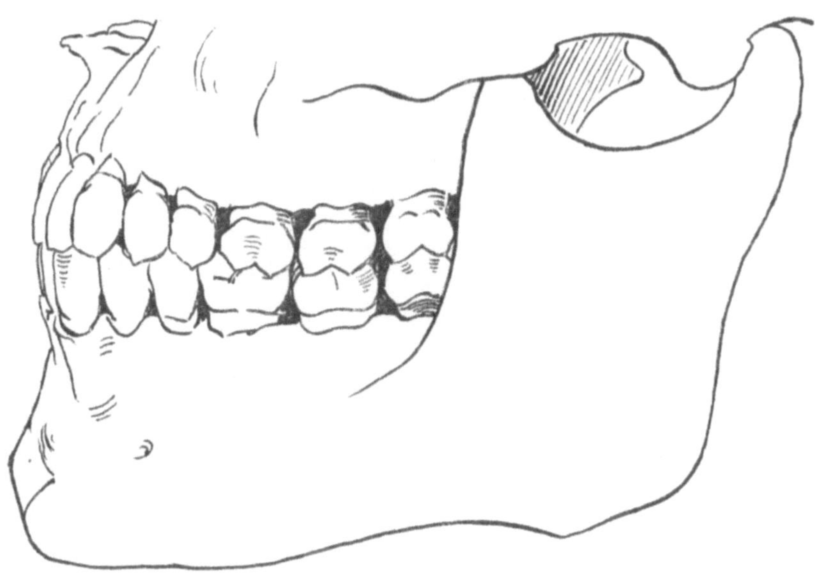

Fig. 91.

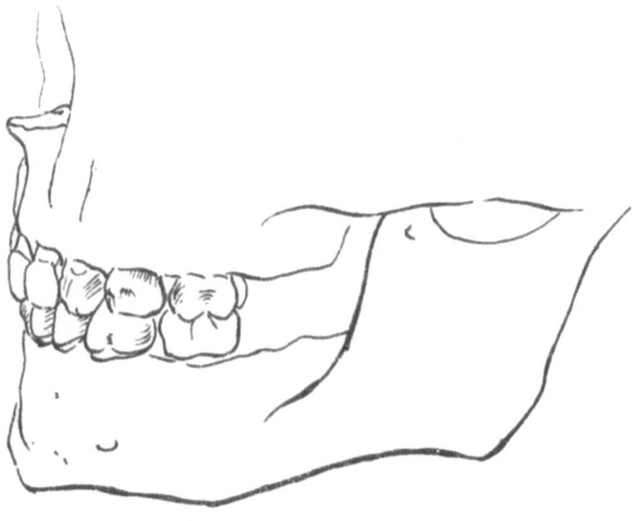

Fig. 92.

Verlag von Julius Springer in Berlin.

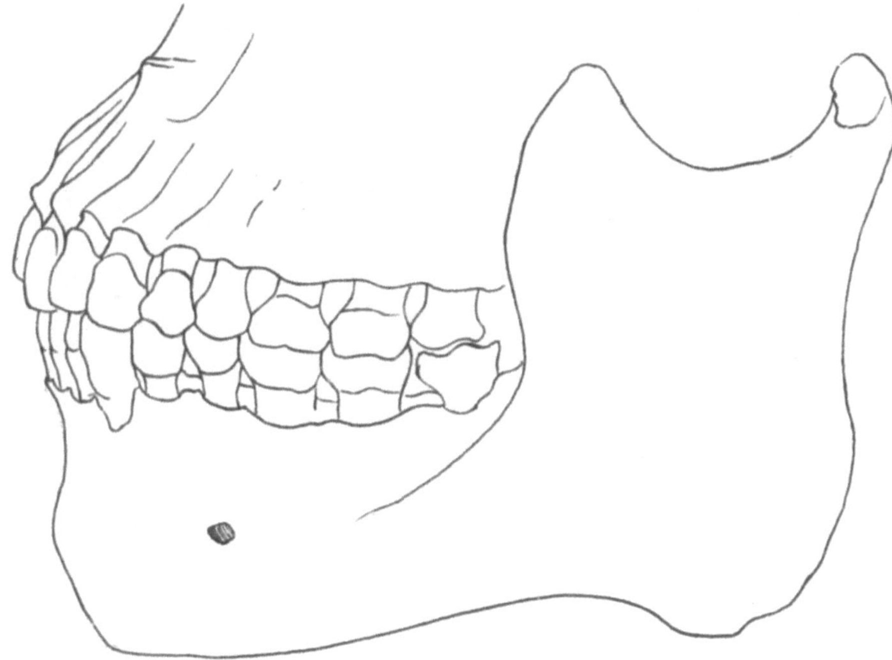

Fig. 93.

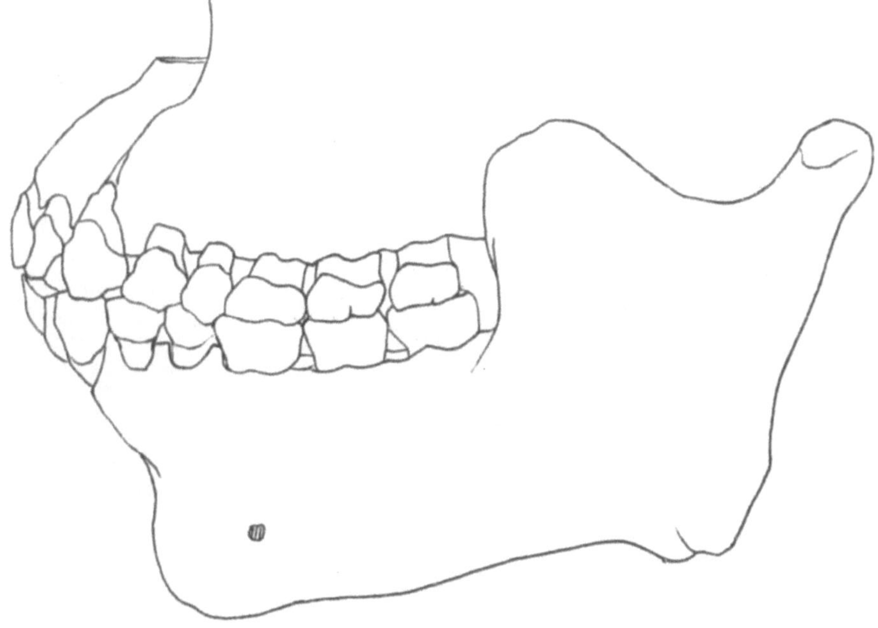

Fig. 94.

Verlag von Julius Springer in Berlin.

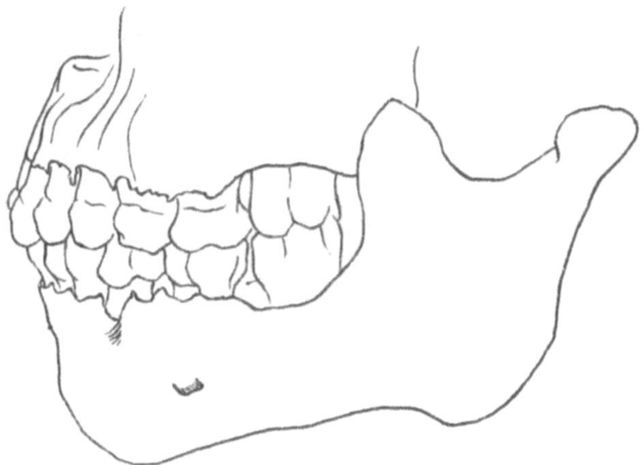

Fig. 95.

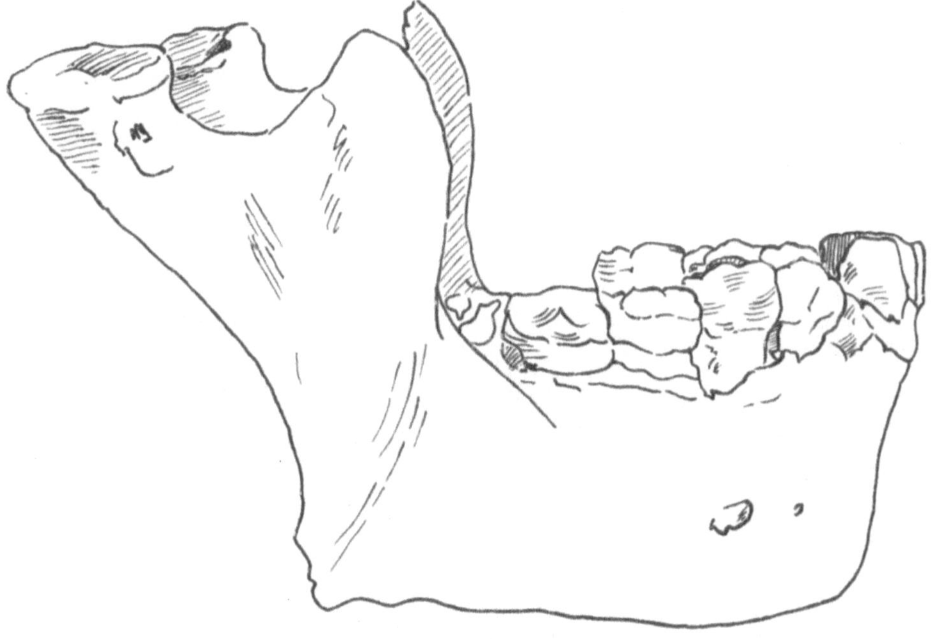

Fig. 96.

Verlag von Julius Springer in Berlin.

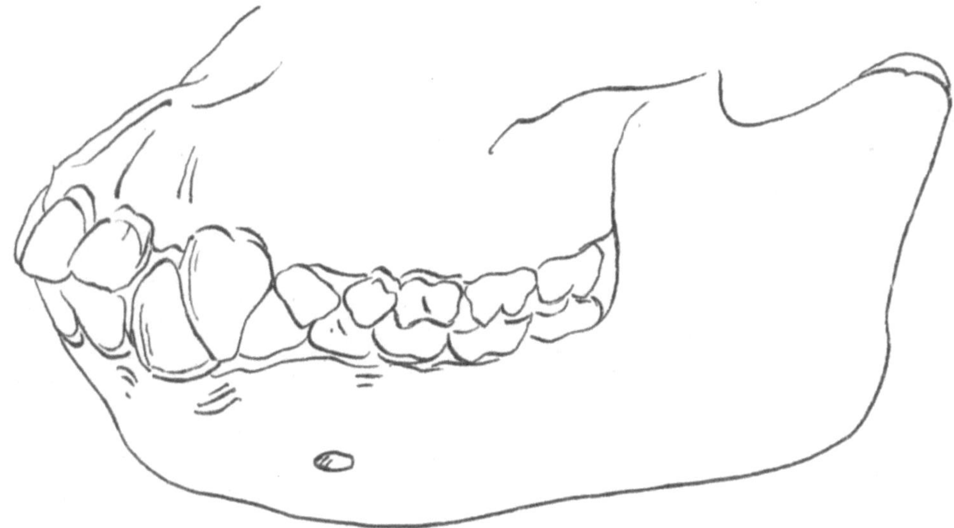

Fig. 97.

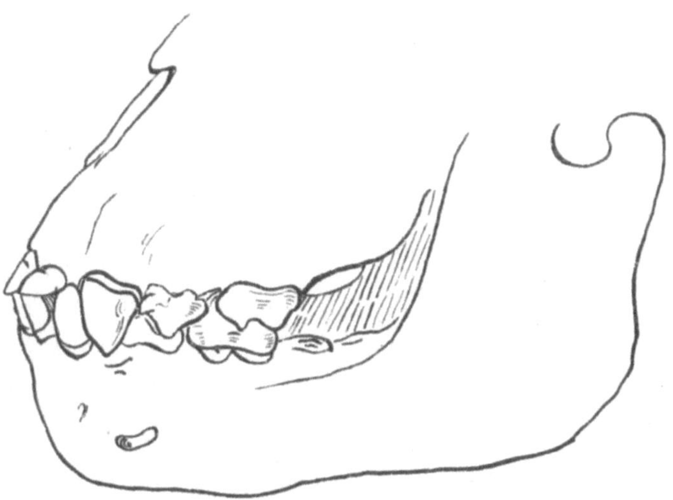

Fig. 98.

Verlag von Julius Springer in Berlin.

Tafel XXVII.

Fig. 99a.

Fig. 99b.

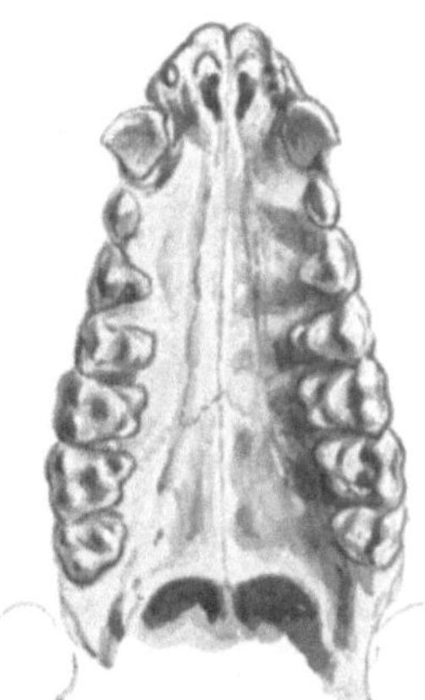

Fig. 100.

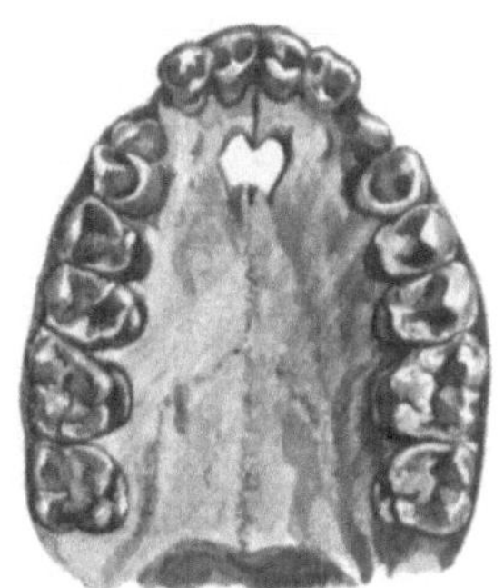

Fig. 101a.

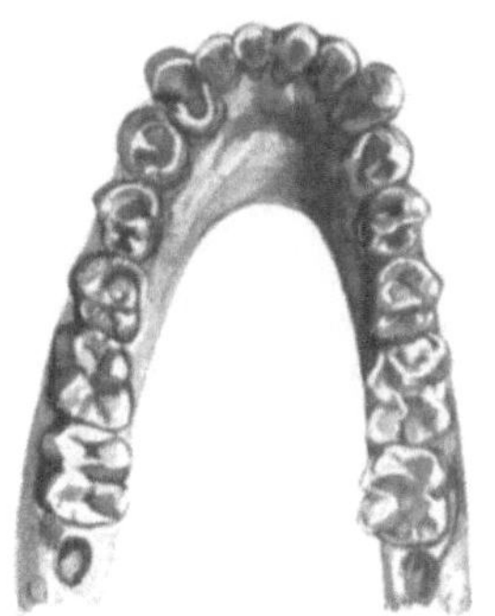

Fig. 101b.

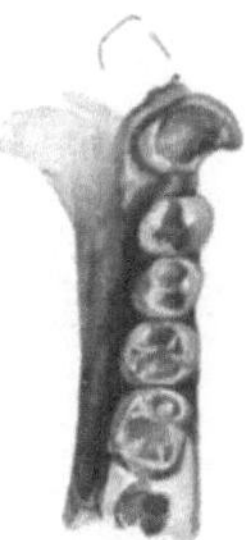

Fig. 102a.

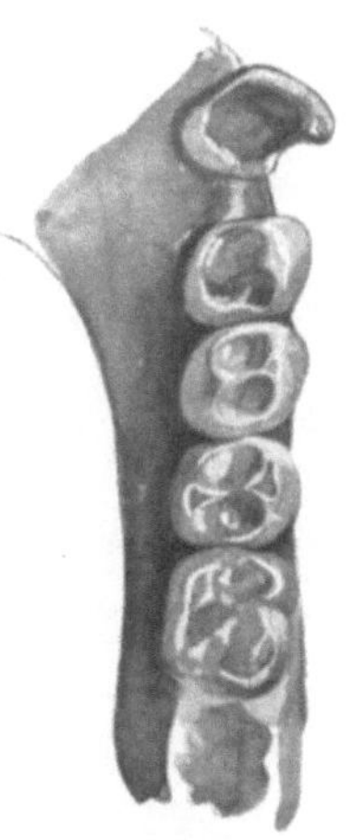

Fig. 102b.